环保公益性行业科研专项经费项目系列丛书

典型含铅废物风险控制技术

DIANXING HANQIAN FEIWU FENGXIAN KONGZHI JISHU

陈 扬　张正洁　刘俐媛　主编

U0351926

 化学工业出版社

·北京·

根据我国铅矿采选、原生铅冶炼、铅蓄电池生产、再生铅生产等四个典型铅生产过程中含铅废物特点及污染控制实际需求，在对国内外相关领域的管理和技术进行广泛调研和评估的基础上，本书系统分析了典型铅生产过程污染防治的关键影响因素及污染特征，开发了风险识别技术，探索了典型铅生产过程含铅废物风险控制技术，构建了典型铅生产过程含铅废物污染综合防治技术体系，为消除特定领域重金属污染问题提供技术条件和管理依据。

　　本书不仅适用于重金属污染防治研究人员，各级相关部门管理人员，也适用于从事铅矿采选、原生铅冶炼、铅蓄电池生产、废铅蓄电池回收等领域的科研人员、生产人员及管理人员，同时也可作为生产一线人员的培训教材及教学参考。

图书在版编目（CIP）数据

典型含铅废物风险控制技术/陈扬，张正洁，刘俐媛主编．—北京：化学工业出版社，2017.1
（环保公益性行业科研专项经费项目系列丛书）
ISBN 978-7-122-28616-1

Ⅰ．①典⋯　Ⅱ．①陈⋯　②张⋯　③刘⋯　Ⅲ．①铅-废物处理　Ⅳ．①X756.05

中国版本图书馆 CIP 数据核字（2016）第 298085 号

责任编辑：成荣霞　　　　　　　　　　文字编辑：孙凤英
责任校对：王　静　　　　　　　　　　装帧设计：王晓宇

出版发行：化学工业出版社（北京市东城区青年湖南街13号　邮政编码100011）
印　　刷：北京永鑫印刷有限责任公司
装　　订：三河市宇新装订厂
710mm×1000mm　1/16　印张16　字数255千字　2017年2月北京第1版第1次印刷

购书咨询：010-64518888（传真：010-64519686）　售后服务：010-64518899
网　　址：http://www.cip.com.cn

定　　价：88.00元　　　　　　　　　　　　　　　　版权所有　违者必究

《典型含铅废物风险控制技术》 编写人员

主　　编　　陈　扬　张正洁　刘俐媛

编写成员　（按姓氏汉语拼音排序）

陈朝中　陈　刚　陈　扬　陈　昱　范艳翔

冯钦忠　耿立东　李宝磊　李士龙　林星杰

刘俐媛　刘　平　刘　舒　马倩玲　马　帅

裴江涛　祁国恕　尚辉良　邵春岩　申士富

王吉位　王金玲　王俊峰　许增贵　杨　乔

张广鑫　张正洁　张智勇　朱忠军

序

目前，全球性和区域性环境问题不断加剧，已经成为限制各国经济社会发展的主要因素，解决环境问题的需求十分迫切。环境问题也是我国经济社会发展面临的困难之一，特别是在我国快速工业化、城镇化进程中，这个问题变得更加突出。党中央、国务院高度重视环境保护工作，积极推动我国生态文明建设进程。党的十八大以来，按照"五位一体"总体布局、"四个全面"战略布局以及"五大发展"理念，党中央、国务院把生态文明建设和环境保护摆在更加重要的战略地位，先后出台了《环境保护法》《关于加快推进生态文明建设的意见》《生态文明体制改革总体方案》《大气污染防治行动计划》《水污染防治行动计划》《土壤污染防治行动计划》等一批法律法规和政策文件，我国环境治理力度前所未有，环境保护工作和生态文明建设的进程明显加快，环境质量有所改善。

在党中央、国务院的坚强领导下，环境问题全社会共治的局面正在逐步形成，环境管理正在走向系统化、科学化、法治化、精细化和信息化。科技是解决环境问题的利器，科技创新和科技进步是提升环境管理系统化、科学化、法治化、精细化和信息化的基础，必须加快建立持续改善环境质量的的科技支撑体系，加快建立科学有效防控人群健康和环境风险的科技基础体系，建立开拓进取、充满活力的环保科技创新体系。

"十一五"以来，中央财政加大对环保科技的投入，先后启动实施水体污染控制与治理科技重大专项、清洁空气研究计划、蓝天科技工程专项等专项，同时设立了环保公益性行业科研专项。根据财政部、科技部的总体部署，环保公益性行业科研专项紧密围绕《国家中长期科学和技术发展规划纲要（2006—2020年）》《国家创新驱动发展战略纲要》《国家科技创新规划》和《国家环境保护科技发展规划》，立足环境管理中的科技需求，积极开展应急性、培育性、基础性科学研究。"十一五"以来，环境保护部组织实施了公益性行业科研专项项目479项，涉及大气、水、生态、土壤、固废、化学品、核与辐射等领域，共有包括中央级科研院所、高等院校、地方环保科研单位和企业等几百家单位参与，逐步形成了优势互补、团结协作、良性竞争、共同发展的环保科技"统一战线"。目前，专项取得了重要研究成果，已验收的项目中，共提交各类标准、技术规范997项，各类政策建议与咨询报告 535 项，授权专利 519 项，出版专著 300 余部，专项研究成果在各级环保部门中得到较好的应用，为解决我国环境问题和提升环境管理水平提供了重要的科技支撑。

为广泛共享环保公益性行业科研专项项目研究成果，及时总结项目组织管理经验，环境保护部科技标准司组织出版"环保公益性行业科研专项经费项目系列丛书"。该丛书汇集了一批专项研究的代表性成果，具有较强的学术性和实用性，是环境领域不可多得的资料文献。丛书的组织出版，在科技管理上也是一次很好的尝试，我们希望通过这一尝试，能够进一步活跃环保科技的学术氛围，促进科技成果的转化与应用，不断提高环境治理能力现代化水平，为持续改善我国环境质量提供强有力的科技支撑。

中华人民共和国环境保护部副部长

黄润秋

前　言
FOREWORD

　　在现代工业所消耗的有色金属中，铅居第四位，成为工业基础的重要金属之一。铅以金属、合金或化合物形式应用于国民经济的诸多领域。铅的主要应用领域是铅蓄电池生产，占铅消耗总量的80％以上。然而铅效应，特别是对儿童智力和神经行为发育的影响，已得到大量流行病学调查和实验研究的证实。自20世纪90年代以来，我国政府就儿童铅中毒问题采取了一系列防治措施，儿童铅中毒防治取得了实质性进展，尤其是推广使用无铅汽油后，我国儿童血铅水平呈明显下降的趋势。但是，近年来我国很多地区连续发生了多起"血铅事件"，表明我国部分地区环境铅污染问题依然突出。

　　在铅的生产、消费、回收等过程中都面临着潜在的严重的环境污染问题。我国典型铅生产过程主要包括铅矿采选、原生铅冶炼、铅蓄电池生产以及废铅蓄电池铅回收等四个方面。从铅的整个生命周期来看，我国各行各业产生的含铅废物品种繁多，数量很大，其中包括铅粉尘、铅冶炼渣、废铅蓄电池、各类含铅废渣、含铅污泥和含铅废酸等。

　　铅矿采选是以硫化铅矿或氧化铅矿为采选对象，无论露天开采还是地下开采都会产生大量废石，而废石中就有可能含有铅等重金属，采矿时若使用水等溶剂，就会产生含铅泥浆，该类废物的堆存必然成为地表环境中大规模二次污染和交叉复合污染产生的重要来源。另外，由于我国铅矿资源品位较低，必须经过选矿、去杂、富集后才能利用。在选矿过程中以选矿药剂或萃取剂为原辅材料，会产生矿渣、含铅等重金属废水等，也会对矿区周围环境造成严重的复合污染。原生铅冶炼是以化学药剂及熔剂等为辅料，冶炼过程中会产生大量冶炼废渣（包括冶炼浮渣、砷钙渣、水淬渣）及含铅砷粉尘，这些废物中的含铅、砷、汞、铜等重金属会对铅冶炼企业周围环境造成严重的复合污染。铅制品生产主要集中在铅蓄电池生产上，目前，全世界每年生产铅约有85％消耗于铅蓄电池产品上，铅蓄电池生产过程中产生的废硫酸、含铅废渣、铅尘等含铅废物会对周围环境带来潜在的环境威胁。再生铅生产是以废铅蓄电池为代表的含铅废料中回收铅的过程。在再生铅生产过程中，废铅蓄电池电解液的泄漏、含铅废渣和含铅污泥的产生与排放，都会对周围环境产生威胁。

大部分含铅废物属于危险废物，早已被列入《国家危险废物名录》（2008年8月1日起施行）。其对环境污染严重，主要表现为露天堆放的含铅废物遇刮风天气会产生扬尘，造成严重的大气环境污染；露天堆放的含铅废物受到雨水冲刷和地表径流影响后，会产生含铅废水，排放进入水体，将会带来严重的水体污染问题；含铅废物的大量堆存会对周围的土壤造成严重的污染，堆存过程中产生的渗滤液如不加以控制随意乱流将会对废物堆放地附近的较大区域造成污染，破坏当地生态环境。

2009年先后发生的三十多起血铅超标及中毒事件为我国推进以铅为代表的金属污染防治工作敲响了警钟，而以铅矿采选、原生铅冶炼、铅蓄电池生产和铅的再生过程为代表的铅生产、消费及回收利用过程是我国在该问题上必须面对的关键症结所在。为此国务院印发了《关于加强重金属污染防治工作的指导意见》，对调整和优化产业结构、加强重金属污染治理、强化环境执法监管、加强技术研发和示范推广、健全法规标准体系和严格落实责任等方面提出了更高的要求。同时，环保部会同发改委等八部门制定了《重金属污染综合整治实施方案》，在此背景下编制完成的《重金属污染防治综合规划（2011—2015）》并进入深度实施阶段，将铅、汞、镉、砷和铬等重金属作为防控重点，统筹规划重金属污染治理。

本书根据我国铅矿采选、原生铅冶炼、铅蓄电池生产、再生铅生产等四个典型铅生产过程中的含铅废物特点及污染控制实际需求出发，在对国内外相关领域的管理和技术进行广泛调研和评估的基础上，系统分析了典型铅生产过程污染防治的关键影响因素及污染特征，开发了风险识别技术，探索了典型铅生产过程含铅废物风险控制技术，构建了典型铅生产过程含铅废物污染综合防治技术体系，为消除特定领域重金属污染问题提供技术条件和管理依据。

本书共分10章，第1章绪论，第2章含铅废物国内外环境污染控制及环境管理技术要求，第3章典型铅生产过程环境风险识别及安全评价技术，第4章典型铅生产过程环境风险评价技术，第5章典型铅生产过程环境风险控制技术，第6章铅矿采选过程含铅废物的风险控制技术，第7章原生铅冶炼过程含铅废物风险控制技术，第8章铅蓄电池生产过程含铅废物风险控制技术、第9章废铅蓄电池回收过程含铅废物的风险控制技术，第10章典型铅生产过程含铅废物污染防治工作的对策建议。

我们相信本书不仅适用于重金属污染防治研究人员，各级相关部门的管理人员，也适用于从事铅矿采选、原生铅冶炼、铅蓄电池生产、废铅蓄电池回收等领域的科研人员、生产人员及管理人员，同时也可作为生产一线人员的培训教材及教学参考。

感谢为本书撰写和出版做出卓有成效工作和不懈辛苦的所有人员，尽管他们工作繁重，但仍于百忙之中为此书尽责尽力，正因为他们的辛勤工作，才使此书得以问世。

本书的编写得到了环保部公益项目"典型铅生产过程含铅废物风险控制及环境安全评价集成技术研究"（2011467061）项目组的积极支持，得到了中国科学院高能物理研究所、中国科学院北京综合研究中心同事的大力支持，得到了中国环境科学学会、中国有色金属工业协会再生金属分会、北京矿冶研究总院环境所与矿山所、沈阳环境科学研究院等协助与支持，以及环保部固废管理中心、中国环境科学研究院、中国环境科学学会重金属专业委员会、中南大学、东北大学、中国电池工业协会、沈阳蓄电池研究所等有关单位专家的帮助，在此表示衷心的感谢！

由于编者业务水平的限制，本书难免有疏漏和不当之处，请读者不吝赐教，多提宝贵意见，以便我们在下一步工作中改进。

编　者

2016 年 10 月

目录
CONTENTS

第1章　绪论

1.1　铅及其化合物的性质

1.1.1　铅的物理性质

铅（Pb）的密度大，硬度小，展性好，延性差，熔点和沸点都低，高温下铅易挥发。导热性和导电性差，能阻挡 X 射线的穿透。液态铅的流动性好。铅是蓝灰色金属，新的断口具有灿烂的金属光泽，其结晶属于等轴晶系（八面体或六面体）。

铅的物理性质如表 1-1 所示。

表 1-1　铅的物理性质

性质	数值	性质	数值
熔点	327.4℃	线膨胀系数	$29.1 \times 10^{-6} K^{-1} (20 \sim 100℃)$
沸点	1725℃	动力黏度	$2.116 mN/m^2 (441℃)$
密度	$11.336 g/cm^3 (20℃)$	表面张力	$444 mN/m (327℃)$
硬度	莫式硬度计的 1.5	热导率	$35 W/(m \cdot K)(18℃)$
比热容	$0.1278 kJ/(kg \cdot K)(25℃)$	电阻率	$20.65 \mu\Omega \cdot cm (20℃)$
熔化潜热	$22.98 \sim 23.38 kJ/kg$	电导率	7.82 IACS (20℃)
蒸发潜热	954.34 kJ/kg	电阻温度系数	$0.00336 K^{-1} (0 \sim 100℃)$
蒸气压	0.13Pa(620℃)	声速	1.227 mm/s (18℃)
	13.33Pa(820℃)	比磁化率	$-0.12 \times 10^{-6} g^{-1}$
	6666Pa(1290℃)	凝固时体积收缩	3.50%

注：电导率（%IACS）$=0.017241/\rho \times 100\%$，$\rho$ 为电阻率。下同。

1.1.2 铅的化学性质

铅是元素周期表中 Ⅳ 主族元素，铅的原子价层电子构型为 $6s^2 6p^2$，能形成氧化数为 $+2$、$+4$ 的化合物。

金属铅在空气中受到氧气、水和二氧化碳作用，其表面会很快氧化生成保护膜而失去光泽，变灰暗。铅能溶于硝酸、热硫酸、有机酸和碱，与冷盐酸几乎不发生反应，能缓慢溶于强碱性溶液。具有两性，既能形成高铅酸的金属盐，又能形成酸的铅盐。在加热条件下，铅能很快与氧、硫、卤素发生化合反应。

所有的金属元素都可以按照它们的反应活性高低排列成序，铅属于反应活性较低的金属元素，在各种成分的大气、水以及常用的各种化学物质等大多数环境中是相当稳定的。

常温下，铅在干燥的空气中不会被氧化。高温下，特别是熔融状态下，铅的氧化过程将逐渐加剧，生成一系列氧化物。铅在空气中加热熔化时，最初氧化生成 PbO_2，继续升温则生成 PbO（俗称铅黄、密陀僧），温度升至 $330 \sim 450 ℃$ 时，PbO 转化成 Pb_2O_3，温度升至 $450 \sim 490 ℃$ 时，Pb_2O_3 转化成 Pb_3O_4（即 $2PbO \cdot PbO_2$，俗称铅丹或红丹）。无论是 Pb_2O_3 或 Pb_3O_4 在高温下都会离解成 PbO。

铅易溶于稀硝酸（HNO_3）、硼氟酸（HBF_4）、硅氟酸（H_2SiF_6）和醋酸（CH_3COOH）及 $AgNO_3$ 等中，难溶于稀盐酸（HCl）和硫酸（H_2SO_4）。铅的腐蚀产物保护膜致密，与铅表面的附着力强，且在相应的溶液中溶解度极低，这使铅具有优良的抗蚀能力，能抵抗多种酸及其盐溶液的侵蚀，被广泛应用于可能存在金属锈蚀的场合。如在常温下，稀盐酸、硫酸可与铅的表面起作用，形成几乎不溶解的 $PbCl_2$、$PbSO_4$ 表面膜。

铅的化合价有 $+2$ 和 $+4$ 价，其化合物众多，具有多种多样的应用特征，用途十分广泛。常见的有氧化物——PbO、PbO_2、Pb_3O_4、Pb_2O_3；卤化物——$PbCl_2$；硫化物——PbS；铅盐——可溶性的 $Pb(NO_3)_2$、$PbAc_2$，难溶的 $PbSO_4$、$PbCO_3$、$PbCrO_4$；有机铅——（C_2H_5）$_4Pb$（四乙基铅）等。铅的化学性质如表 1-2 所示。

1.1.3 铅的化合物及其性质

（1）硫化铅

天然产出的硫化铅（PbS）成为方铅矿，色黑，具有金属光泽。硫化铅的熔点为 1135℃，沸点为 1281℃，熔化后的硫化铅流动性极好。浓硝酸、盐酸、硫酸及三氯化铁水溶液能溶解硫化铅。

表 1-2　铅的化学性质

化学性质	数值	化学性质	数值
原子序数	82	标准电位/V	-0.126
相对原子质量	207.21	电负性	1.9
价层电子构型	$6s^2 6p^2$	结晶构造	面心立方
原子半径/nm	0.175	电导率/%IACS	8.3
离子半径/nm		氧化数	2、4
$r(M^{4+})$	0.078	易溶于	硝酸、硼氟酸、硅氟酸、醋酸、硝酸银
$r(M^{2+})$	0.119	难溶于	稀盐酸、硫酸

（2）一氧化物

一氧化铅（PbO）是两性氧化物，它与 SiO_2 或 Fe_2O_3 可结合成硅酸盐或亚铁酸盐，也可与 CaO 或 MgO 结合成亚铅酸盐或铅酸盐。PbO 是一种氧化剂，易使 Fe、Te、S、As、Sb 等全部氧化或部分氧化。PbO 可在浓碱溶液、氨性硫酸铵溶液、硅氟酸溶液以及碱金属或碱土金属氯化物的热溶液中溶解。

（3）硅酸铅

PbO 与 SiO_2 可形成 $4PbO \cdot SiO_2$、$2PbO \cdot SiO_2$ 和 $PbO \cdot SiO_2$ 三种硅酸铅（$xPbO \cdot ySiO_2$）化合物。铅的硅酸盐的熔化温度低，其熔体流动性好。

（4）碳酸铅

天然的碳酸铅（$PbCO_3$）矿称白铅矿，它是氧化铅矿的主要成分。白铅矿加热时很容易分解，所以碳酸铅是很容易还原的化合物。

（5）硫酸铅

天然的硫酸铅（$PbSO_4$）矿称铅矾。硫酸铅为白色单斜方晶体，带甜味，密度为 $6.34g/cm^3$，熔点为 1117℃。硫酸铅微溶于热水和浓硫酸，能溶于浓盐酸、浓碱、浓氨以及醋酸铵和各类铵溶液中，并且遇硫即生成黑色硫化铅。

（6）氯化铅

氯化铅（$PbCl_2$）的熔点为 498℃，沸点为 954℃，密度为 $5.91g/cm^3$。

氯化铅在水中的溶解度极小，但能很好地溶解在碱金属和碱土金属的氯化物的水溶液中。

1.2 铅的应用领域及主要用途

铅对人类社会发展和文明进步作出了重大贡献。在现代工业所消耗的有色金属中，铅居第四位，仅次于铝、铜、锌，成为工业基础的重要金属之一。

1.2.1 铅的传统应用领域

铅以金属、合金或化合物形式用于国民经济的诸多部门。铅的应用领域主要是铅蓄电池、建筑业和化学工业。

（1）铅蓄电池

蓄电池工业的用铅量最大，全世界大约80%以上的铅用于铅酸蓄电池生产。随着汽车工业和其他机动车工业的发展，蓄电池工业对铅的需求量也在增加。同时，蓄电池电力车在航空港、车站、码头以及市内交通运输中的应用也很广泛。

铅蓄电池的应用可分为三个方面：（a）在以汽油或柴油作动力的汽车中作启动、照明、点火蓄电池（SLI）；（b）在电动汽车中作动力蓄电池；（c）作不间断电源和贮能电源用的工业蓄电池。

（2）建筑业

在建筑行业中，铅板用作隔声材料已日益广泛（但在房屋屋顶、挡板、管道和填料方面的用量已在下降），X射线室的铅玻璃和隔板等还是离不开使用铅，铅具有阻尼性而被用作建筑物防止地震破坏的减震器。特别是世界上数百座的核反应堆，每年产生数万吨的高辐射废料需要安全处理。铅对这种放射性废料辐射有良好的屏蔽性能，用铅材料密封的核废料埋入地下极为安全。

（3）化学工业及其他领域

铅的化合物（主要是氧化物）除用于蓄电池制造外，还用于涂料、颜料、陶瓷、玻璃、橡胶、染料、火柴以及黏结材料和石油精炼中。铅的化合物如铅白、黄丹等常用于涂料、玻璃、陶瓷、橡胶等工业部门和医疗部门。硫酸铅、磷酸铅和硬脂酸铅用作聚氯乙烯的稳定剂。

铅具有高度的化学稳定性，其抗酸、抗碱的能力极强。铅用于设备的防腐、防漏以及溶液贮存，也用于电缆的保护套以防腐蚀。铅还用于特殊的包装，如铅箔和铅板包装贮存放射性物质，保护 X 射线胶片。

铅坨则用于渔具沉子、电梯配重以及潜水艇和船体稳定镇重等方面。运输行业用铅作轴承合金。铅锡合金作车辆油箱以及车体焊料和填料有很多性能优点，比如耐石油腐蚀、可成形和可焊接性。

1.2.2　铅在新兴技术领域中的应用

铅在新兴技术领域中的应用近年来不断发展。用含 $0.03\% \sim 1.0\%$ Ca 的铅钙合金制造免维护长寿电池（MFS），用金属氧化物弥散于铅中以增加铅强度的弥散强化铅（DSL 铅），复铅钢板以及铅铟合金轴承，铅铝合金轴承，用铅弥散于聚四氟乙烯中的无润滑轴承等。

铅也是一种实用的超导体。铅的临界温度为 $7.20K$，临界磁场为 $0.0803T$，铅系合金 $PbMo_6S_8$ 在 $4.2K$ 下测得 Hc2 为 52T，它的超导性与铁磁性共存，同时有很好的抗中子辐照能力。

1.3　铅对人体的危害及防治

（1）铅对人体的危害

在当今众多危害人体健康和儿童智力的"罪魁"中，铅是危害不小的一位。据权威调查报告显示，现代人体内的平均含铅量已大大超过古人，是 1000 年前古人的 500 倍。而人类却缺乏主动、有效的防护措施。据调查，现在很多儿童体内平均含铅量普遍高于年轻人。

铅进入人体后，除部分通过粪便、汗液排泄外，其余在数小时后溶入血液中，阻碍血液的合成，导致人体贫血，出现头痛、眩晕、乏力、困倦、便秘和肢体酸痛等；有的口中有金属味，动脉硬化、消化道溃疡和眼底出血等症状也与铅污染有关。小孩铅中毒则出现发育迟缓、食欲不振、行走不便和便秘、失眠；若是小学生，还伴有多动、听觉障碍、注意力不集中、智力低下等症状。这是因为铅进入人体后通过血液侵入大脑神经组织，使营养物质和氧气供应不足，造成脑组织损伤所致，严重者可能导致终身残废。特别是儿童处于生长发育阶段，对铅比成年人更敏感，进入体内的铅对神经系统有很强的亲和力，故对铅的吸收量比成年人高好几倍，受害尤为严重。铅进入孕妇体内则会通过胎盘屏障，影响胎儿发育，造成畸形等。

职业性铅中毒引起不育症，主要在于干扰精子正常形成过程。使曲细精管上皮受损，精子活力降低。还有极其强的胚胎毒副作用，夫妇双方只要有一方从事接触铅的作业，就有可能发生流产、早产。

（2）铅中毒的防治

铅在废气中呈微粒状态，随风扩散。农村居民一般从空气中吸入体内的铅量每天约为 $1\mu g$；城市居民尤其是街道两旁的居民会大大超过农村居民。铅进入人体后，主要分布于肝、肾、脾、胆、脑中，以肝、肾中的浓度最高。几周后，铅由以上组织转移到骨骼，以不溶性磷酸铅形式沉积下来。人体内 $90\%\sim95\%$ 的铅积存于骨骼中，只有少量铅存在于肝、脾等脏器中。骨中的铅一般较稳定，当食物中缺钙或有感染、外伤、饮酒、服用酸碱类药物而破坏了酸碱平衡时，铅便由骨中转移到血液中，引起铅中毒的症状。

铅中毒的原因非常多，食用含铅食品，如皮蛋、爆米花、铅质焊锡罐头食品、水果皮等；经常接触彩印的食品包装、涂料类物品、含铅化妆品、染发剂、被铅污染的衣物、汽车尾气、含铅药物；点燃含铅的蜡烛，特别是点燃有香味的和慢燃的蜡烛等。其中对于平时与铅很少接触的成年人来说，使用不合格的彩釉餐具可能是导致体内铅含量超标的一个重要原因。

据介绍，不合格瓷器的铅、镉等重金属极易从外表美丽的釉面中溶出，给人体健康造成慢性危害。陶瓷饮食器具一般通过上釉装饰其表层，其中存在铅、镉等重金属，当遇酸性食物时，质量差的产品就会有过量的铅、镉溶出到食物中。人如果长期食用铅、镉含量过高的产品盛装的食物，就会造成铅在血液中沉积，导致大脑中枢神经及肾脏等器官的损伤。表面平滑如玻璃的釉中、釉下彩陶瓷的铅、镉溶出量极少或几乎没有，可放心选购；而表面有凹凸感的釉上彩产品则应尽量选用表面装饰图案较少的产品，对不放心的产品，可用食醋浸泡几小时，若发现颜色有明显变化应弃之不用。

当前身处工业高速发展、交通日益繁华的城市中的居民。每天都不可避免地从大气中吸入铅。铅是细胞原浆毒，进入人体内的铅对人体健康将产生严重危害。其中儿童是铅毒敏感人群，当人体经常性地吸入含铅的空气后，可出现头痛、肌肉关节酸痛、全身无力、失眠、食欲差等的早期神经衰弱的轻度症状。当人体内蓄积的铅过多，上述症状便进一步加重，并伴有铅中毒的临床表现。但是铅中毒的临床表现常与其他疾病症状相近似，如铅导致的智商下降与脑细胞神经发育不良的低智能、铅性贫血与缺铁性贫血；手、脚肢端麻木无力与神经营养和微血循环不良、肌肉无力、麻木，铅腹绞痛与阑尾炎腹疼痛；铅性高血压与动脉变性高血压、铅导致不生育与一般不育症。铅导致生长发育迟缓与其他原因引起的发育迟缓等都因症状相似而极易造成误诊、误治，也常因为这样引致不该有的恶果。

对生活在铅污染环境中的成人或儿童，有上述某一症状的，要特别警惕是否因铅危害所致。如果您想了解自己是否铅中毒，可以通过检查血液、尿液或头发中的铅含量进行诊断。血液和尿液中的含铅量是表示近期铅进入体内的情况，头发中的含铅量则表示较远期人体吸收铅的情况。利用原子吸收分光光度法、ICP法检测血铅、尿铅和发铅是较好的方法。如果身体有上述某些不良症状，并且每分升血液中的含铅量达到 $10\mu g$，或者每升尿液中含铅量超过 0.08mg，都可以确定是铅中毒。如果每克头发中的含铅量大于 $9.4\mu g$ 时，说明过去曾经铅中毒，现在仍处在铅中毒之中。

铅对人体各系统的侵害，是造成人体慢性铅中毒和铅毒急性发作的主要原因。如果通过对血液、尿液、头发的检查，发现体内含铅量过高，就必须尽快进行排铅治疗。

① 多方面预防铅中毒　防止铅中毒应该在饮食、生活习惯等多方面下手。首先，在饮食上不能把报纸等印刷品用作食品包装，用食品袋盛装食物时，应避免袋上的字画、商标直接与食物接触，特别是与酸性食品接触；蔬菜水果食用前要洗净，能去皮的尽量去皮，以防残留农药中的铅成分。

在居住方面，尽量不要采用含铅涂料装饰家中的墙壁、地板和家具等，否则，一旦漆屑剥落，涂料中的铅极易造成居室铅污染。尽量选用无铅化妆品、染发剂等。此外，不要在汽车往来多的道路附近散步，因为汽车尾气和道路周边的土壤中就有大量的铅存在。

膳食中应包含足够量的优质蛋白质，如蛋类、瘦肉、家禽、鱼虾、黄豆和豆制品等应占1/2以上。在膳食调配时应选择富含维生素的食物，尤其是维生素 C 较为重要。适量补充维生素 C，不仅可补足铅造成的维生素 C 耗损，减缓铅中毒症状，维生素 C 还可在肠道与铅结合成溶解度较低的抗坏血酸铅盐，降低铅的吸收，同时维生素 C 还直接或间接参与解毒过程，促进铅的排出。适量补充维生素 E 可以抵抗铅引起的过氧化作用，补充维生素 D 则可通过对钙磷的调节来影响铅的吸收和沉积。补充维生素 B_1、B_2、B_6、B_{12} 和叶酸等，对于改善症状和促进生理功能恢复也有一定的效果。

② 适当吃些驱铅食物　很多天然食物都具有一定的防铅和驱铅功能。

牛奶中所含的蛋白质可与铅结合形成不溶物，所含的钙可阻止铅的吸收。茶叶中的鞣酸可与铅形成可溶性复合物随尿排出。海带中的碘质和海藻酸能促进铅的排出。大蒜和洋葱中的硫化物能化解铅的毒性作用。沙棘和猕猴桃中富含维生素 C，可阻止铅吸收、降低铅毒性。食物中含有一些无机阴离子或酸根如碘离子、磷酸根离子、钼酸根离子等都能与铅结合，促使其从大便中排出。这些营养素富含在水果和蔬菜中，因此，铅接触人群应多食用水果和蔬菜。

1.4 国内铅污染危害现状

国内研究人员采用 Meta 分析的方法分析了 1994 年至 2004 年 3 月间公开发表的儿童血铅研究结果的论文（其调查采样时间为 1995—2003 年），分析结果显示，我国儿童血铅平均值为 92.9μg/L，平均铅中毒率为 33.8%。2009 年，有研究人员采用 Meta 分析的方法系统分析了 2004 年至 2007 年 8 月间公开发表的关于儿童血铅水平或铅中毒率调查的文献（其调查采样时间为 2001—2007 年，总样本量 100922 人，年龄分布 0～14 岁），分析结果显示，我国儿童血铅平均值为 80.7μg/L，23.9% 的儿童血铅值≥100μg/L，明显低于 1995—2003 年儿童血铅研究结果。而新加坡在 1995—1997 年对 269 名儿童测定血铅平均值为 66μg/L；美国 1991—1994 年第 3 次健康和营养调查抽取了 2234 名 1～5 岁儿童，显示儿童血铅平均值为 36μg/L，铅中毒率为 8.9%；加拿大 1993—1995 年间对 1109 名儿童血铅测定结果显示儿童血铅平均值为 15.7μg/L。这种差距主要与发达国家较早采取预防措施如推广无铅汽油的使用、较好的环境（包括家庭居住环境）污染治理、较好地开展儿童健康教育等有关。因此，降低儿童血铅水平是一个长期的任务，政府及社会各界仍应给予高度重视。

在现代生活中，铅污染来源复杂但以涉铅工业活动为主，我国局部地区因工业生产活动造成的环境铅污染问题突出。近几年局部地区发生的多起"血铅事件"，对周边人群身体健康造成了直接的、可检测到的负面影响，其中有不少还引发了群体性事件，揭示出局部地区环境铅污染问题突出，而工业生产活动尤其是铅矿采选、原生铅冶炼、铅蓄电池生产及废蓄电池铅回收造成的铅污染排放是其主要成因。我国近年铅污染具体案例情况如表 1-3 所示。

表 1-3　我国近年铅污染相关环境事件案例

时间/年	地点	危害人数概况	排污企业及产生原因
2011	广东省河源市紫金县	241 名血铅超标	环评报告造假,违规排放
2011	浙江省台州市	172 人血铅超标	项目部达标情况下违规生产
2011	浙江省湖州市	332 人血铅超标	违规违法生产,职业卫生防护不当
2011	福建省南安市	20 多名儿童血铅超标	地质因素
2010	四川隆昌县渔箭镇	39 人血铅超标	隆昌忠义合金有限公司废气排放
2010	湖南郴州市嘉禾县广发乡	250 人血铅超标	腾达有色金属回收公司废气排放
2010	郴州市桂阳县	116 人血铅超标	浩塘元山废铅回收厂废气污染
2010	甘肃酒泉市瓜州县	59 人血铅超标	西脉新材料厂废气排放
2010	湖北咸宁市崇阳县	30 血铅超标	湖北吉通蓄电池有限公司废气排放
2010	安徽泗县	57 名儿童血铅超标	电源生产企业废气排放
2010	云南省鹤庆县北衙工业区	84 名儿童血铅超标	鹤庆北衙矿业有限公司废气排放
2010	安徽怀宁县	37 名员工血铅超标	工业固体废物再生利用企业废气排放
2009	湖南省邵阳县	281 人血铅超标	九鼎冶炼有限公司废气污染
2009	湖南省邵阳市武冈市	708 人血铅超标	武冈市精炼锰厂废气排放
2009	陕西宝鸡凤翔县长清镇	615 人血铅超标	陕西东岭冶炼有限公司废气排放
2009	江西省永丰县	6 人血铅超标	多家企业废气排放
2009	云南昆明东川区铜都镇	388 名儿童血铅超标	未查明原因
2009	湖南郴州市嘉禾县广发乡	64 名儿童血铅超标	腾达有色金属回收公司废气排放
2009	福建上杭蛟洋乡	13 人血铅超标	杭华强电池有限公司废气排放
2009	河南省济源市	326 名儿童血铅超标	豫光金铅厂废气排放
2009	广东清远	44 名儿童出血铅超标	则良蓄电池厂废气排放
2007	陕西蓝田陈沟岸村	49 位儿童血铅超标	蓝田县铅冶炼厂废气排放污染
2007	株洲市茶陵县	140 人血铅超标	复兴冶炼厂铅污染
2007	浏阳市官桥乡	112 人血铅超标	宏达有色金属公司铅污染
2006	甘肃省徽县水阳乡	368 人血铅超标	徽县有色金属冶炼公司废气排放

1.5　典型铅生产过程中产生的含铅废物概况

我国铅生产过程主要包括铅矿采选、原生铅冶炼、铅蓄电池生产以及废蓄电池铅回收四个方面,其生产过程产生的含铅废物品种繁多,数量巨大,包括采选废石、铅粉尘、含铅废气、铅冶炼渣、废铅蓄电池、各类含铅废渣、含铅污泥、制酸过程产生的污酸、废硫酸电解液等。

（1）铅锌矿采选涉及的含铅废物以及来源

铅锌矿采选过程中涉及的含铅废物有废气、废水和固废。

① 废气 主要来源于采矿过程中产生的粉尘、选矿过程中原矿破碎等产生的粉尘、尾矿库扬尘排放。

采矿工程粉尘产生的生产环节主要有井下采场的凿岩、爆破、铲装、放矿过程中产生的粉尘；对开采过程中产生的粉尘，采用湿式作业及爆堆、洒水抑尘。

选矿过程中产生的粉尘主要来源于生产过程中粗碎、中细碎、筛分、转载等过程中产生的粉尘。

尾矿库扬尘主要是尾矿库尾砂干坡段有风天气产生的风力扬尘。尾矿库风蚀扬尘与尾矿颗粒大小、干湿程度、风力大小、干滩面积等因素有关，一般秋冬等干燥季节会产生较大扬尘。

粉尘中含有铅等重金属，属于危险废物。

② 废水 采选企业生产过程中产生的含铅等金属离子的废水主要有井下涌水、选矿车间的精矿溢流水、尾矿库溢流水、车间冲洗废水、废石淋溶水等。

选矿生产废水主要来源于选矿工艺过程中，包含有精矿溢流水和尾矿溢流水。废水中的含铅废物主要是含铅重金属离子。

③ 固废 铅锌矿山含铅固体废物主要为废石和尾矿。

固体废物主要是铅锌矿山开采过程中排出的无工业价值的矿体围岩和夹石，对于露天开采就是剥离下来的矿体表面围岩，对于井下开采就是掘进时采出的不能作为矿石使用的夹石。矿山产生的废石除了部分用于井下充填，一般都堆存到废石场。

尾砂作为废渣排放至尾矿库堆存。尾矿库由于干滩长度较长，干滩面积较广，尾砂粒度较细，当遇到有风天气，尾矿干滩面容易产生扬尘，对周边区域有一定影响。选矿厂产生的尾矿除部分用于井下充填，大部分堆存于尾矿库。

（2）原生铅冶炼涉及的含铅废物及来源

原生铅火法冶炼工艺排放源大致可分为低温作业区的扬尘属机尘类，如配料、混料、制粒及物料转运点均属此类；高温作业区的铅尘属机械尘和挥发烟尘混合物；以及硫化铅精矿熔炉加料口、喷枪口的卫生通风系统通常含有的机械尘、挥发烟尘。火法炼铅的铅尘污染主要来自备料及物料转运过程产生的含铅粉尘、加料口逸散的含铅粉尘（正压操作时）、粗铅初步精炼过程产生的含铅气体、炉渣排放过程产生的含铅气体、烟尘收集和转运过程产生的含铅粉尘、发生生产事故时产生的含铅粉尘。原生铅冶炼的含铅废物及其来源如表 1-4 所示。

表 1-4 冶炼中的含铅废物及其来源

序号	名称	含铅废物来源
1	鼓风炉炉渣	鼓风炉熔炼或直接熔炼
2	铜浮渣	粗铅电解前的火法精炼
3	阳极泥	电解精炼
4	脱硫石膏渣	废酸处理产出石膏渣
5	砷钙渣	污酸污水处理
6	污水处理渣	冶炼废水处理
7	污酸	制酸过程

（3）铅蓄电池生产涉及的含铅废物及来源

铅蓄电池生产过程中会产生的含铅废水、含铅废气、铅尘等。

铅蓄电池生产的铅尘主要来源于铅熔化和极板骨架浇注、氧化铅制粉、极板成型、极板打磨和装配等工序及运输过程。污染分为点源污染和面源污染两部分，面源污染来自于无组织排放和扬尘，一般来自于生产过程炉窑密封不严、粉料加工中的飞扬、极板打磨过程未收集到部分铅尘等。

铅蓄电池生产废水主要来源于车间清洗清洁用水、湿式铅烟吸收系统排水、活化除酸雾系统等。通常采用药剂中和处理，大部分废水处理工程设施简陋，缺乏投药、pH 监控设施，缺乏对处理后废水中铅含量的检测手段。此外，很多生产厂雨污未分流，车间清洁水进入雨水系统，直接排放，带来污染。

铅酸电池生产厂含铅固废主要包括废水处理污泥，溶化过程中的氧化皮，车间地灰等，这些物质铅含量高，属于危险废弃物。对厂区清洁粉尘等很多地方未能按危废处置，而是和其他垃圾一起倾倒；危险废弃物堆放不规范，未送专业处理厂家。

铅烟、铅尘主要来自合金配制、铸板、铅粉制造、和膏、涂板、分刷片、焊接等工序，具体产污节点如图 1-1 所示。

（4）废铅蓄电池铅回收过程涉及的含铅废物及来源

再生铅生产主要集中在废铅蓄电池的回收，其回收过程中产生的含铅废

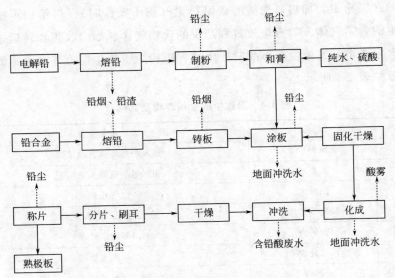

图 1-1　铅蓄电池极板生产工艺及产污点

气、废电解液、含铅废渣和含铅污泥。如短窑熔炼铅回收工艺具体排污节点如图 1-2 所示。

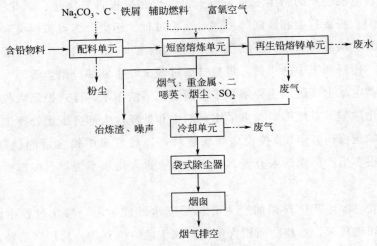

图 1-2　短窑熔炼工艺流程及产污节点

含铅及其化合废弃物已被明确列入《国家危险废物名录》（2008 年本、2011 年本）中 HW31 类，涉及废铅蓄电池生产、铅回收等环节，其具体如表 1-5 所示。

铅矿采选、原生铅冶炼、铅蓄电池生产以及废铅蓄电池回收等都会涉及铅污染问题，基于目前我国在铅生产行业污染控制过程存在的薄弱环节，有必要在这一特定时期，结合国内外管理经验和技术现状，明晰含铅废物的环境危害和环境风险特征，开发切实可行的环境风险集成控制技术，构建典型铅生产过程含铅废物污染综合防治技术体系，以便为遏制重金属污染事件频发势头，推进环境质量改善，确保社会和谐稳定提供必要的管理和技术依据。

表 1-5　国家危险废物名录中涉及含铅废物的部分

废物类别	行业来源	废物代码	危险废物	危险特性
HW31 含铅废物	玻璃及玻璃制品制造	314-002-31	使用铅盐和铅氧化物进行显像管玻璃熔炼产生的废渣	T
	印刷	231-008-31	印制电路板制造过程中镀铅锡合金产生的废液	T
	炼钢	322-001-31	电炉粗炼钢过程中尾气控制设施产生的飞灰及污泥	T
	电池制造	394-004-31	铅酸蓄电池生产过程中产生的废渣和废水处理污泥	T
	工艺美术品制造	421-001-31	使用铅箔进行烤钵试金法工艺产生的废烤钵	T
	废弃资源和废旧材料回收加工业	431-001-31	铅酸蓄电池回收工业产生的废渣、铅酸污泥	T
	非特定行业	900-025-31	使用硬脂酸铅进行抗黏涂层产生的废物	T

从目前该领域的环境管理情况来看，我国已建立有关含铅废物的部分污染控制的法律、法规及标准，但还不够完善，在技术应用环节还缺乏具体的技术应用指南，致使相关技术应用过程无法可依，无章可循。针对典型铅生产过程含铅废物的风险识别、风险评价和风险控制，建立起相应的风险管理技术和方法是十分紧迫而必要的。本书主要内容涉及了典型铅生产过程含铅废物风险识别技术研究、环境风险评估技术研究以及风险控制技术研究三个层次。对于进一步解决涉铅行业环境管理所存在的重大关键环境问题，有效降低铅污染的系统性、累积性环境风险，构建铅污染综合防治技术管理体系具有重要的现实意义。

本章编写人员：张智勇　张正洁　刘俐媛　冯钦忠　王俊峰　张广鑫
本章审稿人：张正洁　陈　扬

第2章 含铅废物国内外环境污染控制及环境管理技术要求

2.1 发达国家对含铅废物的环境污染控制及环境管理技术要求

发达国家十分重视含铅废物的管理工作,已形成了一套完整的法律法规体系,从20世纪90年代开始,世界上几个主要的发达国家就开始着手建立含铅废物管理的专门法律法规,这些法律法规与相关的国际条约相比,具有更强的执行力。迄今,发达国家在应对含铅废物方面已经形成了比较完善的立法,也积累了许多有益的经验。发达国家含铅废物管理发展大体经历5个发展阶段:(a)认识问题和制定法规;(b)确定一个管理权威机构;(c)建立法规基础,包括识别废物类别及处置、贮存、处理设施所需条件及废物产生者处置条件;(d)发展处理处置能力;(e)建立完善法律、法规及监督实施体系。

2.1.1 美国对含铅废物的环境污染控制及环境管理技术要求

美国既是世界重要的矿山铅生产国与出口国,也是铅产品进口国。现阶段,美国对含铅废物的风险控制主要是针对铅制品回收再生阶段,特别是废铅蓄电池的回收、处理和处置。

美国控制含铅废物的法律法规分联邦法规、州法规和地方法规三个层次。美国自20世纪70年代以来对含铅废物依法实行从摇篮到坟墓(cradleto grave)的全过程管理,1976年就颁布了《固体废物处置法》,此外,还制定了上百个关于危险废物的收集、贮存、分离、运输、处理、处置、回收利用的条例、规则、规范、标准和指南等，形成了一系列危险废物管理制度。为了控制危险废物不适当的处置、非法投弃和失效的废物填埋场所造成的环境污染，于1980年制定了超基金法（CERCLA），主旨是对重大的污染场地进行净化，政府设立了16亿美元的"危险废物净化信托基金"；1986年又制定了"超基金修正与再授权法"（SARA），1991年基金额增到85亿美元，美国关于危险废物管理的法律包括联邦级和地方级，除联邦政府制定的《国家环境政策法》、《资源保护回收法》、《环境反应、补偿和责任法》外，联邦环保局还制定了上百个关于其收集、贮运、分离、运输、处理处置、回收利用的条例、规则、规范、标准、指南等。如危险废物申报登记制度、危险废物名录和鉴别制度、危险废物运输货单制度、处理、贮存、处置设施许可证制度等。具体如表2-1所示。

美国对含铅废物的风险控制采用全生命周期控制技术，从联邦法规、州法规和地方法规三个层次进行立体的风险管控，从含铅废物的收集、贮运、分离、运输、处理处置、回收利用等环节全方位进行风险防控，是世界上风险管控最严厉的国家。

表2-1　美国控制含铅废物相关法律法规

法规名称	主要要求
联邦法规	
资源保护和再生法	对铅蓄电池等有害废物从"产生到灭亡"全生命周期跟踪，包括货运文件；废物的处理、贮存与处置设施要有许可证；再生冶炼厂需要有许可证；不仅通过许可证控制操作，而且要清除以前的污染
清洁空气法	铅是评价空气污染的6种标准污染物之一，并有一系列的标准在管理和控制铅排放，包括国家环境空气质量标准（NAAQS，季度平均值1.5$\mu g/m^3$）、国家有害空气污染物排放标准（NESHAPs）、新污染源排放标准（NSPS），所有标准都通过详细的许可证执行。通过这些许可证控制电池制造厂和再生铅冶炼厂
清洁水法	排放进入水道或者公有水处理厂需要有许可证；许可证规定水排放中的污染物含量，并要求进行检测；电池的制造商和再生冶炼厂都需要废水排放的许可证
超级基金法	政府可以执行清理工作并收取费用，也可以强制责任方执行清理工作；产生者、运输者、拥有者、运营者共同承担各自的责任；铅污染的土壤必须清理至400$\mu g/g$或1200$\mu g/g$
劳动健康安全法	要求企业实施防护要求，并对工人的血铅和空气中铅含量进行检测；工人血铅超过50$\mu g/dL$时要求其暂停工作，恢复到40$\mu g/dL$时再返回岗位
降低铅暴露法	该法要求蓄电池零售商、批发商和制造厂家收回废蓄电池。该法实施后，再生铅厂取代了专门破碎厂的职能，同时蓄电池制造厂也建立了回收设施

法规名称	主要要求
联邦法规	
电池回收法规（BCI）	消费者应将废旧铅蓄电池交给零售商、批发商或者再生铅冶炼企业，禁止自行处理废旧电池。零售商应把从消费者手中回收的电池交给批发商或者再生铅冶炼企业 零售商在销售电池时，如已使用的蓄电池由顾客提供，则顾客要用基本相同的型号、不少于购买的新电池的数量来交换 零售商在售出一个车型的可替代蓄电池时，顾客需付至少 10 美元的押金，在退回已使用的相同型号的蓄电池时才将押金退回。如果顾客在购买之日起 30d 内没有退还已使用的汽车蓄电池，那么押金将归零售商所有 蓄电池批发商在交易时，如果已使用的蓄电池由顾客提供，那么顾客要用基本相同型号、不少于购买的新电池的数量来交换。与零售商交易时，零售商要在 90d 内将收集的蓄电池交给批发商 政府会对零售商、批发商的行为是否符合上述规定进行检查，违反规定的将受到罚款等相应处罚
州法规	
可充电电池回收与 再利用法案（加州）	要求加州境内所有有可充电电池的零售商需无偿回收消费者送交的废旧可充电电池，该法案涉及加州全部的可充电电池零售商
地方法规	
垃圾分类回收法 （纽约）	1989 年颁布垃圾分类回收法；1990 年，纽约市对"垃圾分类回收法"再次进行补充，要求市民必须将家中废电池送到有关回收机构（废弃不用的汽车蓄电池或拿回给零售商，或送到专门回收站，或放到清洁局专属的垃圾清理场中，但绝不能和普通垃圾混在一起随便丢弃）；法律还规定，汽车电池零售商每月有免费回收每人两个蓄电池的义务，而消费者购买汽车电池时，要多交 5 美元手续费，作为未来的回收费用

2.1.2　加拿大对含铅废物的环境污染控制及环境管理技术要求

加拿大的铅锌矿开采量不是很大，因此加拿大非常重视对于再生铅的环境风险控制。加拿大十分重视危险废物的管理工作，制定了许多有关危险废物管理的法规、条例与处理技术原则，如《危险物质运输条例》、《有害废物管理条例》、《有害废物物理化学和生物处理原则》、《有害废物进出口管理条例》等，自 1990 年以来，加拿大政府推出了一项减轻废物负担、节约资源的绿色计划，并与各省签订了有关净化计划，即总量控制与分散治理相结合。加拿大在危险废物治理方面实现所谓的 4R 原则，即 Reduction（减量化）、Reuse（重复利用）、Recycling（再生）和 Recovery（回收）。加拿大还特别针对含铅废物的风险控制制定了相关的法律法规，如表 2-2 所示。

表 2-2　加拿大含铅废物风险控制相关法规、标准

发布时间	编号	名称
1991-03-15	Vol. 125,No. 06	再生铅冶炼厂排放条例
1992-11-02	Vol. 126,No. 25	危险废物进出口条例
2006-04-08	Vol. 140,No. 14	金属矿山修改条例
2000-03-29	Vol. 134,No. 07	控制清单商品出口通知书条例
1977	SOR/C. R. C. ,c. 407	燃料信息条例
2005-05-10	SOR/2005-132	儿童首饰法案
2001	1/MM/7/E	钢铁厂综合环境守则
2001	1/MM/8/E	废钢铁厂综合化境守则
2002-10-31		机动车配件制造商协会协议
2011-06-11		贱金属粗炼、精炼和锌冶炼厂污染防治规划

2.1.3　澳大利亚对含铅废物的环境污染控制及环境管理技术要求

澳大利亚是全世界上铅储量最高的几个国家之一，每年出口大量的铅矿、铅制品，因此澳大利亚每年产生大量的含铅废物，对澳大利亚的环境产生了较大的环境风险，因此澳大利亚政府同样非常重视对含铅废物的控制与处置。1992 年 5 月，澳大利亚加入了巴塞尔公约，目的是规范进出口、运输和处置危险废物。

澳大利亚在环境风险控制上，国家层面宏观制定了相关法律进行管理，如为含铅废物确立了《联邦工业化学品（通知和评估）法案》（1989 年）及《危险废物（进出口）法案》（1989 年）。明确规定了含铅废物为危险废物，在含铅废物处理处置上直接受到国家的控制。

2.1.4　日本对含铅废物的环境污染控制及环境管理技术要求

在日本含铅废物处理，特别是废铅蓄电池多是多由民间的回收商或拆解商回收废铅蓄电池后，进行回收精炼并作为再生铅销售。为减少废铅蓄电池的环境风险，以及提高废铅蓄电池的回收率，在日本原厚生省和原通产省的要求下，从 1994 年 10 月起，电池工业协会会员中从事电池生产的企业开始实施"铅回收利用计划"。

日本与废弃物处理处置有关的法规包括：1 部废弃物处理法（政府令、省令等 7 项；告示等 15 项；通知 143 项）、1 部废弃物处理设施建设法、1 部产业废弃物特定处理设施建设法（政府令、省令 2 项；告示等 2 项）、1

部特定有害产业废弃物输出入法（政府令、省令 6 项；告示等 2 项）、1 部促进容器包装的分别收集与再商品化法（政府令、省令 4 项；告示等 2 项）、1 部净化槽法（政府令、省令 8 项；告示等 15 项；通知 34 项）、1 部广域临海环境建设中心法（政府令、省令 2 项；通知 5 项）、1 部下水道建设法（政府令、省令 2 项；通知 6 项）和 1 部环境事业团法（政府令、省令 3 项；告示 1 项；通知 2 项）。除此以外，日本与再生资源利用有关的法规 1 部，有关的政府令、省令 14 项，以及公告 1 项。

2.1.5 德国对含铅废物的环境污染控制及环境管理技术要求

德国也非常重视危险废物的处理，政府先后颁布了 12 部法律法规。例如，德国有关危险废物管理的法律有联邦法和地方法，包括《废物清除法》、《防止污染扩散法》、《危险废物贮存控制条例》、《废物鉴别条例》、《废物运输条例》、《污染源登记条例》、《污染控制法》、《环境统计法》等，采用了危险废物清除计划制度、申报登记制度、清除机构制度和许可制度运输货单制度、废物鉴定、登记制度和废物交换制度以及政府对废物清除活动财政援助制度等。

2.1.6 发达国家对含铅废物的环境污染控制及管理技术经验借鉴

通过查阅和学习国内外部分国家和地区危险废物管理比较先进的思路，选取了国外对含铅废物的管理情况进行了重点介绍，获得了很多经验和知识，对我国含铅废物风险控制及环境管理起到了极大的促进作用。通过总结，得到了以下几点启示。

① 含铅废物的管理必须要具有成熟的法律体系，同时要保持对法律的强大的执行力，来树立和维护法律权威。企业加强自身管理、切实做到守法经营是确保环境安全的首要途径。

② 结合我国含铅废物量大面广的实际情况，采取科学的环境风险控的管理方法，也是当前需要重点研究、落实的一个方面。

③ 我国的含铅废物产生于多个行业、多个工艺，成分相当复杂，针对不同的含铅废物，其处置或利用的技术也是大不相同，对专业化程度的要求特别高，企业处置或利用含铅废物的技术到底能否达到国家要求、避免造成二次污染又是需要研究的一个问题。

④ 对于含铅废物应重视其对人类健康及生态环境的累积性风险，并加强全面环境管理。

2.2 我国对含铅废物的环境污染控制及环境管理技术要求

我国对含铅废物的环境污染控制及环境管理技术要求如表2-3～表2-5所示。

表2-3 我国铅产业政策基本情况

项目		产业政策	文件号	主要内容
产业规划	调整方向和重点	有色金属产业调整和振兴规划	国发〔2009〕14号	① 现阶段,有色金属产业在我国实现城镇化、工业化、信息化中的重要作用没有改变,作为现代高新技术产业发展关键支撑材料的地位没有改变,产业发展的基本面没有改变 ② 加快建设覆盖全社会的有色金属再生利用体系,支持具备条件的地区建设有色金属回收交易市场、拆解市场 ③ 鼓励有实力的铅锌企业以多种方式进行重组,实现规模化、集团化;培育形成若干再生有色金属产业集聚发展的重点地区,支持安徽、河南、山东、江苏、湖北等地区发展再生铅 ④ 严格控制资源、能源和环境容量不具备条件地区的有色金属产能
		再生有色金属产业发展推进计划	工信部联节〔2011〕51号	
企业组织结构	新建类	铅锌行业准入条件	发展改革委公告2007年第13号	① 铅冶炼项目:单系列铅冶炼能力必须达到5万吨/年(不含5万吨)以上 ② 再生铅项目:规模必须大于5万吨/年
		铅锌行业规范条件(2014年)(征求意见稿)		① 新建小型铅锌矿山规模不得低于单体矿10万吨/年(300t/d),服务年限需在10年以上,中型矿山单体矿规模应大于30万吨/年(1000t/d)。采用浮选工艺的矿山企业其矿石处理能力应不小于矿山开采能力 ② 铅锌冶炼:新建和改造单独处理锌氧化矿或者含锌二次资源的项目(不含回收锌电池中二次金属项目),规模需达到3万吨/年以上
	限制类	产业结构调整指导目录(2011年本)	发展改革委令2011第9号	① 铅冶炼项目:单系列5万吨/年规模及以上,不新增产能的技改和环保改造项目除外 ② 再生铅项目:新建单系列生产能力5万吨/年及以下、改扩建单系列生产能力2万吨/年及以下以及资源利用、能源消耗、环境保护等指标达不到行业准入条件要求的
		当前部分行业制止低水平重复建设目录	发改产业〔2004〕746号	

项目		产业政策	文件号	主要内容
产业技术升级	鼓励技术和工艺	再生有色金属产业发展推进计划	工信部联节〔2011〕51 号	① 高效、低耗、低污染、新型冶炼技术开发
		产业结构调整指导目录(2011 年本)	发展改革委令 2011 第 9 号	② 高效、节能、低污染、规模化再生资源回收与综合利用
		有色金属产业调整和振兴规划	国发〔2009〕14 号	③ 新建铅冶炼项目,粗铅冶炼须采用富氧底吹强化熔炼或者富氧顶吹强化熔炼工艺
		铅锌行业准入条件	发展改革委公告 2007 年第 13 号	④ 采用先进适用工艺技术,开发利用铅锌低品位矿、共伴生矿、难选冶矿、尾矿和熔炼渣等
		中西部地区外商投资优势产业目录(2008 年修订)	发展改革委、商务部令 2008 年第 4 号	⑤ 搞好铅冶炼余热利用 ⑥ 推广废渣、赤泥等固体废弃物的应用,实现生产"零排放" ⑦ 重点突破废旧有色金属预处理、熔炼、节能环保领域技术和装备 ⑧ 有色金属精深加工(勘查、开采、冶炼除外)
		铅锌行业规范条件(2014 年)(征求意见稿)		新建及改造铅冶炼项目,粗铅冶炼须采用先进的富氧强化熔炼-液态高铅渣直接还原或一步炼铅工艺,以及其他生产效率高、能耗低、环保达标、资源综合利用效果好的先进炼铅工艺,并需配套双转双吸或其他双吸附制酸系统以及尾气治理工艺,制酸尾气需配套脱硫设施。鼓励采用具有自主知识产权的先进铅冶炼技术。鼓励矿铅冶炼企业利用富氧强化熔炼炉处理铅膏等含铅二次资源。鼓励采取专门脱汞技术和安装汞回收设施
		当前国家鼓励发展的环保产业设备(产品)目录(2010 年版)	发展改革委、环境保护部公告 2010 年第 6 号	蓄电池活化仪:用于铅蓄电池维护与再生
		关于促进铅酸蓄电池和再生铅产业规范发展的意见	工信部联节〔2013〕92 号	加强双极性密封电池、超级电池、泡沫石墨电池等新型铅酸蓄电池的技术研发,推广卷绕式、胶体电解质铅酸蓄电池技术。采用内化成、无镉化、智能快速固化室、真空合膏、管式电极灌浆挤膏等先进成熟工艺技术对现有铅酸蓄电池生产企业进行升级改造,开展铅酸蓄电池拉网式、冲孔式、连铸连轧式板栅制造工艺技术应用示范。加快废铅酸蓄电池规模化无害化再生关键技术装备的研发与应用

项目		产业政策	文件号	主要内容
产业技术升级	鼓励技术和工艺	国家重点行业清洁生产技术导向目录(第三批)	发展改革委、环保总局公告2006年第86号	超级电容器应用技术;超级电容器可替代铅蓄电池,为电动车辆提供动力电源
		中国化学与物理电源(电池)行业"十二五"发展规划	中国化学与物理电源协会	① 阀控密封免维护、胶体、卷绕式、双极性电池 ② 超级电池/铅碳电池等先进新型铅蓄电池 ③ 汽车用36V及以上电池系统、动力电池 ④ 铅蓄电池减铅技术、无镉技术、快速内化成技术
	淘汰技术和工艺	再生有色金属产业发展推进计划	工信部联节〔2011〕51号	① 采用烧结锅、烧结盘、简易高炉等落后方式炼铅工艺及设备 ② 利用坩埚炉熔炼再生铅的工艺及设备 ③ 1万吨/年以下的再生铅项目 ④ 再生有色金属生产中采用直接燃煤的反射炉、冲天炉、坩埚炉熔炼等落后炼铅工艺和设备 ⑤ 未配套制酸及尾气吸收系统的烧结机炼铅工艺 ⑥ 烧结-鼓风炉炼铅工艺
		产业结构调整指导目录(2011年本)	发展改革委令2011第9号	
		部分工业行业淘汰落后生产工艺装备和产品指导目录(2010年本)	工产业〔2010〕第122号	
		当前部分行业制止低水平重复建设目录	发改产业〔2004〕746号	
		再生铅准入条件	中华人民共和国工业和信息化部、环境保护部公告2012年第38号	淘汰1万吨/年以下再生铅生产能力,以及坩埚熔炼、直接燃煤的反射炉等工艺及设备
		关于促进铅酸蓄电池和再生铅产业规范发展的意见	工信部联节〔2013〕92号	立即淘汰开口式普通铅酸蓄电池生产能力,并于2015年年底前淘汰未通过环境保护核查、不符合准入条件的落后生产能力。禁止将落后产能向农村和中西部地区转移

表2-4　我国铅技术政策及标准基本情况

类别	名称	编号	主要内容
技术政策	废电池污染防治技术政策	环发〔2003〕163号	铅回收率大于95% 再生铅的生产规模大于5000t 再生铅工艺过程采用密闭熔炼设备,并在负压条件下生产,防止废气逸出 具有完整废水、废气的净化设施,废水、废气排放达到国家有关标准 再生铅冶炼过程中产生的粉尘和污泥得到妥善、安全处置 逐步淘汰不能满足上述基本条件的土法冶炼工艺和小型再生铅企业

类别	名称	编号	主要内容
技术政策	铅锌冶炼业污染防治技术政策	(公告 2012 年第 18 号 2012-03-07 实施)	铅锌冶炼业重金属污染防治工作，要坚持"减量化、资源化、无害化"的原则，实行以清洁生产为核心、以重金属污染物减排为重点、以可行有效地污染防治技术为支撑、以风险防范为保障的综合防治技术路线
技术标准	废铅蓄电池收集和处理污染控制技术规范	HJ 519—2009	现有再生铅的生产规模大于 10000t/a，铅回收率大于 95% 改扩建企业再生铅生产规模大于 20000t/a 新建企业生产规模应大于 50000t/a，铅回收率大于 97%
	清洁生产标准-铅电解业	HJ 513—2009	一级（国际清洁生产先进水平）：铅锅炉≥100t；全过程自动化水平高；铅回收率≥99%；单位产品铅尘产生量≤8kg/t 二级（国内清洁生产先进水平）：铅锅炉≥75t；自动化水平较高；铅回收率≥99%；单位产品铅尘产生量≤12kg/t 三级（国内清洁生产基准水平）：铅锅炉≥65t；自动化水平一般；铅回收率≥98%；单位产品铅尘产生量≤20kg/t
	清洁生产标准-废铅蓄电池回收业	HJ 510—2009	火法冶金类：①一级（国际清洁生产先进水平）：铅回收率>98%，渣含铅率<1.8%；②二级（国内清洁生产先进水平）：铅回收率>97%，渣含铅率<1.9%；③三级（国内清洁生产基准水平）：铅回收率>95%，渣含铅率<2.0% 湿法冶金类：①一级（国际清洁生产先进水平）：铅回收率>99%，渣含铅率<1.6%；②二级（国内清洁生产先进水平）：铅回收率>98%，渣含铅率<1.8%；③三级（国内清洁生产基准水平）：铅回收率>95%，渣含铅率<2.0%
	清洁生产标准-粗铅冶炼业	HJ 512—2009	一级（国际清洁生产先进水平）：铅回收率≥97%，单位产品颗粒物产生量≤1.5kg/t 二级（国内清洁生产先进水平）：铅回收率≥97%，单位产品颗粒物产生量≤3kg/t 三级（国内清洁生产基准水平）：铅回收率≥96%，单位产品颗粒物产生量≤5kg/t
	清洁生产标准-铅蓄电池工业	HJ 448—2008	一级（国际清洁生产先进水平）：除铅尘效率≥99.5%；铅蓄电池总铅产生量≤0.25g/(kV·A·h) 二级（国内清洁生产先进水平）：除铅尘效率≥99%；铅蓄电池总铅产生量≤0.45g/(kV·A·h) 三级（国内清洁生产基准水平）：除铅尘效率≥98%；铅蓄电池总铅产生量≤0.60g/(kV·A·h)

表 2-5 我国涉铅环境标准、卫生标准基本情况

类别		标准名称	文件号	制定部门	铅限值
排放	废气	铅、锌工业污染物排放标准	GB 25466—2010	环境保护部	有组织排放:现有企业(2011.1—12)≤10mg/m³;现有企业(2012.1—)≤8 mg/m³;新建企业(2010.1—)≤8 mg/m³;无组织排放:企业边界1h平均浓度≤6μg/m³
		大气污染物综合排放标准	GB 16297—1996	原环保总局	有组织排放≤0.7mg/m³ 无组织排放(周界外浓度最高点)≤6μg/m³
		工业炉窑大气污染物排放标准	GB 9078—1996	原环保总局	环境质量二类功能区执行二级排放标准,金属熔炼≤10mg/m³;其他≤0.1mg/m³
		危险废物焚烧污染控制标准	GB 18484—2001	原环保总局	≤1.0mg/m³
		生活垃圾焚烧污染控制标准	GB 18485—2001	原环保总局	≤1.6mg/m³
		再生有色金属工业污染物排放标准(征求意见稿)		环境保护部	现有企业:4mg/m³,新建企业:2mg/m³
	废水	铅、锌工业污染物排放标准	GB 25466—2010	环境保护部	现有企业(2011.1—12)≤1.0mg/L;现有企业(2012.1—)≤0.5mg/L;新建企业(2010.1—)≤0.5mg/L;特别保护区域≤0.2mg/L
		污水综合排放标准	GB 8978—1996	原环保总局	≤1.0mg/L
		再生铜、铝、铅、锌工业污染物排放标准	GB 31574—2015	环境保护部	现有企业:0.5mg/L,新建企业:02mg/L
安全防护距离		工业企业设计卫生标准	GB Z1—2010	卫生部	卫生防护距离为在正常条件下,无组织排放的有害气体(大气污染物)自生产单元边界到居住区的范围内,能够满足国家居住区容许浓度相关标准规定的所需最小距离。对于目前国家尚未规定卫生防护距离要求的,宜进行健康影响评估,并根据实际评估结果作出判定
		环境影响评价技术导则—大气环境	HJ 2.2—2008	环境保护部	计算各无组织源的大气环境防护距离,是以污染源中心点为起点的控制距离,并结合厂区平面布置图,确定控制距离范围

类别		标准名称	文件号	制定部门	铅限值
安全防护距离		铅锌行业准入条件	2007 年第13 号公告	发展改革委	自然保护区、生态功能保护区、风景名胜区、饮用水水源保护区等需要特殊保护的地区,大中城市及其近郊,居民集中区、疗养地、医院和食品、药品等对环境条件要求高的企业周边 1km 内,不得新建铅锌冶炼项目,也不得扩建除环保改造外的铅锌冶炼项目
		危险废物焚烧污染控制标准	GB 18484—2001	原环保总局	《铅锌行业准入条件》规定再生铅锌企业选址需参考危险废物焚烧厂选址原则
		铅蓄电池厂卫生防护距离标准	GB 11659—89	卫生部	依据近五年平均风速和生产规模,确定最短防护距离在 300～800m 不等
环境质量	大气	环境空气质量标准	GB 3095—1996	环境保护部	季平均:1.50μg/m³;年平均:1.00μg/m³
	水	地表水环境质量标准	GB 3838—2002		Ⅰ: ≤ 0.01mg/L;Ⅱ: ≤ 0.01mg/L;Ⅲ: ≤ 0.05mg/L;Ⅳ:≤0.05mg/L;Ⅴ:≤0.1mg/L
		地下水环境质量标准	GB/T 14848—93	原地矿部	Ⅰ: ≤ 0.005mg/L;Ⅱ: ≤ 0.01mg/L;Ⅲ: ≤ 0.05mg/L;Ⅳ:≤0.1mg/L;Ⅴ:>0.1mg/L
		海水水质标准	GB 3097—1997	原环保总局、海洋局	Ⅰ: ≤ 0.001mg/L;Ⅱ: ≤ 0.005mg/L;Ⅲ: ≤ 0.01mg/L;Ⅴ:≤0.05mg/L
		农田灌溉水质标准	GB 5084—2005	农业部	≤0.1mg/L
		渔业水质标准	GB 11607—89	原环保总局	≤0.05mg/L
		生活饮用水卫生标准	GB 5749—2006	卫生部	≤0.01mg/L
	土壤	土壤环境质量标准	GB 15618—1995	原环保总局	Ⅰ级(自然背景):35 mg/kg;Ⅱ级(pH<6.5、6.5～7.5、>7.5):250 mg/kg、300 mg/kg、350 mg/kg;Ⅲ级(pH>6.5):500 mg/kg
废物处置		农用污泥中污染物控制标准	GB 4284—84	原环保总局	pH < 6.5:300mg/kg;pH ≥ 6.5:1000mg/kg
		城镇垃圾农用控制标准	GB 8172—87		≤100mg/kg
		农用粉煤灰中污染物控制标准	GB 8173—87		酸性土壤(pH < 6.5):≤250mg/kg;中性或碱性土壤(pH≥6.5):≤500mg/kg

类别	标准名称	文件号	制定部门	铅限值
生活用品	国家玩具安全技术规范	GB 6675—2003	轻工联合会	≤90mg/kg
	铅笔涂层中可溶性元素最大限量	GB 8771—2007	卫生部	≤90mg/kg
	车用汽油有害物质控制标准	GWKB 1.1—2011	环境保护部	≤5mg/kg
	粮食卫生标准	GB 2715—2005	卫生部	≤0.2mg/kg
	食品中污染物限量	GB 2762—2005	卫生部	谷类、豆类、薯类、禽畜肉类、小水果、浆果、葡萄、鲜蛋、果酒：≤0.2mg/kg；可食用禽畜下水、鱼类：≤0.5mg/kg；水果、蔬菜：≤0.1mg/kg；球茎蔬菜、叶菜类：≤0.3mg/kg；鲜乳、果汁：≤0.05mg/kg；婴儿配方粉：≤0.02mg/kg；茶叶：≤5mg/kg
作业场所	工业场所有害因素职业接触限值	GBZ 2.1—2007	卫生部	以时间为权数规定的 8h 工作日、40h 工作周的平均容许接触浓度：铅尘 0.05mg/m³；铅烟 0.03mg/m³
铅中毒诊断	职业性慢性铅中毒诊断标准	GBZ 37—2002	卫生部	观察对象：血铅≥400mg/L 或尿铅≥70mg/L；铅中毒：血铅≥600mg/L 或尿铅≥120mg/L，且伴有其他生理生化指标改变或临床症状
	儿童高铅血症和铅中毒分级和处理原则（试行）	卫妇社发〔2006〕51 号	卫生部	连续两次静脉血血铅水平为 100～199μg/L 为高铅血症，200～249μg/L 为轻度铅中毒，250～449μg/L 为中度铅中毒，≥450μg/L 为重度铅中毒

2.3 铅污染防治工作进展及对策建议

铅污染是重金属污染中的突出问题，2010 年 1 月至 2011 年 5 月发生的 21 起重金属污染事件中，16 件涉及铅污染健康损害问题。《重金属污染综合防治"十二五"规划》的出台为有效遏制铅污染指明了方向。对此，我们要有清醒和深刻的认识，既要把实现全方位、大幅降低环境铅污染的健康风险作为一项现实而紧迫的工作，又要把它作为一项艰巨而长期的任务。

2.3.1 铅污染风险防治工作复杂艰巨

（1）历史累积环境问题与高速发展带来的环境压力并存

铅是与经济建设、国防建设和社会发展息息相关的基础原材料，我国铅生产量和消费量已连续多年位居世界第一。与此同时，铅产业长期粗放式发展模式所积累的矛盾和环境污染问题也日益突出，如工业布局和产业结构不合理、发展方式无序、生产工艺技术落后、治理水平和监管水平不高等，涉铅企业铅污染导致周边儿童血铅超标事件频发是长期粗放发展的必然结果。随着我国经济社会的快速发展，人口增长、工业化和城镇化的加快推进，对铅的需求仍保持一定的增长势头。根据国家《有色金属产业调整和振兴规划》和《再生有色金属产业发展推进计划》，未来相当长一段时间，我国铅产业仍将处于国家政策支持下的高速发展状态，由此带来的铅污染压力将有增无减。

（2）环境铅污染具有普遍性，仅靠企业治理无法彻底阻断铅进入人体的途径

除自然来源外，环境铅污染和人体铅暴露主要与人类活动密切相关，包括工业三废、汽车尾气排放、从事涉铅职业、接触含铅生活日用品和食品以及不良生活方式等。降低环境铅污染对人群健康损害的风险，不能把污染途径单一地归结为某个特定源头，涉铅企业铅污染仅是影响人群健康的诸多因素之一，即使涉铅企业停产或铅零排放，只要环境中存在铅、居住环境中铅的水平没有下降以及影响人体接触和摄入铅的多种行为危险因素没有消除，就不能消除铅对人体健康的威胁。

（3）铅对人体健康的影响无阈值，实现铅污染健康影响"零风险"任重道远

铅在环境中普遍存在，环境铅污染难以彻底消除，只能想方设法去减少。美国也是在环境铅污染源不断得到控制、健康教育的普及和儿童总体血铅水平逐步降低的基础上，用了30多年的时间将儿童铅中毒标准从1960年≥600μg/L逐步加严至1991年≥100μg/L。美国国家健康与营养调查显示0～6岁儿童，1976年血铅均值为149μg/L，88%血铅≥100μg/L；1988年实现车用汽油无铅化后，儿童血铅为36μg/L，8.6%血铅≥100μg/L；2008年为15μg/L，0.9%血铅≥100μg/L。卫生部调查显示我国城市0～6岁儿童，1998年血铅均值为88.3μg/L，29.91%血铅≥100μg/L；2000年停止生产和使用含

铅汽油后，2005年儿童血铅为59.5μg/L，10.45％血铅≥100μg/L。降低我国儿童血铅水平或实现人体"零血铅"这一目标需要长期不懈的努力。

2.3.2 涉铅风险防控相关工作有序进展

（1）有关铅的环境标准基本贯穿了环境管理的全过程，部分标准限值与发达国家相当

国家环保部颁布的涉铅环境标准涵盖了环境影响评价、污染物排放、环境质量和废物处置等方面。在环境影响评价方面，《环境影响评价技术导则—大气环境》（HJ 2.2—2008）规定了大气环境防护距离的确定方法。在污染物排放方面，《铅、锌工业污染物排放标准》（GB 25466—2010）规定，从2012年起现有企业和新建企业大气铅排放≤8mg/m³（欧盟≤0.14～4.2mg/m³）；废水铅排放≤0.5mg/m³（德国、瑞士和英国≤0.5mg/m³）；《生活垃圾焚烧污染控制标准》（GB 18485—2001）和《危险废物焚烧污染控制标准》（GB 18484—2001）废气铅排放≤1.6mg/m³（丹麦≤1.4 mg/m³）和≤1.0mg/m³（英国≤1.0 mg/m³）。在环境质量方面，《环境空气质量标准》（GB 3095—1996）规定铅季平均、年平均浓度分别为≤1.50μg/m³（美国≤1.50μg/m³）和1.00μg/m³［世界卫生组织（WHO）≤0.5μg/m³］；《地表水环境质量标准》（GB 3838—2002）Ⅲ类水体铅浓度≤0.05mg/L（日本≤0.1mg/L；美国急性≤0.065mg/L，慢性≤0.00025mg/L）；《土壤环境质量标准》（GB 15618—1995）二级标准为250～350mg/kg（美国≤60～700mg/kg；日本≤150mg/kg）。在废物处置方面，《农用污泥中污染物控制标准》、《城镇垃圾农用控制标准》（GB 8172—87）和《农用粉煤灰中污染物控制标准》（GB 8173—87）有关铅限值基本参照了《土壤环境质量标准》。

（2）制定产业技术政策和技术标准，有序引导铅行业规范化管理和可持续发展

针对铅污染防治，国家环保部已制定并颁布了一些环境管理要求，推动产业技术升级和清洁生产。在技术政策方面，2003年发布了《废电池污染防治技术政策》，规范废电池处理处置和资源再生行为；2006年与发展改革委联合发布《国家重点行业清洁生产技术导向目录》（第三批），推广使用超级电容器应用技术，替代铅酸电池，为电动车辆提供动力电源；为实现铅锌冶炼行业污染防治和节能减排目标，相续颁布了《铅锌冶炼业污染防治技

政策》、《铅冶炼污染防治最佳可行技术指南》、《再生铅污染防治可行技术指南》，即将颁布《铅蓄电池行业污染防治技术政策》，《废电池污染防治技术政策》（修订版）。在技术标准方面，2009 年，发布技术标准 5 项，包括《废铅酸蓄电池收集和处理污染控制技术规范》（HJ 519—2009）、《清洁生产标准-铅电解业》（HJ 513—2009）、《清洁生产标准-废铅酸蓄电池回收业》（HJ 510—2009）、《清洁生产标准-粗铅冶炼业》（HJ 512—2009）、《清洁生产标准-铅蓄电池工业》（HJ 448—2008），指导涉铅企业有效利用资源、开展清洁生产。

（3）探索实践环境与健康风险管理，不断深化铅污染对健康影响调查研究工作

从典型案例调研和环境与健康调查两个方面入手，为提高环境管理水平提供技术支持。在典型案例研究方面，通过开展涉铅企业污染导致群众健康损害问题调研和"十一五"期间环境污染致健康损害案例特点分析，综合分析环保和相关部门在立项、环评、标准、监管、监测、应急和能力建设等方面存在的薄弱环节并提出对策建议，为领导决策提供了有力的参考。在环境与健康调查方面，为掌握我国重点地区的环境铅污染问题对人群健康影响的基本状况，评估环境污染带来的健康风险，为国家制定、评价相关政策和措施提供及时、准确、可靠的依据，将铅污染对人群健康影响作为"全国重点地区环境与健康专项调查"一项重要任务，确定云南省会泽县为铅污染典型地区纳入 2011 年试点工作，通过试点调查，建立和完善一系列铅污染健康影响调查和风险评估技术规范，为在全国范围内顺利实施环境铅污染与人群健康调查奠定工作基础。

（4）将铅污染防治纳入科研重点支持领域

自 2009 年至今，累积科研经费投入近亿元，项目研究成果将为铅的污染防治和管理提供技术支持。在环保部科研立项方面，针对铅污染防治问题，从铅的来源与成因、监测与评估、影响与效应、预防与控制、监督与管理等五个层次，开展系统性、集成性、链条式设计，形成系列科研项目建议，并在公益性行业科研专项中列为重点支持领域，积极开展专题研究。公益项目在铅污染的来源解析与表征、损害补偿标准与健康危害法律监管、重点防控区划分与风险分级、重点行业污染控制与管理等方面设置了 9 个项目。在"水专项"实施过程中，"十一五"期间在湘江等重点流域开展了铅等重金属行业水污染控制与管理技术等方面的研究，在含铅废水生物制剂法

深度处理与资源化技术、固定化曝气生物滤池-螯合树脂组合工艺处理技术等新技术研发方面取得了重要进展。"十二五"期间，也继续加大了对铅污染治理的科技支持力度，针对湖南郴州地区铅等重金属复合物污染严重的特点，在铅矿冶炼清洁生产工艺、河道尾砂中铅等重金属的回收利用方面开展研究与示范，大大削减铅的排放量。

2.3.3 铅污染防治工作仍存在诸多问题

2.3.3.1 政策、标准执行不力难以大幅度减低铅污染健康风险

（1）产业集中度不升反降、技术装备落后问题依然突出

2004 年发布的《当前部分行业制止低水平重复建设目录》、2009 年发布的《有色金属产业调整和振兴规划》未能扭转行业集中度低、产业规模小的局面，国内前十位铅企业产量占全国产量的比重从 2001 年的 52% 降至 2010 年的 29%，2009 年全国平均每家铅冶炼企业的铅产量不足 1 万吨；2005 年发布的《产业结构调整指导目录》已于 2011 年更新，但目前 60% 的铅冶炼仍在使用 2005 年已明令淘汰的落后工艺和设备，边远地区尤为突出。

（2）环评制度执行不力、卫生防护距离不落实现象普遍存在

近年来发生的血铅超标事件显示建设项目违法是涉铅企业中普遍存在的问题，例如，在没有办理环境影响评价手续，无安全防护、无劳动保护、无污染防治设备的情况下违法生产；在没有对新增产能进行环境影响评价的情况下继续生产；在周边居民没有按环境影响评价的要求搬迁至卫生防护距离以外的情况下投产运行；大多数铅蓄电池企业达不到《铅蓄电池厂卫生防护距离标准》（GB 11659—89）规定的 300～800m 的要求；2007 年《铅锌行业准入条件》（2007 年第 13 号公告）发布后，仍然出现在居民集中区建设涉铅企业的情况；公众参与在一些企业的环境影响评价过程中流于形式。

（3）铅未纳入环保、卫生部门的常规监测和监管范围

完成 SO_2 和 COD 减排目标是当前各级环保部门的重点工作，涉铅企业不是 SO_2 和 COD 的主要排放源，基层环保部门专业人才和监测设施缺乏，没有将涉铅中小企业纳入到环境保护部门的重点监测与监管范围。同时，卫生部门对铅作业场所的常规环境监测、对涉铅企业周边人群的生物监测均是空白。实地调研发现，尽管有些企业监测数据显示"铅达标排放"，但监测频次和监测点位有限，不能反映作业场所、无组织排放和有组织排放的真实情况，所谓"达标排放"说服力不足。

2.3.3.2 标准的协调性和衔接性问题带来使用和评价上的困惑

（1）我国大气铅排放标准不能满足环境质量标准的要求

首先，大气铅排放标准值设定与控制技术相关。我国铅锌工业生产控制技术相对落后，达到《铅、锌工业污染物排放标准》（GB 25466—2010）和《大气污染综合排放标准》（GB 16297—1996）设定的大气铅有组织排放限值 $8mg/m^3$ 和 $10mg/m^3$ 有相当大的难度，国际先进技术可以达到 $4mg/m^3$。其次，需要通过设置防护距离解决无组织排放问题。我国《铅、锌工业污染物排放标准》（GB 25466—2010）和《大气污染综合排放标准》（GB 16297—1996）对无组织排放的要求是企业边界大气铅≤$6\mu g/m^3$，为大气铅季均、年均浓度的 4 倍和 6 倍。因此，现阶段即使我国涉铅企业均达到排放标准，也未必能满足环境质量要求，必须通过设置防护距离来保证防护距离外的人居环境空气中铅浓度符合环境质量标准。

（2）针对涉铅企业防护距离设定缺乏明确、具体规定

一是对涉铅企业防护距离科学、系统量化规定有待加强。目前我国仅针对铅蓄电池行业，考虑不同生产规模和气象条件结合环境流行病学调查研究，确定卫生防护距离在 300~800m 不等。《铅锌行业准入条件》（2007 年第 13 号公告）只是规定"……居民集中区……对环境条件要求高的企业周边 1km 内，不得新建铅锌冶炼项目，也不得扩建环保改造外的铅锌冶炼项目"，对于"对千米"的适用条件以及非新建项目没有规定。

二是现有标准对防护距离的规定过于原则，实际运用可操作性不强。《工业企业设计卫生标准》（GBZ 1—2010）是强制性标准，要求"对于目前国家尚未规定卫生防护距离要求的，宜进行健康影响评估，并根据实际评估结果作出判定"，但没规定评估方法；《环境影响评价技术导则-大气环境》（HJ 2.2—2008）是推荐性标准，规定的是计算防护距离的普适方法，但涉铅企业工艺和无组织排放源强千差万别，需要调查制订专门参数用于防护距离的计算。

（3）涉铅环境标准、卫生标准之间存在协调性和衔接性问题

一是缺乏相关研究，难以判断职业卫生标准、无组织排放标准是否需要调整，如何调整。《工业场所有害因素职业接触限值》（GBZ 2.1—2007）规定工作场所铅尘≤$50\mu g/m^3$、铅烟≤$30\mu g/m^3$，远高于《铅、锌工业污染物排放标准》（GB 25466—2010）和《大气污染综合排放标准》（GB 16297—

1996）对无组织排放≤6μg/m³ 的要求。未来需要通过研究二者之间的关系为标准是否需要调整、如何调整提供依据。

二是缺乏儿童血铅总体分布和背景值数据，无法评价我国环境空气铅标准的科学性与合理性。WHO 研究认为，当 98％儿童血铅水平低于 100μg/L、中位数低于 54μg/L、1μg/m³ 空气铅可致 50μg/L 血铅、且自然来源所致血铅背景值为 30μg/L 时，大气铅年均指导值可定为 0.5μg/m³。但由于我国缺乏儿童总体血铅水平和背景值的基础数据，因此难以评价大气铅年均值（1μg/m³）在保护人体健康方面的科学性及合理性。

三是地表水环境质量标准严于地下水，水源地水质符合地表水、地下水标准也未必是安全饮用水。《地下水环境质量标准》（GB/T 14848—93）规定Ⅳ类水（铅≤0.1mg/L）经适当处理后可作为生活饮用水，《地表水环境质量标准》（GB 3838—2002）规定水源水质需达到Ⅲ类水（铅≤0.05mg/L），《生活饮用水卫生标准》为铅≤0.01mg/L（WHO 指导值为≤0.01mg/L），但现阶段我国水厂净化工艺不能去除铅。

四是含铅固体废物用于农业生产的科学性需要重新评价。20 世纪 80 年代制定的《农用污泥中污染物控制标准》（GB 4284—84）、《城镇垃圾农用控制标准》（GB 8172—87）和《农用粉煤灰中污染物控制标准》（GB 8173—87）三项标准目前仍在使用。含铅固体废物长期用于农业生产，能否达到《土壤环境质量标准》（GB 15618—1995）、《粮食卫生标准》（GB 2715—2005）和《食品中污染物限量》（GB 2762—2005）的要求，以及由此带来的人体健康风险至今尚无评价。

2.3.3.3 产业扶持政策和技术支撑体系不健全制约污染治理步伐

（1）产业扶持政策不配套影响企业治污主动性

冶金工业排放的污染物的治理技术大部分都可通用，按行业特点也有各自的独特技术，现在国内中型以上企业基本都有环保设备，关键是成本。如铅酸蓄电池企业一次性环保设备投入可达数千万元，每生产 1 万千伏安蓄电池环保运行费用在（3～6）万元，大多数企业的净利润只有 3％。治污工程投资占企业总投资的比例较大，投产后治污工程的设备维护和运行费用也相当高，这就使治理污染的企业同那些不治理污染的企业相比在竞争中处于劣势，行业呈现出"规模经济不出效益"、"环保科技也不出效益"的不正常状态。如果没有合理的投资回报，企业治污就会失去自我运行、自我管理、自我发展、自我约束的基础。对此，我国在财政、税收、信贷、基金、收费和筹资等方面尚缺乏稳定、配套和明朗的扶持政策。

（2）技术支撑体系不完整影响技术升级、改造和推广

一是尚不能对铅污染防治全过程进行技术指导。环保部门对铅原料的流转，对涉铅企业的生产、排污情况、污染防治技术和设备的使用、污染治理设施的建设和运行等情况缺乏全面、系统的了解。二是缺乏系统、科学的技术集成。例如，针对铅的原料及产品替代技术、减排技术和协调控制技术尚未全面开展；场地、水体及沉积物处理技术刚刚起步。三是适宜推广技术有限。《国家重点行业清洁生产技术导向目录》和《当前国家鼓励发展的环保产业设备（产品）目录》主要针对的是铅酸蓄电池，而铅行业涉及采选、冶炼、再生铅回收利用和铅酸蓄电池生产等多个方面。四是清洁生产技术要求与国家产业政策调整存在不同步问题。目前执行的《清洁生产标准-粗铅冶炼业》（HJ 512—2009）中，允许使用《产业结构调整指导目录》（2011年本）淘汰的烧结-鼓风炉炼铅工艺。

2.3.3.4 环境与健康基础工作薄弱尚难满足环境风险管理需要

（1）我国环境铅污染与人群血铅的总体状况不明

涉及铅的全国性调查目前有全国污染源调查、全国土壤污染状况调查、1998年和2005年城市0～6岁儿童血铅水平调查。上述调查分别进行、调查目的、对象和范围不同、设计和方法不统一，在说明铅环境污染对人群健康影响这一问题上难以互相支持，加之环境与健康综合监测尚未建立，以下情况至今无法定量说明：一是不同铅污染来源对环境的影响；二是不同环境介质中铅的分布特点；三是人群血铅背景值和血铅水平总体分布特点；四是涉铅企业周边人群血铅水平分布特点。由此，不利于政府部门把握我国环境铅污染对人群健康损害的状况和变化趋势，也不利于评价相关政策和措施的针对性和有效性。

（2）缺乏科学统一的调查、评价方法和技术规范

我国环境铅污染对人群血铅影响问题的调查和应急处置工作，在调查范围、调查对象、调查指标、样本量、样品采集方法、检测仪器、质控方法和统计方法等方面存在较大差异，导致同一样品出现不同的检测结果，也难以确认不同来源、居住环境与生活方式等多种因素在对人体血铅水平的各种影响及暴露途径，致使不同地区的调查结果之间可比性差。上述情况导致政府部门难以拿出科学合理的调查结果，不利于回应公众的质疑和及时发布信息引导媒体，影响政府的公信力。

2.3.3.5 科学研究广度、深度及成果转化有待进一步加强

目前,对铅污染防治的科技支撑还很薄弱。一是研究广度和深度不够。关于铅污染防治的科学研究既要从环境管理涉及的关键环节进行,也要针对不同行业的特点加强技术、方法、工艺和装备等方面进行研究。目前,尽管环境保护部科研立项涉及了铅来源与成因、监测与评估、影响与效应、预防与控制、监督与管理等多个领域,但每个领域下面尚需要深入系统的设计。二是尚未实现研究成果转化。关于铅污染防治的科研立项自 2009 年启动,由于起步晚、研究时间短,成果产出和转化还需要一段时间。

2.3.4 后续铅污染防治工作的对策建议

(1) 切实提高制度执行力,维护制度的权威性和严肃性

铅污染防治工作不缺乏制度建设与创新的能力,但缺乏贯彻与落实的力度。近年来我国涉铅企业导致周边儿童血铅超标事件频发很大原因在于制度执行不到位。从一定意义上说,制度执行比制度制定更费力,更重要,也更紧迫。要在保证制度自身科学性建设的同时,坚持和完善抓制度落实的责任制,实施精细化管理,明确责任主体,建立健全督查、监控、反馈和考评机制,及时发现和纠正出现的问题,维护好制度的权威性和严肃性。

(2) 按照"做全、做准、做早"原则确定铅污染综合防治

"做全"指横向上相关部门要理清权责、明确分工、共同落实、形成合力;"做准"指在完成既定总量控制目标外,要增加对重点地区涉铅企业的特征污染物的监管,对技术工艺落后的小型铅矿采选冶和铅酸蓄电池企业加强监控;"做早"指切实落实预防为主,从产业政策和环保准入门槛等方面加强对涉铅企业布局和工艺水平的控制,促进技术工艺先进的规模以上企业的发展。

(3) 加快铅污染监控相关的环保标准制修订工作

一是在 2012 年标准计划和"十二五"标准规划中列入相关工作内容,加强涉铅环保标准的协调和衔接,进一步完善涉铅标准体系。二是推动并指导重点省份依法制定并实施比国家排放标准更加严格的地方排放标准。三是促进开展企业周围环境质量监控。在污染物排放标准中规定对企业周围环境敏感区的环境质量进行监控的要求。四是通过引导地方落实环境质量标准的要求,推动涉铅行业合理布局,降低铅污染的健康风险。五是加强标准宣贯工作,对于已发布的涉铅环保标准,编写培训教材,制订培训计划。

（4）进一步完善环境管理技术体系提高铅污染防治的有效性

一是加强对涉铅行业的环境准入要求，对于符合准入要求的企业、技术、设备、产品等，在绿色信贷、上市环保核查、政府绿色采购等方面给予优先支持；二是加强对涉铅企业污染防治设施的运行管理，在自运行无法达到管理要求的情况下，强制其采取第三方运营；三是加强技术要求和指导，尽快落实《铅锌冶炼业污染防治技术政策》和《铅冶炼污染防治最佳可行技术指南》等涉铅技术文件精神；四是大力推进清洁生产，不断完善清洁生产技术要求和《国家重点行业清洁生产技术导向目录》，在行业中逐步推行强制清洁生产审核；五是推进技术创新、发展环保产业，加快传统工艺更新和淘汰高能耗高污染的铅生产工艺和设备。

（5）推动环境与健康管理工作的规范化和制度化建设

一是以"全国重点地区环境与健康专项调查"为契机，全面建立环境与健康工作协作机制，制定环境与健康调查和评估程序；二是在初步摸清重点地区环境铅污染对人群健康影响特点的基础上，开展全国环境与健康风险评价，提出风险区划和风险分级；三是选择有条件的地区开展环境与健康综合监测试点示范，为掌握铅污染对健康影响的发展规律，开展风险预警奠定基础；四是加强环境与健康信息共享与服务，发布《国家污染物环境健康风险名录》、《重点行业环境与健康风险手册》和《中国人群暴露参数手册》，建立环境与健康毒性资料数据库；五是将铅污染防治作为案例，启动环境与健康风险管理制度设计研究。

（6）加大科研投入和成果转化，提高铅污染防治科技支撑能力

一是进一步完善顶层设计，通过查遗补漏，使得科研立项更好地服务于经济发展和环境保护的现实需要；二是鼓励大专院校、科研院所和企业加强针对性强、技术含量高的应用性技术开发；三是加强环境与健康风险评价实用技术和方法学研究；四是督促既有项目产出，使之尽快为铅污染防治工作提供支持。

（7）加强环境与健康宣传教育

充分利用广播、电视、报刊等媒体，宣传铅的危害及防护知识，让公众了解铅污染可防可控可治，向广大企业管理干部宣传环境污染导致健康损害的后果及加强铅污染治理的举措，提高企业守法意识。

本章编写人员：张智勇　冯钦忠　刘俐媛　朱忠军　王俊峰　张广鑫　范艳翔

本 章 审 稿 人：张正洁　陈　扬

第3章 典型铅生产过程环境风险识别及安全评价技术

3.1 典型铅生产过程含铅废物环境风险识别技术研究

3.1.1 环境风险识别、源项分析等理论概念

风险识别是风险评价的基础，它是通过定性分析及经验判断，识别评价系统的危险源或事故源、危险类型和可能的危险程度及确定其主要危险源。

3.1.1.1 源项分析

源项分析是环境风险评价的首要任务和基础工作，其分析的准确性直接影响到环境风险评价的质量。源项分析是通过将一个工厂或工程项目的大系统分解为若干子系统，识别其中哪些物质、装置或部件具有潜在的危险来源，判断其危险类型，了解发生事故的概率，确定毒物释放量及其转移途径等。

源项分析的目的是通过对评价系统进行危险识别和分析，正确地筛选出最大可信事故及确定其源项，为其后果估算提供依据和基础资料。

源项分析分为两阶段，首先是危险的识别，然后进行风险事故源项分析。前一阶段以定性分析为主，后一阶段以定量为主。源项分析所包括的范围和对象是全系统，从物质、设备、装置、工艺到与其相关的单位。与之相应的要进行物质危险性、工艺过程及其反应危险性、贮存危险性等分析与评价。

源项分析主要步骤包括如下四项。

① 系统、子系统及单元等的划分。

② 危险识别。由物质危险性识别，筛选出可能的风险评价因子；由工艺工程危险性识别，筛选出重大危险源。

③ 对筛选出的重大危险源，依据其在线量和贮量，以及所涉及的有毒有害物的毒性，筛选出最终的风险评价因子和相应的最大可信事故。

④ 对最大可信事故进行定量分析，确定有关源项参数，包括事故概率、毒物泄漏及其进入环境的可能转移途径和危害类型等。

3.1.1.2　风险识别

（1）物质危险性识别

在工业生产过程中，要使用不同材料制成的设备、装置，处理处置、使用、贮存和运输各种不同原料，中间产品、副产品、产品和废弃物，这些物质具有不同的物理和化学性质及毒理特征，其中不少物质属于易燃、易爆和有毒物质，具有潜在的危险性。

（2）化学反应危险性识别

化学反应分为普通化学反应和危险化学反应，后者包括爆炸反应、放热反应、生成爆炸性混合物或有害物质的反应。在涉铅生产运转中经常遇到等温反应、绝热反应和非等温非绝热反应，这些反应如果控制不当有可能产生事故危险。

（3）工艺过程危险性识别

工业生产中，一套装置是由多个单元工程和单元操作组成的工艺集成的。每个工艺过程又有各种不同阶段，每个阶段之间相互存在影响。所以工艺过程存在各种潜在危险性。对工艺系统的危险性识别需要采用安全系统分析方法。

3.1.2　典型铅生产过程产排污环节及风险源分析

3.1.2.1　铅矿开采与选矿产排污环节及风险源分析

（1）铅矿开采与选矿产排污环节

矿山的开采使深埋地下的铅矿暴露于地表，通过选矿和自然氧化，使矿物的化学组成和物理状态发生改变，有可能使部分铅向自然环境释放和迁移，从而污染环境。具体来说，采矿和选矿企业最大的污染物就是废水和尾砂。规范建设的大中型铅矿铅污染不明显，而一些地方小矿因为采选过程不规范，存在一定的污染隐患。废水中主要的污染因子为 COD，悬浮物、铅、砷、镉等重金属，往往通过井下涌水、选矿废水和废石淋溶水等形式对环境造成污染。另外，在矿区采选过程中，由于铅的蓄积作用，对土壤的影响相对较大。我国大部分大中型铅矿特别是老矿区，由于开采初期环保技术、工艺技术及环保意识相对较差，其污染相对较重，土壤中铅等重金属含量相对较高。

含铅矿山包括铅锌矿、铜矿、稀土矿、非金属矿伴生铅几类。铅通常以硫化物、氧化物及硫酸铅等形式存在，均不易溶于水，一般水浸出不会超标，开采过程中被剥离土石中铅含量可达到较高水平。开采过程中一般随水土流失进入河流，在水流较缓的河道、水库、水电站区域沉积，可随洪水下泄，造成短时间河道重金属超标。也随灌溉用水进入农田，主要造成农田表面种植层铅含量增高。

选矿方式不同可造成不同程度的重金属污染。通常浮选工艺配合完善尾矿库设施一般可满足对重金属污染控制，但大量尾矿库无防渗措施或防渗措施不完善，造成选矿废水会造成地下水污染。尾矿库安全性往往是防止环境事故发生的重点，综合尾矿库、渣场发生污染事故案例，多因为选址不当，在山沟建设尾矿库，上游汇水面积大，存在地质灾害因素。建设中对洪水估计不足，特别没有考虑上游泥石流等推移质对排洪系统的影响，也未设置推移质的排导设施或拦挡设施不足。尾矿库溃坝直接导致含重金属尾矿下泄，污染范围广，影响大，消除时间长。

（2）铅矿开采与选矿风险源分析

① 气相风险源　无组织扩散源主要是涉铅生产系统在异常情况下因系统负压消失或减小，或系统出现严重泄漏时逸出的污染气体，进而扩散至厂房内、进入环境大气。

气相风险源异常或事故排放的直接影响是导致设施区域的环境大气质量恶化，短时冲击性的局部大气污染，引发所在区域民众投诉等环境事件。污染气体中的持久性污染物、重金属等，对最大落地点土壤及渗透至地下水的大幅度地增加累积影响。

② 液相风险源　设施异常和事故情况下的主要液相风险源包括集中排放源和泄漏源。集中排放源是设施污水处理系统对外的排放口，污水处理设施出现异常及事故情况时，对下游集中处置设施或外排水系统造成冲击。另外如出现异常情况及事故时的初期雨水，在超过初期雨水收集系统容量而大

量外排时，也将通过雨水排放系统对当地水环境造成一定的影响。当设施中的污水管线、容器或构筑物发生泄漏时，污染液体流至或泄漏至土壤、水环境中，也是设施的液相风险源之一。

3.1.2.2 原生铅冶炼产排污环节及风险源分析

（1）原生铅冶炼产排污环节

铅的熔点为327℃，加热至400～500℃时即有大量铅蒸气冒出，在空气中迅速氧化为氧化亚铅，凝集成铅烟。高温下铅的挥发程度很大，在火法炼铅过程中容易导致铅的挥发损失和环境污染。

（2）原生铅冶炼风险源分析

原生铅火法冶炼风险源大致可分为：低温作业区的扬尘属机械尘类，如配料、混料、制粒及物料转运点均属此类；高温作业区的铅尘属机械尘和挥发烟尘混合物；以及硫化铅精矿熔炉加料口、喷枪口的卫生通风系统通常含有的机械尘、挥发烟尘。原生铅火法冶炼的铅尘污染主要来自备料及物料转运过程产生的含铅粉尘、加料口逸散的含铅粉尘（正压操作时）、粗铅初步精炼过程产生的含铅气体、炉渣排放过程产生的含铅气体、烟尘收集和转运过程产生的含铅粉尘、发生生产事故时产生的含铅废气、含铅粉尘。

铅电解精炼工艺风险源大致可分为：残极熔化过程产生的无组织排放铅烟，电解过程产生的硅氟酸雾，以及碱性精炼过程产生的精炼渣等。

3.1.2.3 铅蓄电池生产产排污环节及风险源分析

（1）铅蓄电池生产产排污环节

铅蓄电池生产包括铅熔化、氧化铅粉生产、极板的制作和修整、装配、加酸、铸焊、化成、电池活化检验等工序。铅蓄电池生产的铅尘主要来源于铅熔化和极板骨架浇铸、铅粉制造、极板成型、极板打磨和装配等工序及运输过程。

生产废水主要来源于车间清洗清洁用水、湿式铅烟吸收系统排水、活化除酸雾系统等。铅蓄电池生产厂含铅固体废物主要包括生产性废水处理产生的污泥，熔化过程中的氧化皮，车间地灰等。

（2）铅蓄电池生产风险源分析

铅蓄电池生产的铅尘主要来源于铅熔化和极板骨架浇筑、氧化铅制粉、极板生产、极板打磨、化成、焊接和装配等工序及运输过程。污染分为点源污染和面源污染两部分，上述加工工序通常都设有烟气收集系统、抽风系统，一般配置了除尘设施和铅烟处理系统，气体收集和除尘系统效率是控制污染的关键。面源污染来自于无组织排放和扬尘，一般来自于生产过程中的炉窑密封不严、粉料加工中的飞扬、极板打磨过程未收集到的部分铅尘等。厂区地面扬尘铅含量高，扬尘可以造成厂区内粉尘向外扩散。铅尘通过呼吸道摄入人体是影响周围人群的主要途径，厂区与居住区没有严格按国家要求的卫生防护距离设置，除尘系统和无组织排放控制不好是造成铅蓄电池生产企业周围住户人体血铅超标的主要原因。

铅蓄电池生产废水主要来源于车间清洗清洁用水、湿式铅烟吸收系统排水、活化除酸雾系统等。通常采用药剂中和处理，大部分废水处理工程设施简陋，缺乏投药、pH监控设施，缺乏对处理后的废水中铅含量的检测手段。此外，很多生产厂雨污未分流，车间清洁水进入雨水系统，直接排放，带来污染。铅蓄电池生产厂含铅固体废物主要包括废水处理污泥，溶化过程中的氧化皮，车间地灰等，这些物质铅含量高，属于危险废弃物。对厂区清洁粉尘等很多地方未能按危险废废物处置，而是和其他垃圾一起倾倒；危险废弃物堆放不规范，未送专业处理厂家。

3.1.2.4　废铅蓄电池回收产排污环节及风险源分析

（1）废铅蓄电池回收产排污环节

铅蓄电池正常使用时，很少造成环境污染，不会对人体造成危害，废铅蓄电池回收环节是造成污染的主要途径。目前粗放的回收体系和落后的回收技术，是造成废铅蓄电池环境污染的主要原因，部分回收者随意拆解废铅蓄电池，向周围环境中倾倒废电解液，而电解液中含有铅。据研究，废铅蓄电池中含有 20%～25% 废电解液，其中含有 15%～20% 的硫酸以及重金属化合物（浓度为 60～240mg/L）。

废铅蓄电池拆解后，分离的主要工序是以水力为基础的，如此过程物质输送措施不当，就可能有潮湿或泥状含铅污染物质从传送系统中溅出或掉出，此过程中产生的废水也含少量重金属铅。

再生铅熔炼设备简陋，工艺落后，环保治理设施不全，管理水平差等造成铅污染严重，职工身心健康得不到保障。

整体来看，我国废铅蓄电池回收处理企业设施较为落后，多采用人工或半机械处理方式，这种处理方式存在着严重的环境隐患。

（2）废铅蓄电池回收风险源分析

废弃铅蓄电池未按危险废物暂存要求贮存，露天堆放；废酸收集及处置不规范，废酸处理系统缺乏控制设施和排水铅分析设备；采用简易铅冶炼系统回收废弃极板，除尘设施简陋，出现布袋损坏将导致高浓度铅尘外排；冶炼废渣及破解废渣等危险废物随意倾倒；塑料壳体清洗不干净或不经过清洗直接打成塑料屑外销，铅含量较高，直接进入其他塑料制品；厂区清污不分，厂区含铅尘雨水直接排放；厂区废电池、极板堆放区域未做防渗处理。工厂一般不具备足够的卫生防护距离，含铅废水、铅尘及废渣对环境和周围人群影响较大。

3.1.3 典型铅生产过程含铅废物环境风险识别

3.1.3.1 铅采选过程含铅废物的风险识别

风险主要取决于两个方面，一方面是生产过程中涉及的风险物质，另一方面与企业所处的环境敏感程度有关。

（1）生产因素

① 铅锌矿采选涉及的含铅废物及来源 铅锌矿采选过程中涉及的含铅废物有废气、废水和固体废物。

a. 废气。主要来源于采矿过程中产生的粉尘、选矿过程中原矿破碎等产生的粉尘及尾矿库扬尘排放。

（a）采矿工程粉尘主要包括井下采场的凿岩、爆破、铲装、放矿过程中产生的粉尘。

（b）选矿过程中产生的粉尘主要来源于生产过程中粗碎、中细碎、筛分、转载等生产过程中产生的粉尘。

（c）尾矿库扬尘主要是尾矿库尾砂干坡段大风天气产生的风力扬尘。尾矿库风蚀扬尘与尾矿颗粒大小、干湿程度、风力大小、干滩面积等因素有关，一般秋冬等干燥季节会产生较大扬尘。粉尘中含有铅等重金属，属于危险废物。

b. 废水。采选企业生产过程中产生的含铅等金属离子的废水主要有井下涌水、选矿车间的精矿溢流水、尾矿库溢流水、车间冲洗废水、废石淋溶水等。废水中含铅废物主要是含铅重金属离子。

（a）井下涌水主要来源于蓄水层涌入或渗入井下的水。选矿生产废水主要来源于选矿工艺过程中，包括精矿溢流水、尾矿溢流水、地面冲洗水及废石淋溶水。

（b）精矿溢流水。选矿选出的精矿含有大量的水，废水中含有选矿药剂、重金属和悬浮物，选矿药剂中有易挥发的有害物质。有些选矿厂将此类废水直接返回浮选车间作选矿补加水和精矿冲洗水，未回用的企业则将此水与尾矿一起排至尾矿库。

（c）尾矿库溢流水。尾砂浆排入尾矿库后，通过在尾矿库澄清，澄清水通过排水系统向外排放。选铅锌尾矿水中含有选矿药剂（主要有硫化物、石油类）和重金属，pH也较高，这些物质大部分可以在库内澄清、沉积和氧化自净。有些企业通过对尾矿水的处理后回用于选矿生产中。但国内总体选矿废水回用率不高，特别是南方选矿厂。

（d）地面冲洗水。选厂的各个作业环境，在交班之前均要进行地面清洁。选矿过程主要工序有破碎、磨矿、选矿、浓密、过滤和维修等作业。各作业的地面冲洗废水中主要是矿砂、选矿药剂和机油，此类废水一般通过地沟与尾矿一同排至尾矿库。

（e）废石淋溶水主要来源于废石堆场，是废石经雨水淋溶后产生的，在南方废石淋溶产生的比较多，由于酸性细菌的氧化作用，废水淋溶液呈酸性，对周围环境影响较大。

c. 固体废物。铅锌矿山含铅固体废物主要为废石和尾矿。

固体废物主要是铅锌矿山开采过程中排出的无工业价值的矿体围岩和夹石，对于露天开采就是剥离下来的矿体表面围岩，对于井下开采就是掘进时采出的不能作为矿石使用的夹石。

尾砂作为废渣排放至尾矿库堆存。尾矿库由于干滩长度较长，干滩面积较广，尾砂粒度较细，当遇到有风天气，尾矿干滩面容易产生扬尘，对周边区域有一定影响。

② 生产设施风险识别

a. 尾矿输送。尾矿浆输送过程中危险、有害因素主要有管道爆裂、管道堵塞、矿浆泄漏及机械伤害。可能造成的不利影响为尾矿泄漏后，污染地表及地下水资源；造成生产系统损坏或停顿；造成人员伤亡、财产损失。

b. 尾矿库。尾矿库的主要风险是尾矿的种种隐患未能及时消除而造成事故，其失事形式有洪水漫坝、坝体滑坡、坝体振动液化、流土及管涌、坝基沉陷等。

（a）坝坡失稳。坝坡的抗滑稳定性是影响尾矿库安全的重要因素之一。尾矿库坝坡的稳定性与坝体的结构参数、筑坝材料的性质、浸润线高低、干滩长度及坡度等密切相关。若坝体的稳定系数不符合规定要求，会造成坝体滑坡甚至垮坝事故。

（b）防洪能力不足。防洪排水构筑物的质量及排洪能力是影响尾矿库防洪安全的重要因素之一。若排水构筑物设计、施工、运行中不能满足要求（排水构筑物维修不到位或失修损坏等），将会导致排洪、排水构筑物断裂、跑浑、形成流沙漏斗；造成排水系统堵塞失去排水能力。若排水构筑物的泄洪能力不足，将会引起库内水位过高、干滩长度、安全超高小，可能会导致渗流破坏或滑坡，在汛期可能会导致洪水漫坝、溃坝事故。

（c）排渗失效。排渗设施的有效性直接影响浸润线位置的升高或降低，浸润线位置的高低又是影响坝体稳定性的直接因素。随着后期堆积坝的升高，将产生尾矿粗细粒互层现象，其渗透系数将大大降低。若后期堆积坝排渗设施因施工和运行管理缺陷，出现损毁、淤堵等使其失去或不能有效发挥排渗作用时，浸润线升高，造成尾矿水长期滞留，进而造成坝面塌陷、隆起、沼泽化、流土、管涌等渗流破坏，坝体局部出现裂缝、变形、滑坡、甚至溃坝。

（d）坝肩及坝面设施缺陷。坝肩排水沟、坝面排水沟以及坝面护坡等也是不可忽视的重要设施。尾矿库坝外坡应采用覆土植草护坡，坝肩设有截水沟，坝坡面设有排水沟。根据尾矿库事故案例分析，往往由于坝肩截水沟缺失或缺陷，山坡洪水直接冲刷坝体，以及堆积坝坡面护坡不及时，引起坝坡面冲沟，冲沟由小变大，造成坝体破坏，从而引发溃坝事故。

（e）观测设施的设置与使用因素。尾矿库按照规范应设观测设施，若不能了解和掌握坝体变形规律及浸润线情况，以及尾矿库的运行状态，不能及时发现和预防事故隐患，就会引发发生尾矿库溃坝事故。

（f）运行管理不当。如果在运行过程中不能严格按照国家标准以及设计要求进行操作和管理，对于出现的隐患缺乏正确的解决方法和措施，最终必将导致尾矿库事故和产生严重的事故后果。管理不当主要表现为未能均匀放矿，沉积滩此起彼伏，造成局部干滩过短。放矿支管开启太少，造成沉积滩坡度过缓，导致调洪库容不足；一个排放口集中长期放矿，致使矿浆顺坝流淌，冲刷子坝坡脚，造成细粒尾矿在坝前大量聚集，严重影响坝体稳定；同时长时间不调换放矿点，造成放矿点矿浆外溢，冲刷坝体；巡查不及时放矿管件漏矿冲刷坝体；坝面维修不善，雨水冲刷拉沟，严重时造成局部滑坡；长期对排水构筑物不进行检查、维修，致使排水构筑物堵塞、坍塌等；长期对坝体以及排渗不进行观测、检查，致使坝体产生渗流破坏等隐患；同时，未能及时发现、排除，影响防洪安全和造成坝体损坏形成事故；片面追求回水水质而抬高库水位，造成调洪库容不足；

（g）库区环境因素。库区山体稳定性、库内居民及其他违章建筑或设施、库区内违章活动、外来废弃物入库等情况均是危及尾矿库安全运行的危险因素。

（h）高处坠落（滑落）、淹溺、陷入。由于尾矿库设施和环境条件的特殊性，其作业人员在从事排水斜槽盖板封堵时，尾矿工在库坝安全巡查、检测人员在坝顶、山坡、事故池等处进行作业、巡查和检测工作时易于发生高处坠落（滑落）、淹溺、陷入等伤害。

c. 废石堆场。废石堆场的有害因素主要包括占用土地破坏生态环境、污染环境及引发地质灾害等。

（a）破坏生态平衡。废石对环境的危害首先突出表现在对土地的占用和破坏上。废石堆场占据大片地表面积，超过生态环境承载能力，其后果是不仅大量侵占了农业耕地，直接影响农业生产，造成植物、动物的物种减少。规模较大的废石堆，在风力、水力、重力等自然力的作用下，容易引起滑坡、塌落，雨水量大时易导致泥石流的发生。特别是生态环境脆弱地区，生态环境一旦破坏，很难修复重建。

（b）污染环境。废石堆终年暴露于大气中，往往会因风化作用而变成粉状，在干旱季节和风季里，易扬起大量粉尘而污染矿区的大气环境。含硫废石堆在大气供氧充分及雨水冲刷、渗漏的条件下，可能造成矿山水体污染酸化，是水体含大量金属和重金属离子的主要一次及二次污染源。由于矿山废石及尾矿量逐年增加，堆场越来越大，每逢雨季，大量的堆场固体废物流失，造成水溪、河流堵塞，使水体受到严重污染。

（c）引发工程地质灾害。废石长期堆放，不仅在经济上造成巨大的损失，还可能诱发重大的地质与工程灾害，如排土场滑坡、泥石流等，给国家及社会带来极大的损害。

d. 酸性废水。硫化铅金属矿床在空气、水和微生物作用下，发生溶浸、氧化、水解等一系列物理化学反应，形成含大量重金属离子的黄棕色酸性废水。其来源主要包括采矿生产中排出的矿坑水、废石场的雨淋污水。铅矿山酸性废水具有 pH 值低、硫酸盐含量高等特点，其中还含有大量的重金属离子，如铜、铁、铅、锌、镉、砷等。其危害主要体现在酸性废水 pH 值较低，一般为 4.5～6.5，最低可至 2.0，不仅腐蚀管道、水泵、钢轨等矿井设备，同时直接威胁着拦污、蓄污设施的安全与稳定（如污水坝等）；酸性废水排入附近河流、湖泊等水体后，将改变水体 pH 值，水质酸化将破坏细菌和微生物的生长环境，降低水体的自净功能，抑制或阻止细菌及微生物的生长，妨碍水体自净，危害水生生物，并通过食物链危害人类，酸性废水渗透到地下，将使矿区地下水污染；酸性废水若排入土壤，酸和大量重金属离子可使土壤酸化或毒化，导致植被枯萎、死亡。重金属离子进入土壤还可能被植物吸收并通过食物链危害人类健康。酸性废水重金属进入人体后，能和生理高分子物质发生作用而使其失去活性，也能在人体的某些器官中积累，造成慢性中毒，导致皮肤癌及肝癌。

③ 生产规模及风险　企业生产规模越大，其污染物产生量及化学危险品在线量越大，则其环境风险后果越严重。按照铅锌矿山企业年生产规模，本方法对其生产企业规模分为大、中、小三个等级（表 3-1）。

表 3-1　选矿规模分级

分级指标	大型规模	中型规模	小型规模
规模	3000t/d 以上	600～3000t/d	600t/d 以下

④ 厂区内危险物质贮存量　若企业厂区内危险物质贮存量大于《危险化学品重大危险源辨识》（GB 18218—2009）中规定的临界量，构成重大风险源，则该企业发生重大事故的可能性会加大。危险物质的贮存、运输、使用等方面都是风险因素。

⑤ 清洁生产水平　根据《清洁生产标准　铅锌采矿业》，将采选企业的清洁生产水平划分为三级，一级为国际先进水平，二级为国内先进水平，三级为国内基本水平。

根据企业清洁生产水平不同，风险也不同，清洁生产水平越低，风险越高。

（2）厂址环境敏感性

① 是否位于重点流域　采选企业的厂址位于国家重点流域地区，其环境风险水平高于非重点流域地区的采选企业。

② 是否位于饮用水水源保护区等环境敏感地区　采选企业是否位于饮用水水源保护区范围内或者其上游、其他环境敏感区，若其排污口下游10km 范围内有饮用水水源保护区，环境风险显著增大。

③ 是否位于人口密集区　若企业尾矿库或者废石场的卫生防护距离内

有居民区、学校、医院等人口密集区，其环境风险水平高于相应距离内无人口密集区的铅锌采选企业。

3.1.3.2 原生铅冶炼过程含铅废物的风险识别

原生铅冶炼的主要环境风险主要有生产设施风险、工艺使用涉及物质风险、重大危险源风险等。

工艺过程复杂，工艺控制点多，部分装置具有高温、高压特点，有些工艺设备是在高温高压下运行，对设备及相应管道的承压、密封和耐腐蚀的要求都很高，存在着因设备腐蚀或密封件破裂而发生泄漏及着火爆炸的潜在可能性。一般原生铅项目装置风险因素汇总见表3-2。

表3-2　生产设施风险

序号	项目分类	风险因素	风险类别
1	主要生产装置	熔炼炉水冷集烟罩密封不严造成废气外泄，文丘里水流中断，造成熔炼炉烟气从紧急出口排放 制酸系统硫酸泄漏易引发风险事故，酸性废水泄漏污染地表水、地下水 含As、Pb、Cd、Cu等重金属的物料、废渣等在生产工艺过程中发生泄漏进入水体易引发环境风险事故	爆炸、泄漏
2	贮运系统	设防渗层的临时渣场发生渗漏事故 运输物料、产品、废渣等的车辆发生事故，重金属进入土壤、水体等引发环境污染事故 硫酸贮存贮罐发生泄漏事故 SO_2冷凝贮罐破裂泄漏	泄漏
3	工程环保设施	生产污水处理系统发生故障，含重金属的废水直接进入水体、卡尔多炉净化系统文丘里水流中断，造成卡尔多炉烟气从紧急出口排放	泄漏

（1）工艺涉及物质风险

原生铅冶炼项目涉及的物料、中间产物以及产品有硫酸、硫黄、二氧化硫等。主要物料的理化性质见表3-3。

表3-3　主要危险物料特性

	名称	硫酸	二氧化硫	氢氧化钠
理化特性	外观与形状	纯品为无色透明油状液体，无臭	常温下为无色气体，具有强烈辛辣刺激性气味	固碱白色不透明固体，易潮解。液碱一般为乳白色半透明液体
	相对分子质量	98.08	64.06	40.0
	熔点/℃	10.5	−75.5	318

名称		硫酸	二氧化硫	氢氧化钠
理化特性	沸点/℃	330.0	−10	1390
	车间卫生标准/(mg/m³)	工作环境最高允许浓度(MAC):15	15	0.5
危险分类	急性中毒		√	
	慢性中毒	√	√	
	腐蚀	√	√	√
	燃烧/爆炸			
	刺激性	√	√	√
	氧化剂	√		
	主(次)危险性类别	8.1类酸性腐蚀品	2.3类有毒气体	8.2类碱性腐蚀品
	危险货物编号	81007	23013	82001
	UN号	1830	1079	1823
侵入途径		吸入、食入	气体吸入,皮肤和黏膜直接接触气体或液体	吸入,食入
健康危害		对皮肤、黏膜等组织有强烈的刺激和腐蚀作用。蒸气或雾可引起结膜炎、结膜水肿、角膜混浊,以到失明;引起呼吸道刺激,重者发生呼吸困难和肺水肿;高浓度引起喉痉挛或声门水肿而窒息死亡	眼部直接接触液体后能引起结膜炎、角膜灼伤和角膜混浊。过量吸入能引起窒息,甚至死亡	有强烈刺激和腐蚀性。粉尘或烟雾刺激眼和呼吸道,腐蚀鼻中隔;皮肤和眼直接接触可引起灼伤;误服可造成消化道灼伤,黏膜糜烂、出血和休克
慢性影响		牙齿酸蚀症、慢性支气管炎、肺气肿和肺硬化	鼻炎、咽喉干燥、咳嗽	
危险特性		遇水大量放热,可发生沸溅。与易燃物和可燃物接触会发性剧烈反应,甚至引起燃烧。具有强烈的腐蚀性和吸水性	吸入有毒,如过量吸入能窒息致死,对眼和呼吸道有强烈刺激作用	与酸发生中和反应并放热。遇潮时对铝和锡有腐蚀性,并放出易燃易爆的氢气。本品不会燃烧,遇水和水蒸气大量放热,形成腐蚀性溶液。具有强腐蚀性

(2) 重大危险源分析

重大危险源是指长期或临时生产、加工、搬运、使用或贮存危险物质的数量等于或超过临界量的单元,这类单元一旦发生事故,将造成严重的人员伤亡和财产损失。根据《重大危险源辨识》（GB 18218—2000）标准，原生铅冶炼项目 SO_2 贮罐构成重大危险源（表3-4）。

表3-4　重大危险源

单元名称	危险物质名称	危险物质数量(贮存区)		是否构成重大危险源	备注
		临界量/t	实际量/t		
SO_2 贮罐	SO_2	100	大于 100	是	以液态 $SO_2=1.33t/m^3$，贮量 80%计算

3.1.3.3　铅蓄电池生产过程含铅废物风险识别

铅蓄电池生产环境风险识别范围包括生产设施风险识别和生产过程所涉及的物质风险识别。

① 生产设施潜在危险性识别　生产设施潜在危险主要存在环境风险的设施为含铅废气处理装置、硫酸贮存和使用装置、煤气发生炉、煤气输送管道、危险废物贮存及运输装置等。

② 风险物质识别　根据项目分析中的物料特性以及污染物产生及排放状况分析，确定风险物质为铅、硫酸和煤气。按照工艺环节识别风险如下。

（1）铅粉生产和板栅铸造

① 铅粉生产　由于不恰当的气流或者排气通风，会导致铅粉机入口的铅粉因扑气作用而泄漏，从而产生空气中铅尘的暴露。

a. 将铅锭加入熔铅炉时可能会因操作过程产生铅暴露。

b. 铅粉尘可能从耳轴密封圈、轴承密封圈、运输系统和物料转运点等处产生泄漏。

c. 当从巴顿机铅锅除渣时或者进入铅罐进行清扫等维护操作时可能导致铅尘暴露。

d. 在设备调试或者铅粉转运操作过程中铅粉可能泄漏。

e. 铅粉的采样和测试时会导致铅尘暴露。

f. 操作工人打扫铅粉生产线时可能有铅尘暴露。

g. 在车辆运输的道路附近因铅粉翻动而导致铅尘暴露。

② 铅粉接收与运输　输送设备可能会产生泄漏，尤其是在法兰、密封垫和转移点。

③ 铅粉的输送和分级　铅粉输送和分级风险识别见表3-5。

表 3-5　铅粉输送和分级风险识别

类别		风险内容
铅粉的输送	启动输送机	设备泄漏及桶槽除尘器或袋式除尘器的损坏
	带式输送机	铅尘可能从开放的输送系统产生,如接收点、卸料端、输送机外部、沿着输送带的泄漏
	拖链式输送机	铅尘可能从开放的输送系统产生,如接收点、卸料端、法兰连接处的泄漏
	螺旋式输送机	铅尘可能从螺旋式输送机的卸料端产生
铅粉的分级		设备泄漏

④ 和膏　主要的暴露来自设备的泄漏,如铅粉的输送、过磅料斗或者和膏机门封。设备的通风能力可能不够,因为潮湿的物料可能会堵塞系统,这可能会导致铅尘进入空气中,或者允许上升的气流将悬浮铅尘带入操作工人的呼吸区。铅粉的采样和测试过程可能增加操作工人对铅的暴露。将含铅膨胀剂加入和膏机时可能产生铅暴露。人工打扫和膏机或者更换铅膏时可能导致铅的颗粒物进入空气。积在贮存器、锥形进料器或者其他设备上干燥的铅尘产生二次扬尘时会增加暴露水平。在通风罩外面折叠装过铅膨胀剂的包装袋时铅尘可能进入空气。干燥的铅粉从手套和工具上脱落时可能进入空气。当锥形进料器空置时,来自和膏机的热气流产生烟囱效应,从而可能使铅粉干燥,并随上升气流飘散于空气中。

⑤ 板栅和铅零件的铸造　铅锅除渣时可能增加铅尘和铅烟暴露水平。当火焰接触到铅,如切断冻结锅时,会产生高水平的铅烟污染。由燃气驱动的叉车或者运输工具排放尾气会导致沉积在地面和设备上的铅尘产生二次扬尘。将铅锭送入铅锅时会产生高水平的铅烟暴露。空气中的铅尘可能从其他区域迁移过来,这取决于工厂的布局。如果使用来自和膏工序未经清洗的已受污染的托盘,隔离板可能被污染。当用砂轮机清理模子时铅尘可能进入空气。当在集气罩之外清理除渣勺或者存贮铅渣时,积聚于勺内的铅粉可能进入空气。

(2) 极板加工

极板加工包括板栅涂膏、固化、分片、包装、运输。

① 板栅涂膏　在设备和其他区域,如和膏机、锥形进料器、铅膏输送设备、铅膏回程皮带、涂膏机、地板以及临近区域等上面干燥的铅膏,由于设备振动或者被以下情形扰动时,可能进入空气中:在打扫和卸料过程中,

使用刮擦工具将铅粉从进料斗内、外表面刮擦时；干燥炉上排气通风不够时；积聚在电动机外壳和电动机冷却风扇上的铅粉；对积聚在地板或其他表面的铅膏不正确地处理和处置；在呼吸区域操作设备的时候，扰动设备、操作装置和手套上干燥的铅尘；地板或其他表面干燥的铅粉被工人、运输车辆和气流扰动。

② 设备启动操作　这些情况铅粉尘可能进入空气：处理干燥的极板或者将极板运进/运出操作间时；来自设备、货架或者地面积聚的铅尘；当操作工人在分片的过程中打磨极板时；当操作工人从托盘中不准确地处理废极板或铅粉时；捣固极板过程中集气罩风力不够时；出现非正常状态或者打扫设备出现阻塞时；来自受污染的手套、衣服、鞋子和工具上的铅尘。

③ 固化　处理和转移干燥极板时，铅粉可能将进入空气中；在放置极板的货架处，铅尘可能从接近气流和热对流的地方进入空气中；当用来盖板栅的粗麻布受铅氧化物污染时，如果处置不当，会有暴露。

④ 极板分片　操作工人在叠片机进料口和出料端不正确操作时铅粉可能进入空气中，另外，当处理未密封的叠片机时由风箱效应带来铅暴露；积聚在设备、支架和地板上的铅粉可能产生铅暴露；当操作工人倚靠在受污染的设备上时，铅可能会污染衣服；当操作工人在没有通风系统的地方（如支架上）捣固极板时铅尘暴露会增加。

⑤ 处理和运输　处理和转移物料时可能产生铅尘；运输工具和气流可能使积聚在设备表面和地面的铅尘产生二次扬尘。

（3）电池装配

电池装配包括叠片、焊极群、电池注液、封口、化成等几个步骤。

① 叠片　在未密封的封套中对极板进行不正确的处理时会产生铅尘暴露；当操作工人在没有通风系统的地方（如支架上）填充铅膏时会产生铅尘，铅暴露会增加；积聚在设备、支架和地板上的铅氧化物可能产生铅暴露；打扫叠片设备的堵塞物时会产生暴露；当操作工人对废极板处理不当时可能产生铅暴露（如将其扔入无通风设施的废物桶时）；倚靠在受污染的设备上时，铅可能会污染衣服；在无通风系统的地方倒空或打扫贮物桶时会增加铅暴露；如果铰链式面板没有密封，则铅尘可能从叠片机处逃逸。

② 焊极群　极板叠好之后，则用小的铅零件将其烧焊在一起形成电池组。焊极群可以在烧焊台采用手工操作或者使用自动小密铸焊极进行。此过程的主要铅暴露源来自操作，工人可能会吸入以下操作过程中产生的铅烟：

自动小密铸焊机、人工焊极群、清洗模具、调试和维修设备。

焊极群识别见表 3-6。

表 3-6 焊极群识别

类别	风险内容
自动小密铸焊机	① 人工将干燥的极板在工作场所搬运时会产生铅暴露 ② 积聚在支架、设备和地面的铅粉可能进入空气 ③ 将极群放进盒子时铅颗粒物会进入空气 ④ 当用钢丝刷清洁或打磨时铅尘会进入空气 ⑤ 当除渣或给铅锅进料时会产生铅暴露
手工烧焊极群	①用焊枪烧焊时会有铅烟暴露 ②将极板在操作区与烧焊室转移时会有铅尘暴露 ③在手工烧焊的过程中，在叠片区与烧焊区之间会产生铅的交叉污染 ④将极板丢进盒子里时会产生铅尘污染 ⑤气动系统的排气口可能导致沉积下来的铅尘产生二次扬尘
清洗模具	用压缩空气清扫模具时可能有铅尘进入空气
调试和维修设备	调试和维修设备时，或者更换生产装备时可能有铅暴露

③ 半极柱焊接与极柱头焊接　手工烧焊过程会产生铅烟，采用穿壁焊接方式产生的铅暴露较少；维修电池时有高水平铅暴露；由于从车间的其他区域排来过多的空气，则其他区域受污染的空气可能会污染本作业区；如果烧焊的火焰压力过高，则铅尘可能进入空气中。

④ 化成　极板焊接时会产生铅烟；将极板从化成槽、干燥炉和架子上转移时会产生高水平铅暴露；将极板放进化成槽时会有酸雾暴露；用刷子清洗拖车时铅尘可能进入空气。

3.1.3.4 废铅蓄电池铅回收过程含铅废物的风险识别

铅回收过程的铅暴露主要来源于容易进入空气的铅粉。铅回收过程风险识别见表 3-7。

(1) 运输（搬运）和贮存环节控制失效的风险

铅蓄电池中的有毒和腐蚀性物质包装在塑壳或胶壳之中，正常状态下不会产生暴露或泄漏，对人员安全和环境不会产生不良后果。但是，如果作业人员发生失误，则会将电池的外壳损坏，其中的含铅物质、稀硫酸电解液将会造成土壤或水体的污染；假若人员接触电解液后会引起灼伤。由于电池在运输或贮存环节较难发生批量粉碎性解体，因而电池中有害物质对土壤或水体的污染将是局部的和较轻的。

表 3-7   铅回收过程风险识别

类别	风险内容
干法回收	① 当装料桶被打翻或者有泄漏,铅粉可能进入空气 ② 处理含铅废料时可能会污染衣服或者导致空气中的铅暴露 ③ 在运输过程中,物料可能会有泄漏或者员工会接触到含铅废料 ④ 铅粉泄漏可能会污染设备和装料桶 ⑤ 铅锅可能会排放高水平的铅烟,因此操作人员在送料和除渣时可能有铅尘暴露 ⑥ 工人处理物料或者除渣时可能会导致铅烟释放而遭受暴露 ⑦ 如果操作区没有通风设施,铸锭的过程中可能会增加操作工人的铅暴露水平
湿法回收	① 溅到地面和设备上的铅粉干燥后可能进入空气 ② 处理含铅物料会增加铅暴露的风险 ③ 在运输铅粉过程中,铅尘可能进入空气 ④ 溅出的铅膏干燥后可能进入空气 ⑤ 倾倒干燥的铅粉和铅渣会导致铅罐排放铅污染物 ⑥ 处理铅渣时会增加操作人员对铅烟的暴露 ⑦ 铅锭铸造过程中倾倒熔融态铅时可能会增加操作者的铅烟暴露

(2) 使用环节控制失效的风险

使用环节的控制失效多见于电池在添加纯水操作时的过量充装或电池破裂、倾覆等情况下。此时,酸性电解液会溢出或渗漏,将会对土壤或水体产生轻微污染。当电池碎裂后将会有部分含铅物质洒落,也将会产生轻度污染。

另外,电池在充电过程中会有少量硫酸雾溢出,对通风不良的局部小环境有轻度污染。

(3) 废弃处置控制失控的风险

废铅蓄电池的废弃处置过程是对安全和环境产生风险较大的环节,主要表现为以下几方面。

① 电池在失去使用功能后随意丢弃   随意丢弃而带来的污染或灼伤现象较少发生,但是还不能完全排除少数人偶尔为之的可能。

② 拆解过程中含铅物质和酸性电解液洒落   这是最易发生的不良事件,假若废旧电池处置单位忽视了含铅物质和酸性电解液可能对环境带来的不良影响,就会造成此种现象发生。目前,我国控制报废电池的回收管理机制尚不健全,大多数蓄电池生产企业未实施报废电池的召回处置。因而,随意拆解报废电池,造成土壤或水体污染的现象多见于散落于城镇、乡村的不具备危险固体废物处置资质的废旧物资回收户。

③ 倾倒废酸液时的灼伤　此种行为由于在处置废弃蓄电池时是频繁发生的行为，因而当作业人员防护不当时易造成皮肤的灼伤，最严重的是眼角膜的灼伤。

④ 再生铅冶炼过程的风险　在进行冶炼提铅过程中对人员和环境产生的风险是确实存在的。尤其在缺少通风除尘（净化）设备或设备运行不良，或有害物质排放率超标时，对环境的影响和对操作人员的伤害将很严重。

⑤ 废塑料壳体加工过程的风险　这一过程对安全和环境的风险表现在一是冲洗水中 pH 值偏酸性，直接排放会对环境造成影响，对操作者的危害则不大；二是废塑料加工过程中产生的臭气，对操作人员及周围环境存在危害。

3.2　典型铅生产过程含铅废物环境安全评价技术研究

3.2.1　环境安全评价常用的技术方法

3.2.1.1　环境安全评价技术方法的分类及应用情况

（1）安全评价方法的分类

安全评价方法的分类方法很多，常用的有按评价结果的量化程度分类法、按评价的推理过程分类法、按针对的系统性质分类法、按安全评价要达到的目的分类法等。

① 按照安全评价结果的量化程度，安全评价方法可分为定性安全评价法和定量安全评价法。

② 按照安全评价的逻辑推理过程，安全评价方法可分为归纳推理评价法和演绎推理评价法。归纳推理评价法是从事故原因推论结果的评价方法，即从最基本危险、有害因素开始，逐渐分析导致事故发生的直接因素，最终分析到可能的事故。演绎推理评价法是从结果推论原因的评价方法，即从事故开始，推论导致事故发生的直接因素，再分析与直接因素相关的因素，最终分析和查找出致使事故发生的最基本危险、有害因素。

③ 按照安全评价要达到的目的，安全评价方法可分为事故致因因素安全评价方法、危险性分级安全评价方法和事故后果安全评价方法。（a）事故致因因素安全评价方法是采用逻辑推理的方法，由事故推论最基本危险、有害因素或由最基本危险、有害因素推论事故的评价法，该类方法适用于识别系统的危险、有害因素和分析事故，这类方法一般属于定性安全评价法。

（b）危险性分级安全评价方法是通过定性或定量分析给出系统危险性的安全评价方法，该类方法适应于系统的危险性分级，该类方法可以是定性安全评价法，也可以是定量安全评价法。（c）事故后果安全评价方法可以直接给出定量的事故后果，给出的事故后果可以是系统事故发生的概率、事故的伤害（或破坏）范围、事故的损失或定量的系统危险性等。

④ 按照评价对象的不同，安全评价方法可分为设备（设施或工艺）故障率评价法、人员失误率评价法、物质系数评价法、系统危险性评价法等。

（2）常用的安全评价方法

在此列出了一些最常用的典型的评价方法并进行了比较分析，在安全评价中，这些方法使用最为广泛，常用的定性安全评价方法如表 3-8 所示。

表 3-8　常用的定性安全评价方法比较

安全评价方法	主要内容	优缺点或特点	适用性
安全检查表方法（safety checklist analysis，SCA）	为了查找工程、系统中各种设备设施、物料、工件、操作、管理和组织、措施中的危险或有害因素，事先把检查对象加以分解，将大系统分割成若干小的子系统，以提问或打分的形式，将检查项目列表逐项检查，避免遗漏	直观，现实，普遍，广泛。且效果与成员的综合素质有关	厂级普遍性安全检查，专业，季节性，专项设备
专家评议法	①明确问题；②挑选专家；③会议，分析预测；④分析，归纳结果	简单易行，客观全面	类似装置评价，并不适合所有项目
预先危险分析方法（preliminary hazard analysis，PHA）	预先危险分析方法是一种起源于美国用标准安全计划要求方法。它是在一项实现系统安全危害分析的初步或初始的工作，包括设计、施工和生产前，首先对系统中存在的危险性类别，出现条件、导致事故的后果进行分析，其目的是识别系统中的潜在危险，确定其危险等级，防止危险发展成事故	简单易行，经济有效，是进一步危险分析的先导，是宏观的概略分析	项目初期
危险和可操作性研究（hazard and operability study，HAZOP）	危险和可操作性研究是一种定性的安全评价方法。它的基本过程是以关键词为引导，找出过程中工艺状态的变化（即偏差），然后分析找出偏差的原因、后果及可采取的对策。其侧重点是工艺部分或操作步骤各种具体值。该方法所基于的原理是，背景各异的专家们如若在一起工作，就能够在创造性、系统性和风格上互相影响和启发，能够发现和鉴别更多的问题，与他们独立工作并分别提供工作结果相比更为有效	以关键词为引导，不同专业的专家评议法，是确定事故树顶上时间的一种方法	设计阶段和生产装置

安全评价方法	主要内容	优缺点或特点	适用性
故障假设分析方法（what…if，WI）	一般要求评价人员用"what…if"作为开头对有关问题进行考虑，任何与工艺安全有关的问题，即使它与之不太相关也可提出加以讨论，所提出的问题要考虑到任何与装置有关的不正常的生产条件，而不仅仅是设备故障或工艺参数变化。故障假设分析方法比较简单，评价结果一般以表格形式显示	①明确任务及系统；②确定分析要求；③详细说明系统；④分析故障类型及影响；⑤分析结果，确定等级	系统故障的事前考察技术
故障类型和影响分析（failure mode effects analysis，FMEA）	故障类型和影响分析根据系统可以划分为子系统、设备和元件的特点，按实际需要，将系统进行分割，然后分析各自可能发生的故障类型及其产生的影响，以便采取相应的对策，提高系统的安全可靠性。故障类型和影响分析的目的是辨识单一设备和系统的故障模式及每种故障模式对系统或装置造成的影响。在故障类型和影响分析中不直接确定人的影响因素，但像人失误、误操作等影响通常作为一个设备故障模式表示出来	分为四类计算：Ⅰ.致命的；Ⅱ.严重的；Ⅲ.临界的；Ⅳ.可忽略的	系统故障的事前考察技术
危险指数方法（risk rank，RR）	危险指数方法通过评价人员对几种工艺现状及运行的固有属性（是以作业现场危险度、事故概率和事故严重度为基础，对不同作业现场的危险性进行鉴别）进行比较计算，确定工艺危险特性重要性大小及是否需要进一步研究	作为确定工艺操作危险性的依据	可以运用在工程项目的各个阶段，或在详细的设计方案完成之前、现有装置危险分析计划制订之前，也可用于在役装置

在定性评价方法外，还有一些常用的定量评价方法，在此列出了一些最常用的典型的评价方法并进行了比较分析（表 3-9）。

表 3-9　常用的定量安全评价方法比较

安全评价方法	主要内容	优缺点或特点	适用性
故障树分析（fault tree analysis，FTA）	又称为事故树，是一种描述事故因果关系的有方向的"树"，它能对各种系统的危险性进行识别评价，既适用于定性分析，又能进行定量分析，具有简明、形象化的特点，体现了以系统工程方法研究安全问题的系统性、准确性和预测性	找出事故原因、树图全面、简洁、形象、科学依据、防灾要点清晰、便于逻辑运算、分析和评价。从结果到原因，找出事故直接原因和潜在原因	应用广泛，适合高度重复系统

安全评价方法	主要内容	优缺点或特点	适用性
事件树分析（event tree analysis，ETA）	事件树分析是用来分析普通设备故障或过程波动（称为初始事件）导致事故发生的可能性；在事件树分析中，事故是典型设备故障或工艺异常（称为初始事件）引发的结果。与故障树分析不同，事件树分析是使用归纳法（而不是演绎法），事件树可提供记录事故后果的系统性的方法，并能确定导致事件后果事件与初始事件的关系	图解层次清晰，阶段明显	适用广泛：系统故障，设备失效，工艺异常，人员失误。事件树分析适合被用来分析那些产生不同后果的初始事件
作业条件危险性评价法（job risk analysis，LEC）	以所评价的环境与某些作为参考环境的对比为基础，将作业条件的危险性作为因变量（D），事故或危险事件发生的可能性（L）、暴露于危险环境的频率（E）及危险严重程度（C）作为自变量，确定它们之间的函数式。根据公式计算出其危险性分数值，再在按经验将危险性分数值划分的危险程度等级表或图上，查出其危险程度	简单，易行，清楚	有局限性，作业的局部，不能普遍适用
定量风险评价方法（quantity risk analysis，ORA）	风险可以表征为事故发生的频率和事故的后果的乘积，定量风险评价对这两方面均进行评价，为业主、投资者、政府管理者提供定量化的决策依据	可以将风险的大小完全量化，并提供足够的信息	

对于事故后果模拟分析，国内外有很多研究成果。如美国、英国、德国等发达国家，早在 20 世纪 80 年代初便完成了以 Burro，Coyote，Thorney Island 为代表的一系列大规模现场泄漏扩散实验。在 20 世纪 90 年代，又针对毒性物质的泄漏扩散进行了现场实验研究。迄今为止，已经形成了数以百计的事故后果模型。如著名的 DEGADIS、ALOHA、SLAB、TRACE、ARCHIE 等。基于事故模型的实际应用也取得了发展，如 DNV 公司的 SAFETYI 软件是一种多功能的定量风险分析和危险评价软件包，包含多种事故模型，可用于工厂的选址、区域和土地使用决策、运输方案选择、优化设计、提供可接受的安全标准。Shell Global Solution 公司提供的 Shell FRED、Shell SCOPE 和 Shell Shepherd 三个序列的模拟软件涉及泄漏、扩散等方面的危险风险评价软件。这些软件都是建立在大量实验的基础上得出的数学模型，有着很强的可信度。评价的结果用数字或图形的方式显示事故影响区域，以及个人和社会承担的风险。可根据风险的严重程度对可能发生的事故进行分级，有助于制订降低风险的措施。

安全评价方法虽然很多，但每一种评价方法都有使用的范围和使用的条件；同时由于使用的对象不同，所选择的环境安全评价方法也各异。对于铅矿采选、原生铅冶炼、铅蓄电池生产及废铅蓄电池铅回收过程也均有各自的环境安全评价技术。

3.2.1.2 环境安全评价技术及方法发展趋势

（1）环境安全

是联合国规划署 1988 年针对造成严重危害的环境污染事故提出来的，此时的环境安全仅仅涉及技术领域的安全问题。1922 年，联合国"世界环境与发展委员会（WCED）"通过的 21 世纪议程中阐明的环境安全概念涉及经济、政治、社会安全等方面。但是目前我们国内所主要关注的环境安全还主要体现在技术领域的环境安全。环境安全评价体系主要涉及水体指数、大气指数、固体废物处理率、自然灾害发生率、水土流失率、人均绿地面积、生物多样性、森林覆盖率和资源开发强度等。

对于典型铅生产过程的环境安全评价，指标体系主要体现在大气指数、水体指数、固体废物处理率、土壤指数等方面。以上指标的评价通常可以采用层次分析法（AHP）、专家调查法、指数综合法、总分评定法、功效系数法。对于不同的指标体系也选用不同的评价方法。

① 水环境质量现状的评价通常采用的方法有内梅罗指数、标准指数法、幂指数法、加权平均法、向量模法、算术平均法。水环境影响预测的方法有完全混合模式以及一维、二维稳态混合模式和稳态混合累积模式等。水环境中沉积物中重金属污染的评价方法很多，目前，常用的主要有：（a）德国学者 Muller 于 1969 年首次提出的地累积指数法；（b）1980 年 Hankinson 提出的潜在生态危害指数法；（c）污染负荷指数法（PLI）；（d）Hilton 年提出的回归过量分析法（ERA）；（e）Chenoff 提出的脸谱图法。其中，地累积指数法与富集指数法因其简单易行在国内外被广泛应用于沉积物中重金属的污染评价。

② 大气环境治理现状评价常常采用中重金属污染的评价通常采用 AER-MOD 软件进行环境空气影响预测。

③ 土壤环境中重金属污染评价通常采用单项污染指数法、内梅罗综合污染指数法进行土壤环境质量现状评价，土壤预测往往采用土壤累积模式进行土壤累积环境影响预测。

（2）环境安全评价

是以风险评价的基本方法作为评价手段进行的，环境安全评价的程序主要由环境风险识别、危害鉴别、评价内容和重点确定、风险安全性评价，应急预案制订，风险控制措施几个步骤组成。环境安全评价总的来说不外乎8个字"识别、定量、比较（与行业标准、国家标准相比较）、措施"。根据事前预防、事中管理、事后救援为目的以可靠、安全性为基础，作出相应的决策措施。

① 安全评价方法选择　在评价时，应根据评价的对象和要实现的评价目标，选择适用的评价方法。常用的评价方法有安全检查方法（safety review，SR）、安全检查表法（safety checklist，SCA）、预先危险分析法（preliminary hazard analysis，PHA）、故障假设分析方法（what...if，WI）、危险可操作性研究法（hazard and operability study，HAZOP）、故障类型和影响分析（faliure mode effects analysis，FMEA）、故障树分析法（fault tree analysis，FTA）、事故树分析法（event tree analysis，ETA）、危险指数方法（risk rank，RR）、人员可靠性分析（human reliability analysis，HRA）、作业条件危险性评价法（LEC）、定量风险评价法（QRA）。

任何一种安全评价方法都有其应用的条件和适用范围，在安全评价中如果适用了不合适的安全评价方法，不仅浪费了工作时间，还影响评价工作的正常进行，而且还可能导致评价结果严重失真，使安全评价失败。因此，我们要合理选择好安全评价方法是十分重要的。在选择安全评价方法时，应首先详细分析被评价的系统，明确通过安全评价要达到的目标，即通过安全评价需要给出哪些安全评价结果，然后应了解尽量多的安全评价方法，将安全评价方法进行分类整理，明确被评价的系统能够提供的基础数据、工艺参数和其他资料，然后再结合安全评价要达到的目标，选择合适的安全评价方法。

② 安全对策措施　安全对策措施是安全评价的重要组成部分，在对项目或系统进行综合评价之后，如果找出或发现了其危险、有害因素、就要求项目或系统的设计单位、生产单位、经营单位在项目的设计、生产经营、管理中采取相应的措施，消除或减弱危险、有害因素，所以制订安全对策措施是预防事故、控制和减少事故损失、保障整个生产经营过程安全的重要手段。

与安全技术对策措施处于同一层面上的安全管理对策措施，在企业的安全生产工作中与前者起着同等重要的作用。安全管理对策措施是通过一系列的管理手段将企业的安全生产工作整合、完善、优化，将人、机、环境等涉及安全生产工作的各个环节有机地结合起来，保证企业生产经营活动在安全健康的前提下正常开展，使安全技术对策措施的作用最大地发挥。

③ 应急预案制定　编制事故应急救援预案在安全对策措施的制订中占绝对重要的地位。编制事故应急救援预案的目的就是为了在重大事故发生时能及时地予以控制，有效地组织抢险和救援，防止重大事故的蔓延，减少事故损失。

3.2.2　典型铅生产过程含铅废物的环境安全评价技术

3.2.2.1　环境安全评价的总体思路

（1）评价过程

确定生产作业过程→识别风险源→安全风险评价→登记重大安全风险。

（2）风险源的辨识

① 风险源的辨识应考虑以下方面　所有活动中存在的危险源。包括公司管理和工作过程中所有人员的活动、外来人员的活动；常规活动（如正常的工作活动等）、异常情况下的活动和紧急状况下的活动（如熔炼炉正压运行等）；企业所有工作场所的设施设备（包括外部提供的）中存在危险源，如建筑物、车辆等；企业所有采购、使用、贮存、报废的物资（包括公司外部提供的）中存在危险源；各种工作环境因素带来的影响，如高温、低温、照明等；识别危险源时要考虑典型危害、三种时态和三种状态。

a. 典型危害。各种有毒有害化学品的挥发、泄漏所造成的人员伤害等。

b. 三种时态。过去：作业活动或设备等过去的安全控制状态及发生过的人体伤害事故；现在：作业活动或设备等现在的安全控制状况；将来：作业活动发生变化、系统或设备等在发生改进、报废后将会产生的危险因素。

c. 三种状态。正常：作业活动或设备等按其工作任务连续长时间进行工作的状态；异常：作业活动或设备等周期性或临时性进行工作的状态，如设备的开启、停止、检修等状态；紧急情况：发生溃坝、熔炼炉跑炉等状态。

② 识别的方法　收集国家和地方有关安全法规、标准，将其作为重要依据和线索；收集本单位和其他同类单位过去已发生的事件和事故信息；通过收集其他要求（如客户的要求等）和专家咨询获得的信息；通过现场观察、座谈和预先危害分析进行辨识：

a. 现场观察。对作业活动、设备运转进行现场观测，分析人员、过程、设备运转过程中存在的危害。

b. 座谈。召集安全管理人员、专业人员、管理人员、操作人员，讨论分析作业活动、设备运转过程中存在的危害，对现场观察分析得出的危害进行补充和确认。

c. 预先危害分析。新设备或新工艺采用前，预先对存在的危害类别、危害产生的条件、事故后果等概略地进行模拟分析和评价。

（3）环境安全评价方法

① 矩阵法（表 3-10）

表 3-10　矩阵法

可能性 ＼ 后果	轻微伤害	伤 害	严重伤害
极不可能	可忽略风险	可容许风险	中度风险
不可能	可容许风险	中度风险	重大风险
可能	中度风险	重大风险	不可容许风险

② LEC 定量评价法

$$D = LEC$$

式中　D——风险值；

　　　L——发生事故的可能性大小；

　　　E——暴露于危险环境的频繁程度；

　　　C——发生事故产生的后果。

L、E、C 分数值分别按照表 3-11～表 3-13 确定。

事故发生的可能性（L）见表 3-11。

表 3-11　事故发生的可能性（L）

分数值	事故发生的可能性	分数值	事故发生的可能性
10	完全可以预料		
6	相当可能	0.5	很不可能
3	可能，但不经常	0.2	极不可能
1	可能性小，完全意外	0.1	实际不可能

说明：事故发生的可能性是指存在某种情况时发生事故的可能性有多大，而不是指这种情况在某个单位出现的可能性有多大。

暴露于危险环境的频繁程度（E）见表 3-12。

表 3-12　暴露于危险环境的频繁程度（E）

分数值	频繁程度	分数值	频繁程度
10	连续暴露	2	每月一次暴露
6	每天工作时间内暴露	1	每年几次暴露
3	每周一次	0.1	非常罕见地暴露

发生事故产生的后果（C）见表 3-13。

表 3-13　发生事故产生的后果（C）

分数值	可能出现的结果	
	经济损失/万元	伤亡人数
100	200 以上	死亡 10～29 人、重伤 50 人以上
40	100～200	死亡 3～9 人、重伤 10～49 人
15	50～100	死亡 1～2 人、重伤 3～9 人
7	10～10	一次重伤 1～2 人
3	1～10	多人轻伤
1	1 以下	少量人员轻伤

危险源风险评价结果分为极其危险、高度危险、显著危险、一般危险、稍有危险五个等级。具体划分见表 3-14。

表 3-14　危险源风险评价

D 值	危险程度
＞320	极其危险,不能继续作业
160～320	高度危险,需立即整改
70～160	显著危险,需要整改
20～70	一般危险,需要注意
＜20	稍有危险,可以接受

注：D＞70 的危险源为重大安全风险。

③ 重要环境因素、不可容许风险的评价原则、方法

a. 重要环境因素评价准则：（a）与法律法规和排放标准的符合程度；（b）环境影响的规模、范围严重程度；（c）发生的概率及持续事件；（d）对环境影响破坏的可恢复性；（e）改变环境影响的技术难度、费用及对组织活动的影响程度；（f）对企业公众形象的影响程度。

b. 重要环境因素评价方法。可采用是非判断法、噪声率法识别出重要

环境因素，根据下列情况可以判断为重要因素：（a）已违反或接近违反法律及强制性标准的环境因素，如超标排放（浓度或总量或速率）；（b）并不违法，但当地政府高度关注或强制监测的环境因素，如 COD 排放水平虽仅为标准值的 50%，但当地水体污染严重；（c）异常或紧急状态下预计可能产生严重环境的影响因素，如危险品泄漏事故；（d）政府或法律明令禁止使用的物质，如氟利昂、哈龙（Halon）物质、石棉、多氟联苯等；（e）政府或法律有明文规定但无定量指标的环境因素，可考虑消减或改进。

（4）风险源辨识和环境安全评价的实施

① 安环因素辨识实施　成立安环委员会和安环风险评估小组；对参与安环风险评估的相关人员进行相应培训；根据企业生产及服务活动的部门划分，并由企业负责人任命各部门负责人对该部门内的各项活动进行安健环因素策划、检查、监督；各部门负责对本部门所涉及的所有作业活动场所或设备进行安健环风险评价，按照并填写《各部门活动风险辨识/登记表》一式两份，各部门将辨识出来的可能造成职业病的危险源进行风险评价，由部门负责人确认后并填写《各部门活动风险辨识/评价表》，一份交安全生产技术部，另一份由部门保存；企业风险评估小组对各部门提交的《各部门活动风险辨识/评估表》按照风险评价标准进行风险评估，对风险进行排序，划分风险等级，提出改进意见，对不可容许风险和重要环境因素提交企业主管领导，由主管领导组织相关专业人员再次进行风险确认后形成公司的《重要环境因素清单》、《不可容许风险控制清单》，做出统一风险预控措施。

② 环境安全控制的实施　各部门制定风险控制措施后，需对措施进行评审，评审时应考虑新的控制措施，能否达到可容许风险的水准；是否产生新的危险；是否是最优安全经济成本；方法是否适当，是否可操作；发现不可接受风险有遗漏时，针对评价出的不可容许风险，结合现有的风险控制措施制订出新的风险控制措施，在不产生新的职业安全健康风险的前提下，使不可容许风险降低风险等级，达到可接受程度，增强职工的安全健康意识，实现风险的有效控制。

a. 降低风险的方法。终止——避免或减少在危险中的暴露；处理——控制损失；容忍——降为可接受的风险；转移——参加保险或有资质和专用设备的公司外包。

b. 现场安全控制措施。停止使用剧毒性物质或以无危险物质取代；改用危险性较低的物质；隔离人员或危险；局限危险，如实施紧急应变措施；工程技术控制，如通风、机械安全防护等；培训教育：危险源和环境因素辨识及重大风险应急预案的事故培训计划和反事故演练；加强管理控制；如安全制度、工作许可、监督检查等；个人防护。

③ 检查与考核

a. 检查要求。由安全生产技术部组织相关部门人员对危险源辨识与环境识别和风险评价控制措施的执行情况进行检查。检查要求执行《监视和测量控制程序》、《纠正与预防措施控制程序》。

b. 考核。由检查人按照经济责任考核规定提出考核意见。

c. 纠正及纠正措施。对于检查发现的不符合要采取纠正和纠正措施；危险源与风险评价要每年进行评审一次，安全生产技术部根据评审结果做出是否对本企业职业健康安全危险源确认与更新，对风险进行重新评价的判断和要求。当发生下列情况时，对危险因素要重新识别、补充和评价：(a) 法律、法规及其他要求发生变化时；(b) 新建、改建、扩建项目；(c) 重要生产设备、产品、工艺及生产条件变更时；(d) 相关方有合理抱怨时。

④ 预防措施　严格执行危险源辨识、风险评价及风险控制措施的管理制度，各部门主任及相关方负责人员要高度重视，具体负责本部门危险源辨识、风险评价及风险控制工作；执行《纠正与预防措施控制程序》；通过资料的积累，合理预见职业健康安全危险因素和重大职业健康安全危险因素，并提出预防措施；进行动态控制，达到持续改进的目的。

3.2.2.2　典型铅生产过程含铅废物环境安全评价关键问题研究

(1) 铅矿采选过程含铅废物安全评价关键问题

① 主要潜在风险　废气排放到周围土壤中对土壤环境造成污染；废水排放到周围地表河流中对地表河流造成的污染；固体废物堆存过程中对周围生态环境、地表水、地下水等造成的污染。

② 主要风险事故　尾矿浆输送过程管道爆裂、管道堵塞、矿浆泄漏及机械伤害。可能造成的不利影响为尾矿泄漏后，污染地表及地下水资源；造成生产系统损坏或停顿；造成人员伤亡、财产损失。

③ 尾矿库的主要风险　是尾矿的种种隐患未能及时消除而造成事故，其失事形式有洪水漫坝、坝体滑坡、坝体振动液化、流土及管涌、坝基沉陷等；废石堆场占用土地破坏生态环境、污染环境及引发地质灾害等。

(2) 原生铅冶炼过程含铅废物安全评价关键问题

火法铅冶炼风险源大致可分为低温作业区的扬尘,如配料、混料、制粒及物料转运点;高温作业区的铅尘属机械尘和挥发烟尘混合物;硫化铅精矿熔炉加料口、喷枪口的卫生通风系统通常含有的机械尘、挥发烟尘。

火法炼铅的铅尘污染主要来自备料及物料转运过程产生的含铅粉尘、加料口逸散的含铅粉尘(正压操作时)、粗铅初步精炼过程产生的含铅气体、炉渣排放过程产生的含铅气体、烟尘收集和转运过程产生的含铅粉尘、发生生产事故时产生的含铅废气、含铅粉尘。

(3)铅蓄电池生产过程含铅废物安全评价关键问题

铅蓄电池生产环境风险包括生产设施风险和生产过程所涉及的物质风险。

① 生产设施潜在危险主要存在环境风险的设施为含铅废气处理装置、硫酸贮存和使用装置、危险废物贮存及运输装置。

② 生产过程所涉及的物质风险识别是指根据项目分析中的物料特性以及污染物产生及排放状况分析,确定风险物质为铅、硫酸和煤气。

铅蓄电池生产过程产生的污染物主要有铅烟、铅尘、含铅废水和含铅固废:铅烟、铅尘来自于板栅铸造、合金配制、铅零件、铅粉制造、电池组装等工序,铅烟、铅尘若直接排放,会导致大气中铅含量严重超标,同时铅会在重力作用下随粉尘降入土壤;含铅废水主要来源于涂板工序、电池清洗工序等;固体废弃物主要有铅泥、铅渣、废电池等。

(4)废铅蓄电池铅回收过程含铅废物安全评价关键问题

主要潜在风险为废气排放到周围土壤中对土壤环境造成污染;废水排放到周围地表河流中对地表河流造成的污染;固体废物堆存过程中对周围生态环境、地表水、地下水等造成的污染。废铅蓄电池铅回收过程中主要环境安全问题如下。

① 大气污染 废铅蓄电池铅回收过程中,熔融还原熔炼、火法精炼、铅熔铸、湿法电解沉积、电还原等工序均有废气产生。废气主要为粉尘、SO_2、CO 等。其中,粉尘主要污染物为铅、砷、铜、镉、锑等重金属及其氧化物。各工序收尘器所收粉尘均返回生产流程进行回收处理。

② 废水污染 废铅蓄电池铅回收过程中的废水包括窑炉设备冷却水、烟气净化废水、冲渣水以及冲洗废水等。

③ 固体废物污染 废铅蓄电池铅回收过程中产生的固体废物主要有破碎分选产生的橡胶及胶木、富氧底吹熔炼炉炉渣、回转短窑熔炼渣、反射炉

熔炼渣、末端治理产生脱硫渣、精炼渣、污水处理产生的污泥等。冶炼过程中产生的粉尘、浮渣、氧化铅渣等均属于中间产品，需返回工艺流程或单独处理。

本章编写人员： 陈　刚　陈　昱　冯钦忠　李宝磊　刘　舒
　　　　　　　　 林星杰　马倩玲　马　帅　裴江涛　祁国恕
　　　　　　　　 尚辉良　王俊峰　杨　乔
本 章 审 稿 人： 张正洁　申士富　朱忠军　刘俐媛

第4章　典型铅生产过程环境风险评价技术

4.1　典型铅生产过程铅污染环境累积风险评价技术

4.1.1　典型铅生产过程铅污染在环境介质及人体的迁移转化过程

4.1.1.1　铅污染在环境介质中的迁移转化

（1）环境空气

大气铅污染主要来自铅及铅合金的冶炼加工，含铅产品加工、使用等环节，如铅矿采选、铅冶炼、铅酸蓄电池生产、废铅蓄电池铅回收等生产过程。自从人类发明了铅冶炼术后，由铅冶炼引起的铅烟就已经对大气产生了污染，不过这种污染一般只是局部和小范围的。造成更大影响的是含铅制品的生产环境，如铅酸蓄电池生产、含铅涂料车间等生产环境，产生的废气中铅浓度往往较高，是大气铅污染的重要来源。铅冶炼厂周围大气环境中的铅化合物主要以粉尘形式逸散。

铅在不同粒径大气颗粒物中均有不同程度的富集，相对而言，铅在细颗粒物（$PM_{2.5}$）中的含量比粗颗粒物（$PM_{5\sim10}$）中的高。目前，环境空气中重金属污染水平的测定还偏向于 TSP、PM_{10} 或 $PM_{2.5}$ 中总量的测定，这可以在一定程度上反映一个地区的污染水平。

（2）土壤

土壤环境中的铅污染主要来自大气中铅污染物的沉积、汽车尾气和农业活动中带来的铅污染等。大气中的铅尘因重力作用或雨水夹带返回地面水体或土壤。因此，铅矿采选、原生铅冶炼及铅蓄电池生产、制造铅合金等涉铅企业排放的铅尘、铅烟会污染周边土壤。一般情况下，在最大落地范围内距离污染源越近，铅浓度越高。农业生产活动带来的铅污染主要指灌用含铅废水、施用含铅肥料、喷洒含铅农药导致的土壤中铅的累积。作为工业副产品的锌肥含铅量可高达 $50\sim52000$ mg/kg，磷肥品种过磷酸钙中含铅 32.5 mg/kg。但在目前的磷肥用量下，铅在土壤和作物中的积累吸收程度并不高。

土壤是自然环境系统中一个很重要的子系统，人类活动所产生的很多污染物，尤其是重金属，都是通过这个子系统进入食物链，最终危害人体健康。土壤系统作为一个复杂的多相体系和动态开放体系（图 4-1），固相中的黏土矿物、有机质、金属氧化物等均能吸附进入土壤的污染物，具有净化效果。

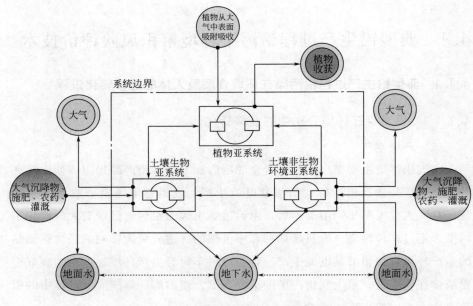

图 4-1　土壤系统及其边界环境框图

铅在土壤剖面中的垂直分布特征是土壤自身理化性质和外界条件影响下铅迁移和积累的综合反映，也是了解土壤铅污染程度和修复治理的基础。

① 土壤中铅的空间分异研究　土壤重金属污染与城市中心区、乡镇工业区、矿业生产活动区等污染源地区分布相一致，污染程度随着与污染源距离的增加向外呈扇形递减，城郊公路边菜田土壤铅的总量一般随距公路距离的增加呈降低的趋势。

对不同土地利用方式土壤重金属迁移的研究发现，不同用地、不同农产品对重金属的吸收能力存在显著差异。一般而言，受铅污染的程度为果园土>菜园土>水稻土，蔬菜类>瓜果类，叶菜类>籽实类>根菜类>水稻籽粒。

不同种类的植物对铅的吸收、富集能力也不同。铅在粮食作物中的分布规律为根>茎叶>籽粒。

对铅在土壤剖面中的分布特征与迁移规律研究发现，铅主要积累在土壤表层，一般很少迁移至40cm以下。铅在土壤耕作层中的迁移如图4-2所示。

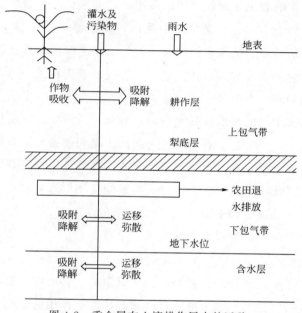

图 4-2 重金属在土壤耕作层中的迁移

② 土壤铅迁移规律的影响因素　铅在土壤系统中的迁移规律与元素本身的化学特性、土壤理化性质等有关，并且会因各种污染元素数量和迁移速度的差异，在不同类型土壤剖面中的积累状况不同。

铅元素自身理化性质对迁移规律的影响：不同种类重金属因其自身理化行为与生物有效性的差异，在土壤系统中的迁移转化规律明显不同。研究表明，同一土壤剖面中的铅容易被土壤吸附而难以迁移。一般来讲，重金属向下的迁移量与速度随着表层土壤中铅含量的增加而增加。

土壤理化性质对铅在土壤中迁移规律的影响：土壤的理化性质是影响铅在土壤中的存在形态以及铅生物有效性的主要因素，土壤的理化性质主要包括 pH 值、土壤质地、土壤氧化还原电位（值）、有机质含量、铁锰氧化物以及阳离子交换量（CEC）等。

土壤 pH 值主要通过影响土壤铅的存在形态和土壤对铅的吸附量，从而影响铅的迁移和淀积行为。大量的研究表明，土壤 pH 值降低能够促进重金属的移动，酸性越强，铅的淋失率越大，酸性和强碱性环境均有利于铅的溶出。铅在土壤系统中以阳离子的形式存在，pH 值越低，铅被解析得越多，迁移量增加，随着土壤 pH 值的上升，大部分铅元素会因吸附或形成络合物而导致浓度降低，重金属的生物有效性降低。

土壤质地影响着土壤颗粒对铅的吸附，一般来说，铅含量一般在粉砂中含量最低，亚砂土中次之，亚黏土中最高，质地黏重的土壤对铅的吸附力强，迁移转化能力差。土壤中的铁锰氧化物对铅的吸附起重要的作用，土壤中所有铅元素的含量与游离氧化铁呈极显著或显著正相关关系，铁锰氧化物对铅具有强烈的专性吸附。

有机质对土壤铅的影响极其复杂，相对分子质量小的有机质与铅络合或螯合增加其移动性，大分子有机质通过提高土壤而使铅元素有效性降低，随着土壤有机质含量的上升，大部分铅元素浓度降低，生物有效性降低。

土壤中的氧化还原电位主要通过影响铅的存在形态影响重金铅属迁移能力及对生物的有效性。一般说来，在还原条件下，铅易产生难溶性的硫化物，而在氧化条件下，溶解态和交换态含量增加。

（3）包气带

铅对地下水的污染过程受到铅在包气带中的迁移速度、铅与土壤介质的作用机制以及铅到达地下水中的迁移转化和扩散等作用的影响。研究结果表明土壤对不同性质的金属离子具有不同的吸附能力，因而在相同条件下，不同性质的金属离子在包气带中的迁移速度具有一定的差异；铅在包气带中的迁移受到土壤类型和土壤溶液化学组分等的影响；铅在包气带和含水层迁移的过程中结合态和价态均发生了变化，从而使得铅的活动性和毒性水平发生了变化。

（4）水环境

水环境中铅污染主要来自含铅废水排放、含铅粉尘沉降和输水管道铅的释放等。含铅废水主要包括铅矿及含铅金属矿的开采、冶炼、加工废水，生产含铅制品和铅化合物的工厂废水等，排放的废水不经过严格处理而排放到自然界中，会造成地下水和江河水源污染。大气中的各种含铅粉尘均可随着降雨进入水源造成水体污染，特别是在发生酸雨的地区污染更为严重。目前很多地区的自来水管道使用的材料仍含有不等量的铅，特别是用铅焊料焊接过的水龙头几乎都含有铅，这是影响自来水中铅含量的重要因素。

铅在水体中迁移转化的过程是一个复杂的物理、化学及生物过程。从铅在水体中迁移转化过程可以看出，铅在水体中的吸附与释放过程是十分重要的一环。

铅在水体中被吸附和形成悬浮物沉降是其达到自净的过程。吸附过程基本符合 Henry、Lamgmuir 和 Freundlich 吸附模式。对重金属吸附有较大影响的水力因素是水体泥沙浓度和粒度、温度和水相离子初始浓度以及 pH 值等。尤其是泥沙浓度和粒度影响最大，泥沙浓度越大，粒径越小，吸附量和吸附速度越大，而且不同粒径泥沙共存时对吸附特征参数影响很大；pH 值也是至关重要的因素，当 pH 值升高时，吸附速率增大，解吸速率减小，存在临界 pH 值对应于最大吸附量。温度升高，吸附速率增大，解吸速率减小。

以吸附动力学为基础的研究把释放看作吸附的逆过程，以吸附动力学模式来描述释放过程。因此，有的研究者把释放动力学方程中的系数用 Freundlich 吸附模式中的解吸速率来代替。其实，以吸附为主的吸附-解吸动力学过程与以释放为主的解吸-吸附过程是有显著区别的。对释放有较大影响的因素主要有泥沙浓度、颗粒粒径和沉积物厚度以及沉积物污染浓度和有机质等；此外，温度升高，铅释放量也增大，pH 值在酸性条件下导致沉积物中碳酸盐态溶解，故酸度增高，铅释放量增大。

综上所述，根据铅在各介质中迁移转化规律的研究成果可知，铅在大气颗粒物中富集，以大气沉降的方式在土壤系统中累积；铅在土壤系统中的迁移规律与元素本身的化学特性、土壤理化性质等有关；铅在水环境中通过被吸附和形成悬浮物沉降达到自净的目的。因此，本研究将土壤作为铅污染的主要研究对象。

4.1.1.2 铅对人体健康影响

铅进入人体的途径主要是通过饮水、食物和呼吸。

① 饮水　水污染，特别是饮用水源地（包括地表水和地下水）受到污染，人饮用了受污染的水则将受到铅的危害。

② 食物　土壤污染，土壤受到铅污染，则土壤中生长的植物（蔬菜及粮食作物）便会富集一定量的铅，人食用这些蔬菜及粮食作物后，铅在人体内进一步蓄积，便会受到危害。另一方面，生活于受到铅污染的水体中的水

生生物，会富集水体中的铅，如鱼类、虾、蟹类等，人类取食这类富集了铅的水产品，则会使铅进一步在人体富集，也会使人体受到危害。

③ 呼吸　空气污染，工业企业排放含铅废气，一方面会污染其周边的土壤，另一方面也会污染周边的环境空气，被人体吸入后，便可在人体内蓄积。

铅一旦进入体内，不易排出、不能降解，而且由于生物放大作用会在体内不断蓄积，并持续危害人体健康。

4.1.2　典型铅生产过程铅污染累积风险评价技术评估

环境风险评价的目的是分析和预测建设项目存在的潜在危险、有害因素，建设和运行期间可能发生的突发性事件或事故（一般不包括人为破坏及自然灾害），引起有毒有害物质泄漏，所造成的人身安全与环境影响和损害程度，提出合理可行的防范、应急与减缓措施，以使建设项目事故率、损失额达到可接受水平。

风险来源，暴露和对人体健康、生态系统产生作用，这三者与环境之间的关系十分复杂，这种关系的评价往往是针对特定的地区、环境条件和目标受体进行的。由于重金属铅是天然性物质，存在广泛的生物、地理、化学循环（即不降解其本身，只改变其存在形式），因此，其在环境负荷、介质浓度、暴露接触者以及最终受体或生态系统的反应之间的转移情况，将会受到自然过程的影响，该影响往往比外源性有机污染物的作用程度更大。因此，在其风险评价过程中，应特别注意其转移特性。

针对典型铅生产企业周边开展环境风险评价，需要了解铅进入环境时的具体形式，影响铅特性的环境条件（如气候条件，土壤地球化学性质，水和沉积物化学性质等），铅在植物和/或动物体内所产生的蓄积作用，影响铅形式的因素，铅进入人类（敏感亚人群）或生态环境可能的暴露途径，以及铅无论以什么形式到达靶器官时所产生的作用。在美国国家环境保护局（EPA）发布的《Framework for Metals Risk Assessment（2007）》中，归纳了常规的金属风险评价理论框架，描绘了无机金属或其化合物的作用和健康风险评价过程的相互关系，说明了风险评价过程中的要点。

4.1.2.1　环境空气影响评价

（1）预测模型

环境空气影响评价一般采用 AERMOD 颗粒物沉降预测模块对铅环境空

气质量浓度和沉降量进行模拟预测。AERMOD 是个稳态烟羽扩散模型，可基于大气边界层数据特征模拟点源、面源、体源等排放出的污染物在短期（小时平均、日平均）、长期（季、年平均）的浓度分布，适用于农村或城市地区的简单或复杂地形。模式使用每小时连续预处理气象数据，模拟大于或等于 1h 的平均浓度分布。其中颗粒物的沉降模块可以计算颗粒物的干、湿沉降量。其中干沉降主要是由颗粒物的重力沉降引起，湿沉降主要是由降水所产生。

干沉降算法中颗粒物的沉降速度是关键因子。

$$v_{dp} = (R_a + R_p + R_a R_p v_g)^{-1} + v_g \qquad (4-1)$$

式中　R_a——空气动力学阻抗；

　　　R_p——地表次表层附近的颗粒物沉降阻抗；

　　　v_g——重力下沉速度。

这种方法是假定颗粒物在沉降过程中粒子大小是不随高度变化的。当这种方法被应用于环境气溶胶时，颗粒尺寸分布是被认为不随高度变化的，如由于重力下沉。虽然这些假设并不是总是成立的，但这个结果产生的不确定性相对其他不确定性要小，尤其是相对粒子尺寸分布参数对计算结果的影响。另外，R_p 和 v_g 是粒子粒径大小的函数，当粒子尺寸间隔与粒子大小分布相一致时，上述算法是一种理想的估算。模型中推荐两种方法让用户选择其中一种来计算干沉降速度。由于重力下沉对于大粒子的干沉降速度有着很大的贡献，因此当所研究的颗粒物中粒径大于 $10\mu m$ 的颗粒物质量占总质量的比重超过 10% 时，选择方法 1。选择方法 1 的前提是从污染源的监测中能够清楚地知道粒子粒径大小分布。方法 2 稍微简单些，它是在不知道粒子尺寸分布的提前下使用的。方法 2 中只考虑两种尺寸分类：一种是粒子尺寸小于 $2.5\mu m$ 的精细方法，另一种是粒径在 $2.5 \sim 10\mu m$ 的大粒子方法。除了这两种，就没有其他任何与指定类型源相关的粒子大小信息了。对于方法 2 中粗粒子模型，一般假定 v_g 为 0.02m/s，为粒径在 $5 \sim 7\mu m$ 的一个典型值。对于更大粒径（粒径大于 10m）的颗粒物在这里就不考虑了。使用方法 2 计算干沉降速度时需要使用上述方程两次，小粒子 $v_g = 0$，大粒子 v_g 为 0.02m/s，分别算得干沉降速度，然后将这两种速度进行加权平均，而权重因子是由小粒径模式中的给出的颗粒物质量百分数。

（2）参数设置

① 污染源参数　污染源参数可参考 Wesely et al.（2002）发表的

《Deposition Parameterizations for the Industrial Source Complex（ISC3）Model》中有关粒径分布资料中铅复合物的粒径参数设置为基础，采用实测的粒径分级数据进行校核，最终确定采用的铅污染源颗粒物粒径参数为 $2.5\mu m$ 以下细粒子的质量百分比为 75%，全部粒子的质量中位径为 $0.5\mu m$。

② 气象参数　地面气象资料调查要求同《环境影响评价技术导则 大气环境》（HJ 2.2—2008），调查项目包括每日逐次的风速、风向、低云量、总云量以及降水量，其中降水量作为增加的补充调查项目内容。

高空气象资料调查要求和项目内容同大气导则的要求。

③ 其他参数　预测中其他参数的选取还包括计算区的不同季节或月的地表反照率、BOWEN 参数和地表粗糙度等，这些都根据项目周围的实际土地利用类型和植被覆盖情况进行选取。

4.1.2.2　土壤累积环境影响评价

（1）预测模式

进行土壤累积影响评价定量预测的模式主要有两种，分别为考虑土壤残留系数的模式和不考虑土壤残留系数的模式。

① 考虑土壤残留系数的模式

$$Q_t = Q_0 K^t + PK^t + PK^{t-1} + PK^{t-2} + \cdots + PK$$

$$= Q_0 K^t + PK\ \frac{1-K^t}{1-K} \tag{4-2}$$

式中　Q_0——土壤中铅的起始浓度，mg/kg；

　　　P——每年外界铅进入土壤量折合成土壤浓度，mg/kg；

　　　K——土壤中铅的年残留率，%；

　　　t——年数。

② 不考虑土壤残留系数的模式

$$Q_t = Q_0 + Pt \tag{4-3}$$

式中　Q_t——土壤中铅在 t 年后的浓度，mg/kg；

　　　Q_0——土壤中铅的起始浓度，mg/kg；

　　　P——每年外界铅进入土壤量折合成土壤浓度，mg/kg；

　　　t——年数。

根据以往文献资料及研究结果分析，在参数选择合理的前提下，这两种预测模式的预测结果基本可靠。其中考虑土壤残留系数的预测模式更适用于已经被污染的土壤，不考虑土壤残留系数的模式更适用于尚未被污染的土壤。

（2）预测参数

① 起始浓度　应以土壤累积影响预测起始年度的实际土壤浓度值作为预测的起始浓度。

② 土壤铅残留率　计算土壤铅残留率需要综合考虑植物富集、土壤侵蚀等要素，同时随着企业发展阶段以及社会生活方式的变化，每年从外界输入土壤中的铅污染物量有较大的差异，因此要获得区域准确的残留率则需要通过开展系统的研究。为简化工作内容，可参考《公路建设项目　环境影响评价规范（试行）》（JTJ 005—1996）提出的铅元素95%的残留率进行计算。

③ 外界年输入量　可采用两种方案估算企业生产对区域土壤产生的外界年输入量，通常采用大气预测重金属污染物沉降量方法估算出的外界年输入量更为可靠。

（3）预测方案

在确定预测模式，选择预测参数后，即可采用土壤累积环境影响预测模式进行预测，预测内容主要包括以下三方面。

① 服务年限内土壤中污染物的累积量　以各监测点位现状监测值为起始浓度，在不加入新的污染源的前提下，预测该企业主要设备服务期满时的土壤浓度值。

② 土壤超标年限　以各监测点位现状监测值为起始浓度，分别以各种土壤环境质量数据作为预测的目标值，在不加入新的铅污染源的前提下，推算达到目标值需要的年份。

③ 土壤可纳污能力的限值　以各监测点位现状监测值为起始浓度，分别以各种土壤环境质量数据作为预测的目标值，在不加入新的铅污染源的前提下，推算在服务期满时达到目标值的情况下，土壤能接纳的最大外界年输入量。

（4）评价预测结果

根据土壤累积环境影响的预测内容，主要从以下三方面进行评价。

① 确定土壤累积影响防护距离　根据预测的服务年限内土壤中铅污染物的累积量，绘制土壤浓度等值线图，结合《土壤环境质量标准》（GB 15618—1995）标准限值的要求划定土壤累积影响防护距离：大于《土壤环境质量标准》（GB 15618—1995）三级标准的范围内不得种植经济林，必须

采取措施进行土壤修复；小于《土壤环境质量标准》（GB 15618—1995）三级标准大于《土壤环境质量标准》（GB 15618—1995）二级标准的范围内不得有人群集中居住区，不能种植农作物。

② 土壤可污染的年限　根据预测的土壤最大可污染年限，将为企业后续发展以及区域制订产业发展规划等工作提供环境可行性方面的判断依据。

③ 土壤可纳污能力的限值　根据预测的土壤可纳污能力的限值，反推区域可接纳的以大气污染物沉降形式进入土壤的重金属污染物量，为区域发展土壤环境承载力的预测提供科学依据。

（5）土壤累积影响参数不确定性

① 土壤表层土厚度　土壤表层土位于土壤的最上部，并无同一概念。在耕地上系指受耕作影响而被搅乱的土层即耕层，在非耕地上则指深10～25cm 的土层。表层土有时与 A 层一致，有时相当于 A 层的一部分。

在土壤累积影响预测中关于重金属累积土层厚度的选择应考虑重金属在不同类型土壤中迁移转化特征、区域土壤结构等多种因素。

② 外界年输入量　为简化工作，一般会确定土壤中重金属污染物的外界年输入量时只考虑了试点企业生产所排放的重金属污染物，而对其周边同类企业以及社会生活所排放的重金属污染物则未计算，这会为计算带来误差。尤其是位于人群集中居住区附近的老企业，如不考虑其他企业以及社会生活所产生的影响，则会导致预测结果比实际情况偏小。

4.1.2.3　地表水环境影响评价

① 预测模式　评价考虑最不利情况，结合现状水质监测数据，按照项目污水处理站出水铅浓度值，采用完全混合模式进行控制断面铅浓度预测，完全混合模式数学表达式如下：

$$C = (C_p Q_p + C_h Q_h)/(Q_p + Q_h) \tag{4-4}$$

式中　C——混合断面污染物浓度，mg/L；

C_p——入河污染源污染物浓度，mg/L；

Q_p——入河污染源流量，m³/s；

C_h——河流中污染物浓度，mg/L；

Q_h——河流水流量，m³/s。

② 预测参数　铅属于持久性污染物，铅环境影响预测参数考虑最不利条件，采用出口排放浓度和控制断面现状水质监测浓度作为预测计算数据。

③ 预测结果与评价　依照《地表水环境质量标准》（GB 3838—2002）水质评价标准考察预测与实测水质结果，并进行地表水环境累积风险评价。

4.1.2.4　地下水环境影响评价

生产区、罐区和物流通道地表均经过硬化防渗，污水由管道输送，正常情况下污染物难以通过表土进入潜水层中。在事故状态下，如地下污水管道破裂、蓄水构筑物底部漏水等，势必在评价区内形成一个基本固定的污染源，污染物可能通过土壤渗入浅层地下水中，对浅层地下水造成影响。为说明项目事故排放对浅层地下水的影响，评价采用一维稳定流动一维水动力弥散方程预测污水管道破裂对污染物在浅层地下水中的迁移进行预测。

（1）预测模式

一维稳定流动一维水动力弥散模式：

$$\frac{C}{C_0} = \frac{1}{2}\mathrm{erfc}\left(\frac{x-ut}{2\sqrt{D_{\mathrm{L}}t}}\right) + \frac{1}{2}\mathrm{e}^{\frac{ux}{D_{\mathrm{L}}}}\mathrm{erfc}\left(\frac{x+ut}{2\sqrt{D_{\mathrm{L}}t}}\right) \tag{4-5}$$

式中　x——预测点至污染源强距离，m；

C——预测点地下水污染物浓度，mg/L；

C_0——事故源污染物浓度，mg/L；

D_{L}——纵向弥散系数，m²/d；

t——预测时段，d；

u——地下水流速，m/d；

erfc()——余误差函数。

（2）预测因子及计算参数

分析区域内包气带及含水层情况，查阅相关资料，评价区域地下水总的流向、导水能力、地下水力坡度、渗透系数、地下水流速、纵向弥散系数等参数。

（3）预测思路

a. 根据预测模式及预测参数，计算污染物的残留倍数（即 C/C_0）；

b. 预测含铅废水收集与处理系统发生污染物泄漏情况下，对区域地下水中铅的含量的影响。

（4）预测结果与评价

对照《地下水质量标准》（GB/T 148 48—93）Ⅲ类标准（铅≤0.05mg/L），30d 后距离泄漏点 100m 范围之外均能满足标准要求；1 年后距离泄漏点 200m 范围之外均能满足标准要求；10 年后距离泄漏点 800m 范围之外均能满足标准要求；20 年后距离泄漏点 1300m 范围之外均能满足标准要求；

30年后距离泄漏点1600m范围之外均能满足标准要求。

4.1.2.5 人体铅暴露健康风险评价

（1）暴露预测和健康影响评价

结合铅污染健康风险评价的实际情况，由于铅的危害特性、剂量-效应关系、暴露评价相关研究众多，有大量的既有资料、参数和比较成熟的模型可供使用，且铅的健康危害主要诊断指标是人体内的血铅含量，因此，我们认为在实践中，铅污染健康风险评价的核心内容为暴露调查，即确认潜在暴露人群、暴露方式和暴露影响因素，开展暴露现状调查和评价，预测摄取量和暴露负荷水平等，它可帮助评价者了解评价区域内的人群暴露本底状况、掌握影响暴露负荷的各种因素，是进一步开展以效应为关注点的定性评价和定量分析的基础。因此，本章内容主要围绕暴露调查和评价展开。

在现代生活中，铅污染来源复杂但以涉铅工业活动为主，我国局部地区因工业生产活动造成的环境铅污染问题突出。近年来，尽管我国儿童平均血铅水平及铅中毒率仍高于发达国家水平，但相比以前有了明显的降低，并不像有些报道描述得那么严重。如中国疾病预防控制中心2001年对我国9省19个城市6502名3～5儿童的血铅水平调查显示，血铅总体均值为88.3$\mu g/L$，29.91%等于或高于100$\mu g/L$；而首都儿科研究所2005年对我国15个中心城市17141名0～6岁儿童的血铅水平调查显示，血铅总体均值为59.5$\mu g/L$，10.45%等于或高于100$\mu g/L$，仅有0.62%等于或高于200$\mu g/L$。但是，近几年局部发生的多起"血铅事件"，对周边人群身体健康造成了直接的、可检测到的负面影响，其中有不少还引发了群体性事件，揭示出局部地区环境铅污染问题突出，而工业生产活动尤其是铅冶炼（原生铅冶炼和再生铅冶炼）、铅蓄电池生产造成的铅污染排放是其主要成因。

（2）暴露预测和健康影响评价方法

① 人群基本信息调查

a. 调查目的。收集评价区域范围内评价工作开始前3～5年内连续的人群基本信息资料，重点为高风险人群（高暴露人群和高敏感人群）的数量和特征。

b. 调查内容。调查评价范围内各行政村的人群基本信息，包括行政村的名称、地理位置、居民人口数量、年龄构成、性别比例、经济收入状况等；针对评价范围内最大污染影响所在区域，还应描述人群聚居点（自然村落）的人群基本信息。

c. 调查方法。应首先从有关部门收集或统计资料中整理人口基本信息。

如不能从有关部门或既有统计资料中收集、整理出上述信息，可通过实际调查获得。

② 暴露过程调查

a. 调查目的。通过暴露路径、暴露途径分析，确定潜在暴露人群及暴露方式（即重金属污染物可能影响到哪些目标人群、又是如何影响到这些目标人群的）。暴露路径指建设项目所排放铅污染物从污染源排放、各种介质中迁移转化、食物链传递，最终到目标人群接触含铅污染物介质或载体的过程；暴露途径指铅污染物与目标人群接触后进入人体的方式，如吸入、摄入和皮肤吸收等。

b. 调查内容。包括主要环境影响途径及影响范围。包括（a）污染物的排放载体或排放方式、排入环境介质的种类，以及最终排放去向等；（b）评价项目重点排放装置与目标人群的地理位置关系。以图、表相结合的方式说明评价人群与污染源、重点排放装置的关系（含方位、距离等）。（c）迁移转化过程。包括铅污染物从污染源进入环境后，通过哪些途径或过程进入到目标人群可能接触到的空气/室内空气、饮水/生活用水、土壤/尘，以及各种食品及非食源性接触物。（d）主要暴露方式。包括目标人群通过呼吸道、消化道或其途径（如皮肤、眼球等）吸入、摄入或接触铅污染物的主要载体及方式。

c. 调查方法。通过各专题环境影响评价专题资料，掌握评价项目的主要环境影响途径、影响范围、重点排放装置与目标人群的地理位置关系；通过文献调研，了解铅污染物及其不同化学形态衍生产物的环境行为及迁移转化方式；结合周边环境状况、人为活动等实地调查的形式进行核实；通过文献调研，了解铅污染物及其不同化学形态衍生产物的一般暴露途径和暴露方式；结合实地勘察，以列表的方式对可能的暴露途径和方式的进行排查。

③ 人群行为与特征调查

a. 调查目的。人群行为与特征调查的目的是在暴露过程分析的基础上，发现和确认主要暴露途径及暴露影响因素，获取摄入率、时间-行为活动模式等暴露参数。

b. 调查内容。主要包括调查对象的基本信息、饮食结构、饮水来源、个人行为习惯等的信息（使用附录），目的是掌握与生活习惯有关的摄入率、时间-行为活动模式等暴露参数（使用附录）。个人、家庭基本信息。包括姓名、性别、出生年月、身高、体重、民族、文化程度、家庭住址、家庭收入、职业（注意是否从事与评价因子有关的职业等）及联系电话等；饮食相关内容。包括各种食物类别、摄入量（率），及饮食来源等（后续采样）；饮水/生活用水相关内容。包括饮水的来源（集中供水、江河湖泊池塘、井水）及摄入量（率），常用饮料的摄入量，以及饮食用水、游泳和洗浴用水情况等；时间-行为活动相关内容。包括在室内外各种活动场所、活动强度或方式、活动时间等（如儿童经手-口途径摄入土壤/尘相关行为活动的场所和时间）；其他，包括吸烟、饮茶等生活习惯，个人卫生习惯（家庭内有职业人员时，注意其清洁防护卫生习惯）等。

c. 调查方法。资料搜集的方法，通过文献调研，收集、整理一定尺度内当地（县、市、省域）人群的行为与特征，如不能收集到足够的相关文献资料，则需按后续方法开展问卷调查；问卷调查的方法，样本量的确定。一般情况下，调查样本量为 200~300 人，调查对象的确定（抽样），问卷内容设计。可参照附录：人群行为模式调查问卷（框架）进行。

④ 暴露现状调查与评价

a. 调查与评价目的。现状调查与评价的目的是在掌握各主要暴露途径环境暴露、暴露生物标志物现状水平的同时，为预测评价提供背景参照。

b. 调查内容：环境暴露（外暴露）。包括空气/室内空气、饮水/生活用水、土壤/尘、食品及非食源性接触物等，各种暴露途径或方式的铅污染物浓度；摄入量（外暴露）。包括各暴露途径的摄入量，总摄入量，以及暴露途径摄入量的贡献率；体内负荷（内暴露）。调查目标人群体内暴露生物标志物的平均水平。

c. 调查方法。应遵循资料收集与现场调查相结合的原则，在评价范围内敏感人群数量和特征调查、暴露过程调查、行为与特征调查等的基础上开展相关工作。

d. 资料搜集的方法。通过文献调研，收集、整理一定尺度内当地（县域、省域、市域）人群的环境暴露或体内负荷水平。可从"卫生部统计年鉴"、"人口普查"、"死因回顾调查""疾病登记"、"流行病学监测"以及有关人群研究资料中收集、整理，如不能收集到相关文献资料，则需按后续方法开展现场调查，根据实测结果，计算出平均值来代表目标人群的平均暴露水平。

e. 环境暴露的实测方法。样品类别的确定。包括目标人群可能接触到铅污染物的空气/室内空气、饮水/生活用水、土壤/尘，各种食品类型及非食源性接触物，应在前述暴露过程分析和人群行为方式调查的基础上，确定具体环境样品类别。样品数量及样品采集时间的确定。对于环境介质样品，各专题环境影响评价中开展过调查的,可使用已有数据;各专题环境影响评价中没开展过调查的,可参照环境影响评价技术导则相关规定和污染源监测规定中确定的方法执行。对于环境生物样品,主要包括农作物(粮食、蔬菜)和畜禽水产样品采集(配套土壤及水体采样)。可按下列情况酌情处理:依据家庭或大规模养殖的主要畜禽和水产品的数量确定抽样规模,当总数 $N \leqslant 500$ 只(头)时,抽样量$\geqslant 1\%$;当总数 500 只(头)$< N < 2000$ 只(头)时,抽样量$\geqslant 0.5\%$;当总数 $N \geqslant 2000$ 只(头),时,抽样量依据工作需要确定。在采集土壤时配套采集粮食与果蔬产品的主要品种,样品的采集个数参考对应土壤采样个数。粮食与果蔬产品主要采集可食部分进行分析,采集时间为粮食与果蔬产品成熟采摘时节,如果采样时间不允许,可选用上一年产品代替。同时记录它们的种类、生长年限、食物种类和来源等基本信息。样品采集和测定:样品采集和测定可委托当地有资质的单位完成,采样及测定方法按有关标准执行,应满足评价标准对数据统计有效性的要求。

f. 摄入量的计算。按空气/室内空气、饮水/生活用水、土壤/尘、食品及非食源性接触物等,分别计算单暴露途径日均摄入量;计算日均总摄入量;必要且可能时,计算各暴露途径的贡献率。

g. 体内负荷的实测方法。样本量的确定。样本量上应尽可能满足统计学的要求,即可代表当地居民的整体状况,能用于统计外推。一般情况下,评价范围内敏感人群数量较少(不超过 200 人)的建设项目,可在评价区域内进行普查;对涉及人数较多(超过 200 人)的需要用样本推算总体的建设项目,可按照现况调查的样本量计算原则测算样本数量。在确定样本量后,根据人口数量和工作量的情况,应以最大影响程度所在区域内敏感人群为重点进行抽样,注意性别比例均衡;当敏感人群年龄跨度较大时,还应包括不同年龄段;此外,尽可能选择在当地居住时间不应少于 6 个月的对象;样品采集和测定。样品采集和测定可委托当地有资质的单位完成,采样及测定方法按有关标准执行,应满足评价标准对数据统计有效性的要求。

⑤ 现状评价

a. 环境暴露评价。与标准限值、当地本底或背景水平为基础,进行单因子比较。

b. 摄入量评价。与日允许摄入量(ADI 或 TDI)及每周耐受摄入量(PTWI)(可来自我国、发达国家及国际组织等)、当地本地水平为基础,进行单因子比较。

c. 体内负荷评价。根据现状调查结果，以列表的方式给出各调查点的调查指标值及变化范围；统计目标人群的体内负荷的浓度平均水平；分析调查指标值的人间、空间分布，变化范围、变化规律及其可能的影响因素；以标准限值、当地本底或背景水平为基础，进行单因子比较。

⑥ 暴露预测和健康影响评价

a. 暴露预测。在掌握污染源强、暴露过程、人群行为和特征、主要暴露参数等的基础上，确定预测的范围和对象（以最大污染影响所在区域内高风险人群为重点），选择暴露预测的指标（包括环境暴露预测和体内负荷预测），预测环境暴露水平或体内负荷水平。

b. 暴露预测的内容。预测各暴露途径的环境暴露浓度的变化；预测各暴露途径的摄入量、总摄入量水平，以及各暴露途径的摄入量贡献率变化；条件允许时，选择适宜的暴露预测模型，进行体内负荷水平及趋势预测。

c. 环境暴露预测。结合人群行为和特征调查，确定主要暴露途径和方式，如空气/室内空气、饮水/生活用水、土壤/尘、食品及非食源性接触物等；依据各环境要素评价中的浓度预测，获取环境暴露浓度预测数据；必要且可能时，预测各种食品中的环境浓度变化趋势。

d. 摄入量预测。结合人群行为和特征调查，估计或假设各种情景下的时间-行为活动有关暴露参数（附录，摄入或吸入时间或频率），计算摄入量。计算公式如下：

$$ADD = C \times IR \tag{4-6}$$

式中 C——某一具体暴露途径中的环境暴露浓度；

IR——某一具体暴露途径中的环境暴露介质摄入、吸入或接触量（如膳食摄取量、空气吸入量）。

计算各主要暴露途径总摄入量。在掌握暴露途径贡献率的情况下，可以单一暴露途径摄入量推算总摄入量。描述摄入量预测结果。包括剂量估计或趋势预测；对可信度、不确定性以及结论的评价；解释数据和结果。

体内负荷预测：暴露预测模型的选择。结合高风险人群及其暴露特征等，选择特定的暴露预测模型计算内暴露水平。根据模型数据输入要求，将获得数据导入选定的模型中进行计算。描述暴露水平预测结果。包括暴露剂量估计或趋势预测结果；对可信度、不确定性以及结论的评价；解释数据和结果。

暴露预测结果评价：以标准限值、日允许摄入量（ADI 或 TDI）及每周耐受摄入量（PTWI）（可来自我国、发达国家及国际组织等）、当地背景或本底水平为基础，进行单因子比较。

健康影响评价：健康影响评价的内容，健康影响评价内容包括危害特征确认。特征性健康状况的变化趋势，以及影响程度或水平、影响范围等的定性预测；危害特征确认，对重金属污染物及其不同化学形态衍生物的固有人体毒性、常见健康效应类别进行确认；健康影响定性评价，在环境暴露和/或体内负荷暴露预测结果的基础上，可通过如下方法进行定性评价。（a）专家预测法。一般成立专家小组（专家专业类别应包含临床、公共卫生、风险评估等，每个专业不少于 2 人，专家组成员不少于 6 人为宜），由每位专家以已掌握的资料或凭借本人学识经验作出预测性判断，将其全部"票数"整理成报表，并进行统计处理；（b）比较类推法。选择与被评价项目有相似的功能、特性及运行方式，有相似的自然地理环境及一定的运行年限的项目作为类比项目，研究类比项目的健康影响状况，预测被评价项目将产生的结果；相关领域管理部门及公众咨询意见。

（3）铅的健康风险表征

风险表征是风险评价的最后一个环节，它是把危害鉴定、暴露评价以及剂量-效应关系的资料和分析结果加以综合，以确定有害结果发生的概率、可就受的风险水平及评价结果的不确定性等。一般而言，健康风险评价可分为致癌物风险评价（无阈污染物健康风险评价）和非致癌物风险评价（有阈污染物健康风险评价）两类。致癌物的剂量-效应关系没有阈值，使用线性多阶段模型；非致癌物的剂量-反应关系是有阈值的。

4.2 铅矿采选过程含铅废物堆存环境风险评价技术

铅矿采选企业含铅废物堆存环境风险主要集中在废石场的滑坡、泥石流及尾矿坝溃坝对环境的影响。

4.2.1 铅矿采选企业含铅废物堆存环境风险等级划分指标体系

铅矿采选企业含铅废物堆存环境风险等级划分指标体系由内因性指标和外因性指标两部分组成。

内因性指标用于评价铅矿采选企业生产规模、含铅废物堆存场地环保设施、含铅废物堆存场地环境敏感性等客观情况的指标，它反映铅采选企业因客观因素不同而导致不同的环境风险程度。

外因性指标用于评价铅矿采选企业执行环境保护和其他有关政策法规情况，以及事故预防和应急措施情况的指标。它反映铅矿采选企业因管理水平不同而导致不同的环境风险程度，包括环境风险管理和环境风险管理应急救援两大类指标。

铅矿采选企业含铅废物堆存环境风险等级划分指标体系构成如图 4-3 所示。

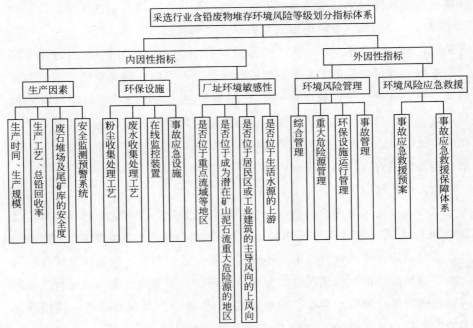

图 4-3　铅矿采选企业环境风险等级划分指标体系构成

4.2.2　内因性指标

4.2.2.1　生产因素

生产因素指标是内因性指标中的一级指标，由生产时间与生产规模、生产工艺与铅总回收率、含铅废物堆存安全度、安全监测预警 4 个二级指标构成。

（1）生产时间与生产规模

① 生产时间　铅锌矿采选企业生产时间越短，废石尾矿产量相对越低，进入周边环境中积累的铅污染物量越少，风险相对较低，分值就较小。

② 生产规模　采选企业生产规模越大，其废石和尾矿的产量越大，浮选药剂、铅等重金属的污染物产生量及化学危险品在线量越大，则其环境风险后果越严重。按照铅锌矿山企业年生产规模，本方法对其生产企业规模分

为大、中、小三个等级，如表 4-1 所示。

表 4-1　选矿规模分级

分级指标	大型规模	中型规模	小型规模
规模	3000t/d 以上	600～3000t/d	600t/d 以下

（2）生产工艺与铅回收率

① 生产工艺　采矿生产工艺分为露天开采和地下开采。露天开采作业粉尘较大、废石产量大，导致废石堆场的铅等重金属污染物产量增大，增大了废石堆场的环境风险。目前地下开采建立了无（低）废采矿工艺，包括地下溶浸、溶化、熔炼、地下气化等物理化学工艺。采用无（低）废采矿工艺可大大减少采矿废石量，从而减少环境中的铅等重金属的污染物量，降低了废石堆存的环境风险。不同矿山采剥比不同，采剥比越大，剥离废石量越大，废石的堆存量就越大。

铅矿或铅锌多金属矿的选矿工艺都为湿式选矿，产生的尾矿大多进入尾矿库堆存，部分用于回填和综合利用。尾矿用于回填和综合利用，将大大降低尾矿的环境风险。尾矿堆存主要分为干式堆存和湿式堆存。干式堆存尾矿库库区不存水，不会形成尾矿库悬湖，尾矿不饱和不易液化，一旦失稳后不会长距离流动，对尾矿库下游影响较小，大大提高了尾矿库的安全度，极大地减小了对尾矿库周边环境的污染。

② 铅总回收率　铅矿采选企业的铅回收率越高，进入环境中的量越小，风险越低，分值就越小。

（3）铅矿采选企业含铅废物堆存安全度

①废石堆场的安全度分为危险级、病级和正常级 3 级。

a. 危险级

（a）在山坡地基上顺坡排土或软地基上排土，未采取安全措施，经常发生滑坡的；

（b）易发生泥石流的山坡排土场，下游有采矿场、工业场地（厂区）、居民点、铁路、道路、输电网线和通信干线、耕种区、水域、隧道涵洞、旅游景区、固定标志及永久性建筑等设施，未采取切实有效的防治措施的；

（c）排土场存在重大危险源，极易发生车毁人亡事故的；

（d）山坡汇水面积大而未修筑排水沟或排水沟被严重堵塞的；

（e）经验算，用余推力法计算的安全系数小于 1.00 的。

b. 病级。

（a）排土场地基条件不好，对排土场的安全影响不大的；

（b）易发生泥石流等山坡排土场，下游有山地、沙漠或农田，未采取切实有效的防治措施的；

（c）未按排土场作业管理要求的参数或规定进行施工的；

（d）经验算，用余推力法计算的安全系数大于1.00小于设计规范规定值的。

c. 正常级。

（a）排土场基础较好或不良地基经过有效处理的；

（b）排土场各项参数符合设计要求和排土场作业管理要求，用余推力法计算的安全系数大于1.15，生产正常的；

（c）排水沟及泥石流拦挡设施符合设计要求的。

② 尾矿库安全度分为危库、险库、病库、正常库4级。

a. 危库。

（a）尾矿库调洪库容不足，在最高洪水位时不能同时满足设计规定的安全超高和最小干滩长度的要求，不能保证尾矿库的防洪安全；

（b）排洪系统严重堵塞或坍塌，排水能力急剧降低甚至不能排水；

（c）坝体出现深层滑动迹象；

（d）排水井显著倾斜，有倒塌的迹象；

（e）经验算，坝体抗滑稳定最小安全系数小于规定值的0.95；

（f）其他危及尾矿库安全运行的情况。

b. 险库

（a）尾矿库调洪库容不足，在最高洪水位时不能同时满足设计规定的安全超高和最小干滩长度的要求，但平时对坝体的安全影响不大；

（b）排洪系统部分堵塞或坍塌，排水能力有所降低，达不到设计要求；

（c）坝体出现浅层滑动迹象；

（d）排水井有所倾斜；

（e）经验算，坝体抗滑稳定最小安全系数小于规定值的0.98；

（f）其他影响尾矿库安全运行的情况。

c. 病库

（a）尾矿库调洪库容不足，在最高洪水位时不能同时满足设计规定的安全超高和最小干滩长度的要求；

（b）排洪系统出现裂缝、变形、腐蚀或磨损，排水管接头漏砂；

（c）堆积坝的整体外坡坡比陡于设计规定值，但对坝体稳定影响较小；

（d）经验算，坝体抗滑稳定最小安全系数小于规定值；

（e）浸润线位置过高，渗透水自高位出逸，坝面出现沼泽化；

（f）坝体出现小的管涌并挟带少量泥沙；

（g）坝面出现较多的局部纵向或横向裂缝；

（h）堆积坝外坡冲蚀严重，形成较多或较大的冲沟；

（i）坝端无截水沟，山坡雨水冲刷坝肩；

（j）其他不正常现象。

d. 正常库

（a）尾矿库在最高洪水位时能同时满足设计规定的安全超高和最小干滩长度的要求；

（b）尾矿坝轮廓尺寸符合设计要求，稳定安全系数及坝体渗流控制满足要求，工况正常；

（c）排水系统各构筑物符合设计要求，工况正常；

（d）尾矿库安全生产管理机构和规章制度健全。

（4）安全监测预警

安全监测是了解尾矿库运行情况的重要手段，也是尾矿库安全的指示灯，通过对尾矿库安全监测实现对尾矿坝体浸润线、防洪能力、坝体位移和降雨量综合指标的自动监测，建立尾矿库监测数据专家分析系统，直观地掌握坝体的实时动态，实时准确地获取尾矿库运行数据，从而对尾矿库安全性进行综合评价、预警预报。铅矿采选企业含铅废物堆存的安全监测预警系统越完善，风险越低。

4.2.2.2 环保设施

环保设施指标，是内因性指标中的一级指标。由粉尘、废水收集处理工艺，在线监控装置，事故应急设施 3 个二级指标构成。铅矿采选企业含铅废物堆存场地环保设施越完善，其进入环境中的重金属污染物越少，风险越低。

（1）粉尘、废水收集处理工艺

若含铅废物堆存企业建立了粉尘收集、处理工艺，其环境风险降低。

废水收集处理工艺，尾矿库排出的澄清水，一部分通过回水系统返回选矿厂供生产使用，其余部分排放到下游河道。利用尾矿回水可节省新水耗量，减少环境污染。排放到下游河道的尾矿水水质应符合相关工业废水排放标准，如排放的尾矿水中有害物质含量超过相关工业废水排放标准时，需建立了废水净化系统进行净化处理。如企业建立了回水系统和废水净化系统，其环境风险降低。

（2）在线监控装置

若企业安装废水重金属在线监控装置，有助于环境保护部门监控含重金属废水排放，则其环境风险较小。

（3）事故应急设施

若企业事故应急设施配备完善，其环境风险相对较小。

4.2.2.3 厂址环境敏感性评价内容

（1）含铅废物堆存场址是否位于重点流域地区

含铅废物堆存地若位于巢湖、太湖、滇池、淮河、海河、辽河、松花江流域及长江三峡、黄河小浪底、黄河中上游、南水北调沿线等重点流域地区，则其水环境风险的后果较其他地区更为严重。

（2）含铅废物堆存地是否位于成为潜在矿山泥石流重大危险源的地区

含铅废物堆存地选址时应避免成为矿石泥石流的重大危险源。

（3）含铅废物堆存地是否位于居民区或工业建筑主导风向的上风向和生活水源的上游

采选矿行业属于高污染行业，在矿石采选过程中不可避免地会产生很多含铅等重金属离子及选矿药剂的粉尘、废水及固废，并最终进入废弃物堆存地。废弃物中的重金属离子及各种选矿药剂对人类及整个生态环境有很大的危害，因此，含铅废物的堆存场地应避开居民区或工业建筑主导风向的上风向，避开集中式饮用水水源上游，还应避开国土开发密度较高、环境承载能力较弱，或水环境容量较小，生态环境脆弱，易发生严重水环境污染且需采取特别保护措施的地区。

铅生产废物堆存区废水排放口下游 10km 范围内若有饮用水水源保护区，则其环境敏感性显著增大。

（4）是否按要求设置了卫生防护距离或大气环境防护距离

铅生产过程含铅废物堆存区是否按国家的相关规定或环境影响评价批复文件的要求，设置了卫生防护距离或大气环境防护距离。

（5）总平面布局

含铅废物堆存区总平面布置是否做到：

（a）总平面合理布置；

（b）总平面布置符合防范环境风险的要求；

（c）废弃物堆存场区的位置与周围的企业、车站、码头、交通干道、水源地、重要地面水体之间设置了符合要求的安全防护距离和防火距离。

（6）厂址环境敏感性综合分析

含铅废物堆存地环境敏感性通过现场勘查确定，根据现场勘查结果对该采选企业含铅废物堆存地的环境敏感性做出综合分析。

4.2.3 外因性指标

4.2.3.1 环境风险管理

环境风险管理是铅生产过程含铅废物堆存环境风险等级划分指标体系中的一级指标，由综合管理、危险化学品管理、重大危险源管理、生产设备检修管理、事故管理 5 个二级指标组成。

（1）综合管理内容

① 通过环境保护主管部门的环境影响评价，具有经批准的环境影响评价文件；

② 通过环境保护主管部门的建设项目竣工环境保护验收；

③ 建立符合环境监测管理要求的污染源监测口及监测平台，按要求实施监测；

④ 建立企业环境监测台账；

⑤ 建立企业环境管理体系；

⑥ 通过清洁生产审核；

⑦ 实现污染物达标排放；

⑧ 执行企业污染物排放总量控制；

⑨ 废物堆存区实行实时监控管理；

⑩ 员工实行上岗培训和岗位培训。

（2）危险化学品管理内容

① 取得危险化学品安全生产许可证；

② 制定安全使用危险化学品的工艺规程和安全技术规程；

③ 制定安全贮存危险化学品的安全技术规程；

④ 制定安全运输危险化学品的安全技术规程；

⑤ 制定安全处理危险化学品废弃物的安全技术规程；

⑥ 建立符合危险化学品安全贮存条件的仓库和贮罐；

⑦ 设置符合危险化学品安全运输条件的运输工具；

⑧ 设置符合危险化学品废弃物安全处理条件的处理设施；

⑨ 完成危险化学品安全评价。

（3）重大危险源管理内容

① 设置含铅废物堆存区即时摄像监控、监测预警装置；

② 设置可燃、有害物质报警装置；

③ 尾矿排放和筑坝遵循设计要求和作业计划精心施工；

④ 尾矿库水位控制得当；

⑤ 尾矿库防震措施得当，设计标准低于现行标准时，需进行加固处理，震后应进行检查，对破坏的设施及时修复；

⑥ 对停用的尾矿库应按正常库标准，进行闭库整治设计，确保尾矿库防洪能力和尾矿坝稳定性系数满足《尾矿库安全技术规程》（AQ 2006—2005）要求；

⑦ 闭库后的尾矿库需进行坝体及排洪设施的维护。

（4）生产设备检修管理

① 制定本企业生产设备安全检修措施与安全管理制度；

② 要求回水设施运行正常，废水净化设施运行正常，有完整的运行记录；

③ 排放废水按要求进行分析检测，各管线标识清楚，并采取防渗、防漏、防腐措施；

（5）事故管理

① 制定本企业处理事故、追究责任的制度；

② 制定本企业分析事故、记取教训、总结经验的整套方法。

4.2.3.2 环境风险管理水平分析方法

铅生产过程中含铅废物堆存环境风险管理水平通过现场勘查确定，根据现场勘查结果对铅生产企业的含铅废物堆存环境风险管理水平做出综合分析。

4.3 环境风险管理事故应急救援

4.3.1 环境风险管理事故应急救援

事故应急救援是含铅废物堆存环境风险等级划分指标体系中的一级指

标，由事故应急救援预案和事故应急救援保障体系两个二级指标组成。

（1）事故应急救援预案

① 明确应急机构的组成和职责；

② 建立应急通信保障；

③ 抢险救援的人员、资金、物资准备、应急行动；

④ 定期举行事故应急救援预案演习。

（2）事故应急救援保障体系

① 建立事故应急救援领导机构；

② 建立事故应急救援保障体系。

4.3.2 事故应急救援能力分析方法

铅矿采选过程含铅废物堆存的事故应急救援能力由专业机构通过现场勘查确定，根据现场勘查结果对该铅生产企业的事故应急救援能力做出综合分析。

4.4 环境风险等级划分方法

铅矿采选企业环境风险等级，通过以外因性指标对内因性指标进行修正，得到铅矿采选企业环境风险的评分结果，根据总分值的高低，确定被评估企业的环境风险等级。见表4-2。

总分值按下式计算：

$$P = P_1 + P_2 \qquad\qquad (4\text{-}7)$$

式中　P——总分值；

P_1——内因性指标分值（表4-3）；

P_2——外因性指标分值（表4-4）。

铅矿采选企业环境风险等级见表4-2。

表 4-2　铅矿采选含铅废物堆存过程环境风险等级

环境风险级别	总 分 值
一级（重大风险）	$P \geqslant 150$
二级（较大风险）	$110 \leqslant P < 150$
三级（偏大风险）	$70 \leqslant P < 110$
四级（一般风险）	$30 \leqslant P < 70$
五级（低风险）	$P < 30$

表 4-3　铅矿采选含铅废物堆存过程环境风险风险等级划分内因性指标项目及指标分值

序号	指标项目		评价内容	分值/分
1	生产因素	生产时间	30 年以上	20
2			15 年以上,30 年以下	15
3			5 年以上,15 年以下	10
4			5 年以下	5
5		生产规模	3000t/d 以上	20
6			600t/d 以上,3000t/d 以下	15
7			600t/d 以下	10
8		采矿工艺	露天开采	20
9			一般地下开采	15
10			地下无(低)废开采	5
11		采剥比(露天)/(t/t)	5～6	20
12			4～5	10
13			<3	5
14		尾矿堆存工艺	湿式堆存	30
15			干式堆存	20
16			部分用于回填和综合利用	10
17		铅总回收率	65% 以下	20
18			65% 以上,85% 以下	15
19			85% 以上,90% 以下	10
20			90% 以上	5
21		废石堆场和尾矿库的安全度	危级	25
22			险级	20
23			病级	10
24			正常级	5
25		建立安全监测预警系统	未建立	5
26	环保设施	建立粉尘、废水收集处理工艺	未建立	5
27		安装在线监控装置	未安装排放废水重金属在线监测装置	5
28		事故应急设施	未建立	5
29	厂址环境敏感性	含铅废物堆存场址位于重点流域地区		10
30		含铅废物堆存场址位于成为潜在矿山泥石流重大危险源的地区		10
31		场址位于居民区或工业建筑的主导风向的上风向和生活水源的上游		10
32		未按要求设置了卫生防护距离或大气环境防护距离		5

表 4-4　铅矿采选含铅废物堆存过程环境风险等级划分外因性指标项目及指标分值

序号	指标项目			评分依据	指标分值/分
1	环境风险管理	综合管理	通过环境保护主管部门的环境影响评价，具有经批准的环境影响评价文件	通过	−2
2			通过环境保护主管部门的建设项目竣工环境保护验收	通过	−1
3			建立符合环境监测管理要求的污染源监测口及监测平台，按要求实施监测，建立企业环境监测台账	建立	−2
4			通过清洁生产审核	通过	−1
5			实现污染物达标排放	实现	−1
6			执行企业污染物排放总量控制	执行	−2
7			废物堆存区实行实时监控管理	实行	−5
8		重大危险源管理	员工实行上岗培训和岗位培训	落实	−5
9			设置含铅废物堆存区即时摄像监控、监测预警装置	设置	−5
10			尾矿排放和筑坝遵循设计要求和作业计划精心施工	遵循	−10
11			尾矿库水位控制得当	得当	−10
12			尾矿库防震措施得当，设计标准低于现行标准时，需进行加固处理，震后应进行检查，对破坏的设施及时修复	落实	−10
13			对停用的尾矿库应按正常库标准，进行闭库整治设计，确保尾矿库防洪能力和尾矿坝稳定性系数满足《尾矿库安全技术规程》(AQ 2006—2005)要求	满足	−10
14			闭库后的尾矿库需进行坝体及排洪设施的维护	维护	−10
15		环保设施运行管理	回水设施运行正常，废水净化设施运行正常，有完整的运行记录，排放废水按要求进行分析检测，各管线标识清楚，并采取防渗、防漏、防腐措施	落实	−2
16		事故管理	制定本企业处理事故、追究责任的制度	制定	−2
17			制定本企业分析事故、记取教训、总结经验的整套方法	制定	−2
18	环境风险管理应急救援	事故应急救援预案	明确应急机构的组成和职责	落实	−2
19			建立应急通信保障	建立	−2
20			配备抢险救援的人员、资金、物资准备	配备	−2
21		事故应急救援保障体系	建立事故应急救援领导机构	建立	−2
22			建立事故应急救援保障体系	建立	−2

本章编写人员： 杨　乔　耿立东　刘　平　陈　昱　马倩玲

　　　　　　　　王金玲　林星杰　张正洁　刘俐媛

本 章 审 稿 人： 申士富　朱忠军

第5章　典型铅生产过程环境风险控制技术

5.1　环境风险管理理论基础、内容及方法

风险管理是降低风险至理想水平的管理过程，主要包括风险分析、风险评估和风险控制三个部分，风险分析和评估是对风险类型和风险水平的客观分析，风险控制是基于分析和评估结果实现风险的降低。风险管理的一般组成形式如图 5-1 所示。

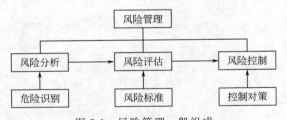

图 5-1　风险管理一般组成

环境风险管理是风险管理的一种，它的对象是环境风险。环境风险管理是为了实现降低环境风险水平的目的，采取一定的措施，对环境风险发生的可能性以及事故发生后带来的损失进行分析、评估以及控制的总过程。与一般的风险管理模式不同，易燃易爆以及有毒有害物质在生产过程中可能引发的爆炸、泄漏、火灾等事故的辨识、预测、预防以及控制是企业在环境风险管理中的考虑的主要问题。环境风险管理的目的在于辨识可能的事故类型和事故后果，采取与之相对的预防、控制和应急措施，提高企业的环境绩效，实现企业的经济效益与安全环保共同增长。企业通常采用的环境风险管理的

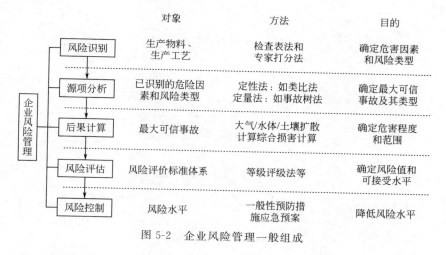

	对象	方法	目的
风险识别	生产物料、生产工艺	检查表法和专家打分法	确定危害因素和风险类型
源项分析	已识别的危险因素和风险类型	定性法：如类比法 定量法：如事故树法	确定最大可信事故及其类型
后果计算	最大可信事故	大气/水体/土壤扩散计算综合损害计算	确定危害程度和范围
风险评估	风险评价标准体系	等级评级法等	确定风险值和可接受水平
风险控制	风险水平	一般性预防措施应急预案	降低风险水平

图 5-2　企业风险管理一般组成

一般组成如图 5-2 所示。

环境风险控制依据风险分析和评估的结果，为满足环境可承受风险水平和经济效益目标，采用有效的控制方法降低或消除环境风险，保护生态安全和人群健康。

由于经济、技术等多方面的限制，人们不可能也没有必要对所有的风险都采取控制措施。因此风险控制应当依据评估风险分类的结果，对于不同等级的风险采取不同的措施。风险的等级不同决定了控制方法有优先的区别。对于等级高的风险，首先考虑是否可以避免，在无法避免的情况下考虑转移，对于无法避免和转移的风险采用控制措施。对于不可控制的风险予以接受，并采用应急预案对风险进行事后控制。风险等级低的风险可以接受，并保持现有控制措施甚至忽略。涉铅企业常用的风险控制方法有接受、避免、转移、接受和遏制，结合上文提到的结合风险等级指数矩阵法，环境风险控制程序如图 5-3 所示。

对于风险等级指数为 RRI 1 和 RRI 2 的风险，首先考虑是否可以避免，在无法避免的情况下考虑转移，对于无法避免和转移的风险应采取控制措施。对于不可控制的风险应采用应急预案对其进行事后控制。RRI 3 的风险可以接受，并保持现有控制措施；RRI 4 的风险可以接受。

环境风险控制主要有日常风险控制措施和应急管理两个途径。日常风险控制措施起到风险防范的作用，应急管理则是在环境事故出现之后采取风险控制的过程。风险控制方法如下。

（1）具体控制措施

常见的控制措施主要有危险源管理、人员培训、设置预警装置等。目前

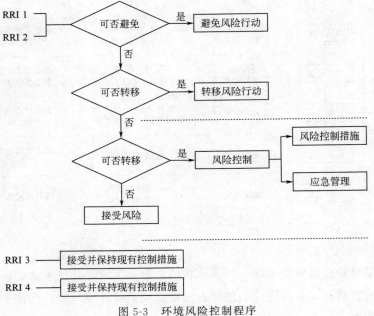

图 5-3　环境风险控制程序

常见的环境风险控制措施多为定性描述，常见的控制措施有以下几种。

① 危险源管理　严格按照国家相关规定和企业实地条件确定危险物品的存贮量及保存方式，防止危险物品超过安全阈值，对生产过程中的重大危险源采取加强重点监管的方式，防范生产过程中的危险事故。

② 加强风险管理制度　开展风险意识教育，为提升管理者和员工的环境意识和安全意识，建立相应的管理体制和奖惩制度。规范生产操作，使从业者做到"持证上岗"，对在职员工进行安全生产培训。

③ 实行检查制度　建立企业内部监察队伍，定期或不定期地对企业安全状况和重点危险源进行检查，并将检查效果及时反馈，对风险隐患做到早期防范。

（2）设置监控装备

① 添加危险防护设施设备　在危险源周围设置安全设施可以有效地降低事故发生带来的损害，如超速自动断电装置。

② 添加人员防护设备　采用安全帽、护罩等实现对日常操作和管理人员的保护。

③ 设置预警装置　预警装备能够对气压、转速等重要参数进行监控并及时反映异常情况。

（3）环境应急预案

应急预案是依据对突发事故发生的可能性和后果的预测分析制定出的应急行动的整体计划，是应急过程的行动指南和实施依据。企业的应急管理工作效果如何不仅事关企业的生产安全、环境绩效，也影响区域生态环境和居民的生命安全。由于涉铅生产的特性，涉铅企业应急预案应具备以下特征。

① 针对性强　企业应急预案不仅涉及生产过程中的原料、半成品、成品管理，也要考虑企业外部周边环境。因此企业应依据企业实际情况制订应急预案，因地制宜、应时而动，对应急预案的针对性要求较高。

② 对可操作性要求高　由于企业应急预案的风险通常为生产中的爆炸、泄漏、火灾等危害性大、破坏性强的风险类型，在应急响应中时间、资源的保障对应急救援的效果影响极大，这对应急预案的可操作性较高。

③ 对行动程序的逻辑性要求高　应急行动实施过程类似于项目管理，当"环节"之间的衔接性高，应急行动流畅的时候，应急预案才能发挥应有的指导作用。

此外，为应对突发情况，企业应当设立救援行动储备。位于企业生产区可到达范围内的救援医务人员、应急物品能够提供有效的现场施救，防止事故扩大。

以上方法虽然各有侧重，但在环境风险控制的实际操作中，由于生产条件、经济因素的影响，企业可能无法采用全部的措施。企业风险控制决策不仅需要考虑风险控制目标、措施成本等客观条件，还需要结合措施的控制效果，从以上措施中选取适当的控制措施。而在目前的风险控制研究中，缺少对措施的控制效果量化，难以比较控制措施的效果大小，无法对企业风险控制决策提供有效的支持作用。

鉴于此，重点介绍以数学规划为基础的环境风险控制模型，通过科学全面的量化过程，实现风险控制效果优化，为风险控制决策提供有力依据。

5.2　国内环境风险控制管理研究重点分析

5.2.1　环境风险控制管理的基本内容

环境风险评价从其评价范围而言可分为三个等级，即微观风险评价、系统风险评价和宏观风险评价。微观风险评价是指对某单一设施进行风险评价；系统风险评价即对整个项目中所包含的相关联的各个设施进行风险评价，它可以包含项目中的不同设施、涉及不同的活动、包含不同的风险种类及不同的人群，框定其边界的四个要素是空间范围、时间长度、人群、效应。宏观的风险评价是指规划或政策的风险评价。本研究讨论的重点是系统风险评价。

G. Colomha 等认为一个完整的风险定量分析或评价程序应由危害识别、事故频率和后果计算、风险计算、风险减缓四个阶段组成，如图5-4所示。亚洲开发银行推荐的风险评价程序包含危害识别、危害核算、环境途径评价、风险表征（评价）、风险管理。美国科学院国家研究委员会1983年提出后，被美国环保局1986年采用的风险评价步骤见图5-5，包含了风险评价与风险管理。

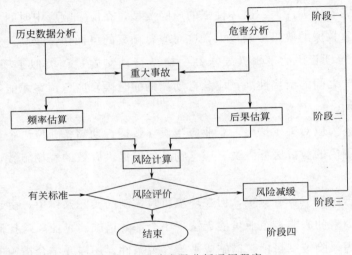

图 5-4　风险定量分析通用程序

综上所述，可以这样认为，环境风险控制管理包含风险评价和风险管理。风险评价过程是评价危害性的对象、种类及其程度的一个过程。风险评价的目的就在风险管理，风险管理是采用能够使风险控制在容许范围内的管理方法，而使风险在容许范围内的管理方法是从风险评价中获得的。例如，使用什么样的装置和工具、某种化学物质的使用方法，才能保证风险控制在容许范围之内。管理方法是否有现实性，还必须考虑在经济性和社会性上是否具有实现可能的方法，有关这方面的信息也属于风险管理的范畴。

5.2.2　事故风险控制管理的重点内容分析

狭义的环境风险控制管理重点针对事故风险，又称为环境安全风险评价。其中，环境安全风险源是生产、贮存、流通、销售、使用、经营等过程

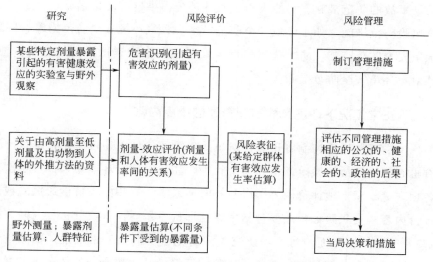

研究　　　　　　　　　　　　风险评价　　　　　　　　　风险管理

图 5-5　美国环保局采用的环境风险评价框图

中安全生产事故可能引发环境污染事件的危险源和企业违法排污或排污累积造成突发环境事件的风险源，其产生的对环境敏感对象（学校、医院等人群集中区等社会关注区）存在的潜在环境安全风险。如我国《建设项目环境风险评价技术导则》（HJ/T 169—2004）中规定的评价内容，大体上可分成三个组成部分：第一部分可理解为源项分析，它包括了危害识别和危害核算（或危害分析与事故频率估算）第二和第三部分，其首要任务是通过危害识别确定火灾、爆炸、垮坝，或有毒有害物的释放。若是有毒有害物的释放，应给出释放物质的种类、释放量、释放方式、释放时间行为等数据，并应给出其发生频率；此外确定评价的等级、评价范围、评价时间跨度、评价人群（只评价居民还是包含工人）等。第二部分为环境后果分析，主要任务是估算有毒有害物质在环境中的迁移、扩散、浓度分布及人员受到的暴露剂量。第三部分为风险评价或风险表征，主要任务是给出风险的计算结果及评价范围内某给定群体的致死率或有害效应的发生率。其中，最困难的是估算在一定时间内的设施运行中某一情景出现的频率（或概率）。例如，有毒有害物在大气环境弥散过程中某一给定风速、风向和大气稳定度的出现概率可以依据以前的气象记录来估算，同样的，以往对容器或其他结构部件的失效或故障的观察记录历史可用于估算其在某一给定时间发生事故失效（或故障）的概率。

　　其风险管理主要指风险防范措施和应急预案。包括针对风险源环境安全风险防范措施，如安全生产事故引发的环境污染事件防范措施、违法排污造成污染事故的防范措施、自然灾害引发的环境污染事件防范措施；社会环境安全风险防范措施，如水环境安全防范措施、大气环境安全防范措施、尾矿库坝下安全防范措施、防重金属与持久性有机污染物累积污染的防范措施；敏感对象环境安全防范措施等。

5.2.3　正常工况下环境风险控制管理的重点内容

广义的环境风险控制管理除针对事故风险评价外，还包含正常运行工况下有毒有害物释放的风险评价和风险管理，如我国现行环境影响评价制度下的各项环境要素专项评价内容，以及长时期暴露下累积的人群健康风险或影响评价内容。其风险评价主要包括危害性评价、暴露评价或分析、风险表征（风险判断）三个方面。对于本研究关注的化学物质——铅来说，在其危害或毒性数据资料、剂量效应关系、风险特征等已经比较充分的情况下，暴露评价是其风险评价过程中的主要工作内容。暴露评价是评价生产或使用该化学物质的过程中，使用了何种设备和条件，向环境（人）排放量是多少，然后进入人体或者生物体的暴露量是多少的过程。暴露形式，如暴露持续时间和暴露频率等都是影响暴露量的重要因素，而要掌握人或生物的实际暴露量和暴露时间，往往是一件非常困难的事，需要借助各种模型来推算或估算。在现有的环境影响评价中，可以使用模型从排放大气、地表水、地下水、土壤等中的浓度来推算生态环境的暴露浓度。但是，化学物质在环境中受气象、水文和生物化学分解等多种因素的影响，利用模型所预测的结果和实际的浓度存在很大的差异性，给暴露评价带来非常大的不确定性。事故性环境风险评价与正常工况下环境风险（影响）评价的差别如表 5-1 所示。

表 5-1　事故性环境风险评价与正常工况下环境风险（影响）评价的差别

序号	内容或对象	事故风险评价	正常工况下环境风险评价
1	分析重点	突发事故	正常运行工况
2	持续时间	很短	很长
3	应计算的物理效应	火、爆炸，向空气和地面水体释放污染物	向空气、地表和地下水释放污染物等
4	释放类型	瞬时或短时间连续释放	长时间连续释放
5	应考虑的影响类型	突发性的激烈的效应以及事故后期的长期效应	连续的、累积的效应
6	主要危害受体	人和建筑、生态	人和生态
7	危害性质	急性毒性，事故灾难性的	慢性毒性
8	大气扩散模式	烟团模式、分段烟羽模式	连续烟羽模式

序号	内容或对象	事故风险评价	正常工况下环境风险评价
9	暴露时间	很短	很长
10	源项确定	较大的不确定性	不确定性较小
11	评价方法	概率方法	确定论方法和概率方法
12	管理对策	防范措施及应急计划	安全限值及其实现技术方法

风险管理主要指风险削减措施，主要包括各种安全限值及其与之相关的技术措施，如行业排放标准及其污染防控技术政策、污染防治最佳可行技术指南、环境工程技术规范、清洁生产标准等管理措施。Van Leeuwen 和 Hermens 总结了风险削减的三种方法。(a) 分类和标签：根据化学物质的内在性质将化学物质进行分类标签危险物质。分类和标签有许多基准，这些基准本身基于标准实验室测试的结果。（b）ALARA（as low as reasonable achievable）：根据风险评价结果的风险值，判断风险的大小。如果风险过大，进入不可接受的风险范围；而如果风险小，则为可接受风险。那么，当风险水平在两者之间时，在合理可行的条件下，尽可能将风险降低到合理可接受的程度。(c) 安全标准：保护人类健康和生态系统为目标的安全或质量标准是控制化学物质危险的一个重要手段。基准、指南、目的（目标）和标准经常被用到。

除了上述风险控制管理手段外，污染物排放与转移登记制度（pollutant release and transfer register，简称 PRTR）是指建立一个从各类排放源向环境排放和通过废弃物转移的各种指定危险化学物质的报告和登记制度，并将收集到的数据向社会公众公开和用于化学品环境管理，PRTR 制度作为化学物质管理中的一个重要方法得到各个国家的重视。以往的化学物质主要针对每个物质制定标准，并对这些物质的生产、使用和排放进行限制。但是由于化学物质的种类非常繁多，该方法的主要不同点在于收集更多的化学物质信息，促进相关部门采取对策措施削减排放，整体上减少环境风险。1992 年的巴西联合国环境开发会议上所采纳的面向 21 世纪行动计划中，就推荐了这种化学物质环境管理方法，1996 年 OECD（经济合作与发展组织）也对加盟国推荐实施 PRTR 制度。最早实行 PRTR 制度的是荷兰，现在美国、欧盟、澳大利亚、加拿大、日本和韩国等都相继实施了 PRTR 制度。

本章编写人员：陈　刚　祁国恕　刘　舒　邵春岩　裴江涛　李宝磊　许增贵
本 章 审 稿 人：张正洁　刘俐媛

第6章 铅矿采选矿过程含铅废物的风险控制技术

6.1 铅锌矿采选的国内现状

6.1.1 我国铅锌矿采矿发展现状

20 世纪 80 年代中期，我国建立起一批大中型铅锌矿业基地，形成了一定的产业链，使我国铅锌矿生产不仅可以满足国内需求，还可以向国外出口。20 世纪 90 年代以来我国铅锌工业迅速发展，铅精矿产量从 1990 年的 36.39 万吨增长到 2007 的 140.21 万吨，从 2002 年起成为世界铅的第一生产大国，同时铅消费量从 1995 年的 43.85 万吨增加到 2007 年的 250.62 万吨。锌精矿产量从 1990 年的 76.31 万吨增长到 2007 年的 304.77 万吨，并从 1992 起一直为世界锌的第一生产大国，锌的消费量从 1995 年的 96.25 万吨增加到 2007 年的 358.54 万吨。目前我国既是铅锌矿的生产大国，也是消费大国。

我国铅锌矿山企业众多，生产规模普遍偏小，生产集中度低。目前，我国已经建成一批大型铅锌矿山，如兰坪铅锌矿、凡口铅锌矿、锡铁山铅锌矿、会泽铅锌矿、厂坝铅锌矿等，这些企业在我国铅锌矿山开发中占有重要地位。据统计，2006 年我国铅锌矿山单体矿生产规模在 30 万吨/年（1000t/d），按铅锌精矿（金属含量）产量在 3 万吨以上的矿山（含联合企业）计算有青海西部矿业公司、深圳市中金岭南公司、兰坪金鼎锌业有限公司等 18 家，合计生产铅锌精矿（金属含量）132.81 万吨，占全国铅锌精矿（金属含量）总产量的 46.08%。单体生产规模在（10~30）万吨/年，按精矿金属含量（1~3)万吨计算的矿山企业有 22 家，产量合计是 42.43 万吨，占全国精矿产量的 14.72%。生产建设规模在 3 万吨/年（100t/d）以下，按精矿金属含量在 3000~10000t 的企业有 18 家，产量合计 95950t，平均产量 5330.55t。

随着中国铅锌工业的高速增长，中国的铅锌采矿技术水平取得了长足的进步，采矿回采率增加，个别矿山的综合技术已达到国际先进水平；除了部分大中型以上企业的技术装备水平较高外，为数众多的小型企业采用的生产工艺和设备仍相当落后，整体技术装备水平与世界先进水平相比还有较大差距。

在采矿方式方面，我国铅锌矿山以地下开采为主，露天开采为辅。据统计，我国目前地下采矿量占了总采矿量的 91.26%，而露采只占 8.74%。

在采矿方法方面，我国地下铅锌矿山以空场法作为主要采矿方法，约占 60%，其次为充填法，约占 20%，小型铅锌矿山规模小、矿体不大，主要采用浅孔留矿法、全面法及房柱法等简单工艺，贫化率和损失率都较高，资源浪费和损失严重。

在露天开采技术方面，我国装备水平较高的大中型骨干铅锌露天矿山企业，采用牙轮钻机或潜孔钻机穿孔、电铲装载、汽车运输等先进工艺与设备，但同国外相比仍有不少差距。

在地下开采技术方面，我国地下矿山至今仍以传统的有轨开采技术为主，机械化程度不高，效率低，生产成本也高。大中型铅锌企业应用无轨技术，由于辅助设备的不配套，矿山主要设备的效率和采出矿强度仅为国外的 50%。

6.1.2 我国铅锌选矿发展现状

目前，国内现已形成以矿山为主的五大铅锌生产基地。(a) 东北铅锌生产基地；(b) 湖南铅锌生产基地；(c) 两广铅锌生产基地；(d) 滇川铅锌生产基地；(e) 西北铅锌生产基地。

2007 年，我国铅锌矿石选矿的入选品位铅 2.94%，锌 5.36%；选后精矿品位为铅精矿 63.50%，锌精矿 48.53%；尾矿品位为铅 0.25%，锌 0.58%；选矿回收率铅为 85.01%，锌为 88.89%。尾矿品位进一步下降，选矿回收率进一步提高。

国内在选矿技术上也大力发展高效节能设备，如超细碎破碎机、浮选柱和大型浮选机；开发了多种硫化铅锌矿和氧化铅锌矿的高效捕收剂、组合捕收剂、新型抑制剂及组合抑制剂；以硫化铅锌矿的浮选电化学研究为标志的新理论新技术的应用推动了铅锌矿的选矿技术进步。选矿新工艺的工业应用，给企业带来了十分显著的经济效益。铅锌选矿厂自动化发展非常迅速，已经从生产过程的稳定化控制开始向最佳化控制生产方面发展。电子计算机在选矿厂自动化过程中应用得越来越多，重要的生产环节设有工业电视监视在现代化的选矿厂中也是常见的。随着先进技术及大型装备的广泛采用，我国铅锌生产的主要技术经济指标有了较大改善。

选矿厂在保护环境方面也做了较多的工作。矿石破碎、运输和筛分过程的除尘，不论新、老选矿厂早已普遍装有排风除尘系统。选矿厂排出的污水经过处理后达到排放标准再排放，并在生产过程中尽可能地利用回水已为许多先进的选矿厂所考虑和实施。尾砂用于井下充填和做水泥辅料等。

但我国与国外选矿企业比较，主要差距是在自动控制、设备制造、设备大型化、产业集中度和节能以及所有矿山整体水平方面也落后于发达国家。选矿工业技术指标与国外相比仍有相当大差距，表现为"二低一高"，即设备工作效率低（不到国外的 70%）、劳动生产率低（不到国外的 1/10）、综合能耗高（高出国外 1 倍以上）。

我国绝大多数铅锌矿山资源综合利用工作虽已开展，但发展不平衡，目前还有数量较大的低品位和难选铅锌矿石未得到利用，开展资源综合利用的科研工作深度、广度不够，多数矿山对资源的综合回收，还没有形成系统的科学管理体系，缺乏从矿物原料到加工利用各环节的综合利用研究。

6.2 采选业生产工艺及存在的主要问题

6.2.1 铅矿采选工艺

（1）采矿工艺

铅锌矿采选有露天开采和地下开采两种方式。我国铅锌矿山以地下开采为主。

典型的铅锌采矿业总体工艺流程以及排污节点见图 6-1。

（2）选矿工艺

铅锌选矿基本上以浮选为主，其主要生产过程一般由以下几个工序组

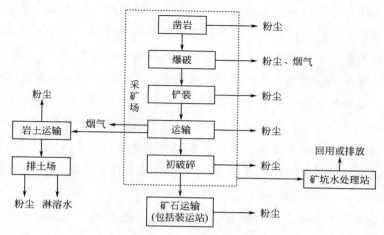

图 6-1 采矿生产工艺总体流程及排污节点

成：破碎、磨矿、浮选、浓密、过滤得到最终精矿产品，尾矿输送至尾矿库沉淀。

① 破碎工序 破碎工序包括破碎和筛分，它是将入选矿石破碎成细粒进入下段磨矿作业，破碎产品的粒度直接影响到下一段磨矿工序的效率，国内许多企业研究降低碎矿的最终产品粒度，如调整各段破碎比，充分挖掘粗、中碎的潜力，缩小细碎排矿口；有条件地将现有开路细碎改为闭路细碎；发展了节能型超细碎机等。采用大型破碎节能设备既提高了作业效率，同时又节约了能耗。

此工序造成的环境影响主要为粉尘、碎矿和筛分过程产生的粉尘；采用大型高效除尘系统替代小型分散除尘器，减少水耗、电耗，提高除尘效率。

② 磨矿工序 磨矿工序包括磨矿和分级。磨矿工序的产品是给入矿石选别（浮选）作业进行精矿产品的回收。磨矿是高能耗作业工序，对环境影响最大的是粉尘和废水。

③ 选别工序 矿石通过破碎、磨矿到选矿合格粒度要求后进入选别工序，通过对不同矿石性质要求采取不同的选别工艺对目的矿物进行浮选，得到合格的精矿产品。在矿石的选别过程加入的选矿药剂主要捕收剂有黄药类、黑药类、硫氮类、硫胺酯类及硫醇类；调整剂有石灰、氰化物、硫化钠、水玻璃、含氟化合物、有机抑制剂、无机酸、碱等。合理的工艺条件和药剂制度可适当减少药剂用量，减轻废水中的药剂浓度；在选矿过程中尽可能做到少氰或无氰选矿，减少了对环境的污染。

该工序的主要设备是浮选机，随着选厂规模的扩大和节能要求，选厂大型浮选机和大型浮选柱的应用，可使系统综合能耗下降；并节约占地面积，减少辅助设备，节约材料消耗和维修费用，降低选矿成本。

该工序设定的指标有精矿品位、回收率、用水量、伴生元素回收程度以及工艺和设备的自动化控制水平等。精矿品位、回收率、用水量、伴生元素回收程度反应选矿工艺流程的合理性以及产生经济效益的衡量指标；工艺和设备的自动化控制水平反映选矿工艺流程的先进性，它可以大大提高劳动生产率，提高选矿回收率和精矿品位，改善劳动条件，降低药剂和电能的消耗，并使选矿生产更加经济合理。

④ 浓密、过滤工序　在选矿车间选出的产品是矿浆，必须通过浓密和过滤将精矿中的水分减小，便于精矿产品的包装、运输。目前国内许多选矿企业采用高效浓密设备和大型高效自动压滤机，大大提高了浓密过滤效果，并降低了生产费用，外排废水更清澈。

⑤ 尾矿库　尾矿库是贮存尾矿和澄清选矿废水的场所。尾矿库的地理位置、库容、坝体和排水系统直接关系到库区下游的安全。尾矿库坝体的稳定性必须满足安全要求，并有足够的安全超高；排水系统必须畅通；库区内废水中的药剂和有害物质通过澄清、自沉积、氧化自净后，大部分的污染物可去除，库区外排水质必须达到工业污水外排标准。选矿原则工艺流程如图6-2所示。

6.2.2　铅矿采矿业存在的主要问题

（1）铅锌矿供应保证程度低

我国铅锌矿山基本建设明显滞后，随着我国地勘工作的大幅度萎缩，资源开采强度的不断提高以及乱采乱挖现象的日益严重，我国铅锌资源的危机已开始逐渐显露出来，矿山生产能力的增长速度远远落后于冶炼能力的增长，铅锌矿山生产能力和资源状况都难以保证铅锌冶炼需求，需靠进口国外铅锌精矿以满足国内铅锌生产需要，而且进口铅锌精矿量有逐步增大的趋势，已成为影响我国铅锌工业整体竞争能力的重要因素。

（2）铅锌采矿企业规模结构不合理

铅锌采矿企业众多，生产经营分散；生产规模普遍偏小，生产集中度低；企业整体实力普遍较弱。据统计，大中型铅锌矿山企业50余家，仅占全国铅锌矿山企业的4.7%，而小型民营及个体企业则达到1020余家，所

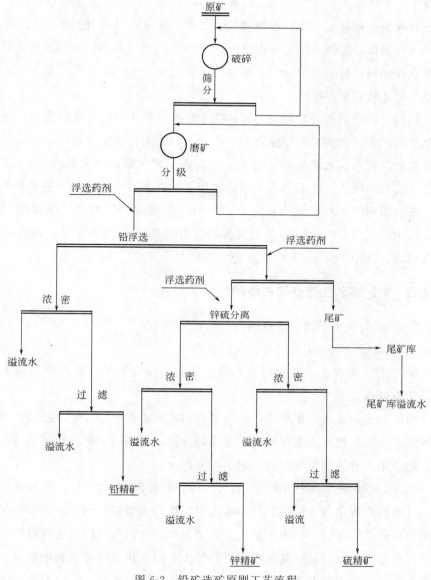

图 6-2 铅矿选矿原则工艺流程

占比例达到 95.3％。

（3）技术装备水平和资源利用率低

我国铅锌矿山除部分大中型以上企业的技术装备水平较高外，为数众多的小型企业采用的生产工艺和设备仍相当落后，整体技术装备水平与世界先进水平相比还有较大差距。我国铅锌矿山以地下开采为主，露天开采为辅；地下铅锌矿山仍以空场法、充填法为主要采矿方法，地方小型铅锌矿山由于规模小、矿体不大，主要采用工艺简单的浅孔留矿法、全面法及房柱法，贫化率和损失率都较高，资源浪费和损失严重。我国铅锌矿山工业技术经济指标同国外相比，整体差距十分明显，表现为"一低一高"，即劳动生产率低而综合能耗高，特别是劳动生产率仅为国外的 $1/4 \sim 1/11$。

（4）环境问题突出

我国铅矿产资源开发利用的整体技术装备水平比较低，资源浪费和污染现象比较严重。除国家正规建设的矿山外，其他矿山都不具备保护生态环境的设施和条件，污水横溢，废石乱弃。铅锌采矿主要污染源为废水、废气、粉尘、废石、噪声。废石和弃土不仅占用土地资源、污染环境、损害人类健康，而且阻碍了矿产资源开发能力，影响矿山的可持续发展；废水除含有 Cd^{2+}、Pd^{2+}、Cu^{2+}、As^{3+} 等对人类健康有害的重金属离子外，还含有酸和有机物，其中 Pd^{2+} 对人类健康的危害极大。

6.2.3 铅矿选矿业存在的主要问题

① 产业结构不合理，企业间同质化竞争突出；

② 资源短缺和环境污染成为发展瓶颈；

③ 铅锌工业伴生、共生组分复杂，资源的综合利用和环境保护技术复杂，任重道远。

由于中小企业多，规模小，矿山复垦和尾矿建设欠账，生产过程中产生的废石、废渣、废水无组织排放，资源综合镉、汞利用率低。特别是二氧化硫、镉、汞等有害物对环境的影响不容忽视。

总之，我国绝大多数铅锌矿山虽已开展资源综合利用工作，但发展不平衡，目前还有数量较大的低品位和难选铅锌矿石未得到利用，开展资源综合利用的科研工作深度、广度不够，多数矿山对资源的综合回收还没有形成系统的科学管理体系，缺乏从矿物原料到加工利用各环节的综合利用研究。

从环境保护角度对不同等级铅锌选矿企业提出标准要求，全面推行清洁生产，才能使铅锌选矿产业向一个稳定和谐、可持续的方向发展。

6.3 铅矿采选过程含铅废物的风险控制技术

根据风险识别以及风险事故分析，风险安全控制可以从生产过程的风险安全控制以及厂址环境敏感性控制两方面着手。风险控制的基本思路如图

6-3 所示。由于铅矿采选企业一般都是临矿而建，所以生产过程的安全控制尤其重要。

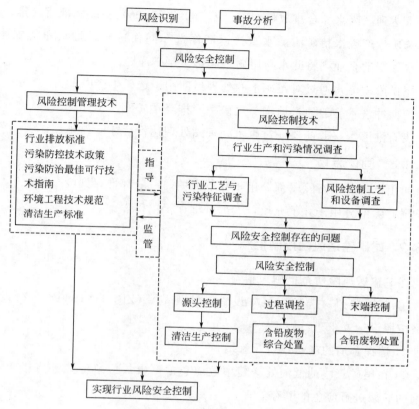

图 6-3　风险控制基本思路

6.3.1　减少含铅废物排放的环保措施

6.3.1.1　粉尘的安全控制措施

对开采过程中产生的粉尘，采用湿式作业及爆堆、洒水抑尘；收集的粉尘返回工艺。

对选矿破碎、筛分、转载等过程中产生的粉尘往往采用除尘器来处理。收集的粉尘返回工艺；生产过程中注意采取高效的除尘设施，以减少粉尘的外排。

尾矿库扬尘抑制措施是合理调度放矿，减少干滩面积，控制干滩时间；尾矿库坝体永久性平台边坡及时覆土，及时播草绿化，恢复植被；尾矿库服务终了对库面及时复垦绿化。

6.3.1.2 废水的风险控制措施

井下涌水水质一般较好，生产过程中要返回到选矿工艺中循环使用，多余废水达到《废水综合排放标准》（GB 16297—1996）一级标准后外排。

选矿生产废水精矿溢流水直接返回浮选车间作选矿补加水和精矿冲洗水，未回用的企业则将此水与尾矿一起排至尾矿库。

尾矿库溢流水通过对尾矿水的处理后回用于选矿生产中。

地面冲洗水一般通过地沟与尾矿一同排至尾矿库。

废石淋溶水一般需要经过废水处理站处理达标后才能外排。

6.3.1.3 固体废物

矿山产生的废石除了部分用于井下充填，一般都堆存到废石场。

尾矿除部分用于井下充填，大部分堆存于尾矿库。

6.3.2 尾矿输送风险控制措施

尾矿输送风险防范措施包括：

① 必须按照《选矿厂尾矿设施设计规范》（ZBJ 1—1990）进行设计，严格按照设计要求进行施工；

② 选择合适的输送设备及管线；

③ 在尾矿管线的低洼处修建事故应急池，事故应急池能够将尾矿管线泄漏的矿浆进行应急的贮存处理；

④ 制订相应的操作规程，工作人员须经培训上岗；

⑤ 加强管理，认真巡查，及时发现可能出现的问题，及时上报、及时处理；

⑥ 制定管道泄漏事故应急预案，对可能出现的爆管、堵塞、泄漏等不良现象和后果进行预测并制订相应的应急措施；成立应急救援机构，贮备足够的应急救援物资，制订事故应急演练计划并定期开展事故应急演练。

6.3.3 尾矿综合利用与尾矿库风险防范措施

6.3.3.1 尾矿综合利用技术

① 金属矿山井下废石就地高效充填综合技术　废石可以井下就地消纳，实现井下废石不出坑，从而彻底解决井下生产矿山的废石排放问题，并相应节约因提升和运输废石所产生的能源消耗。

② 膏体全尾砂充填技术　不仅为解决充填本身存在的一些问题提供了有效的途径，而且为实现无废开采开辟了广阔的前景。实现减小或取消建设尾矿库、降低水泥消耗及充填成本，提高选矿废水回收利用率，而且可以大大改善坑内外的环境，彻底解决尾矿的处置问题。

③ 金属矿山无/少废采掘工艺技术　该技术可以实现金属矿山无/少废开拓系统，即露天开采低剥采比或地下开采低采掘比的开拓系统，形成低贫化采矿工艺技术，建立已建矿山无废采矿工艺的技术改造理论与方法，从金属矿开采的源头控制固体废物的产出，取得较好的社会、生态、经济和资源效益。

④ 复杂开采环境下低贫损采矿技术　在资源开发最前端减少矿石的贫化损失，从而大大减少了废石的产出，保障安全的条件下，尽可能多回收国家宝贵的矿产资源。

6.3.3.2　尾矿库在线监测技术

尾矿库在线监测系统通过全球定位系统（GPS，global position system）卫星定位技术、传感器自动采集技术、通用分组无线服务技术（GPRS，general packet radio service）、高清晰图像监控技术、无线网络传输技术、计算机技术等实现监测信息的采集、处理及发布，监测指标包括内外部坝体位移（水平、垂直）、浸润线、库水位、干滩长度、安全超高、降雨量和库区影像，具备数据自动采集、现场网络数据和远程通信、数据存储及处理分析、综合预警等功能。

6.3.3.3　尾矿库风险防范措施

① 尾矿库建设要严格执行《尾矿库安全管理规定》ZBJ 1—1990 和《选矿厂尾矿设施设计规范》（ZBJ 1—1990），做到勘察、设计、施工、监理及日常管理均严格规范。

② 尾矿库的地质、防洪安全要经专业部门论证，库容、渗流、排洪等要有资质的技术部门进行正规设计；把握施工质量，经环保和安全部门专门论证验收合格后方可延用；选矿厂终止生产尾矿库封场时也要采取种植被等稳定措施并经环保与安全部门检查验收确实完妥后方可退出。要保护尾矿库上游流域内植被，禁止进行砍伐，毁山取土等活动。

③ 选矿厂对尾矿库应建立一套完整的安全管理制度，成立尾矿坝安全技术监督机构，由专人负责，应按要求建立专门档案；对矿库操作人员应进行严格的安全技术培训和考核；认真落实《尾矿库安全管理条例》、《尾矿设

施安全监督管理办法》。

④ 定期进行尾矿库安全检查，包括对干滩长度、尾矿坝安全超高、排水井、排水斜槽、排水涵管、排水隧洞、溢洪道、截洪沟、尾矿坝、周边山体稳定性等的安全检查，并及时采取补救措施等。

⑤ 要认真贯彻落实"安全第一、预防为主"的方针，牢固树立人民群众的利益高于一切的思想，坚决纠正片面追求经济发展，忽视安全生产的做法。把安全生产工作真正落到实处，切实保障人民群众的生命财产安全。

⑥ 政府监督部门要规范和严格尾矿库建设项目安全生产审查机制，把住安全生产关，从源头上消除隐患。

6.3.3.4 尾矿库风险管理和应急措施

① 建立健全风险管理机构。成立尾矿坝安全技术监督机构，统一监督尾矿安全管理工作，建立尾矿库事故应急救援指挥系统，制订应急预案，组建应急救援专业队伍，并组织实施平时的演练，经常性检查应急预案的各项准备工作，以确保系统能正常工作。

② 实行定期观测制度。各类风险的发生都有某些前期征兆，因此定期观测，及时预报显得尤为重要。

a. 水文观测　浸润线的高低直接危机到大坝的安全，因此应该定期对坝体内和库内水位进行观测。可在坝面上设置 10～20 个水文观测孔，二级坝体提离后，相应增加水文观测数。根据大多数尾矿库管理经验，建议每月进行两次水文观测，包括库内水位和干滩长度观测，准确掌握坝体内浸润线和库内水位的变化情况，这对放矿和内蓄水等都有指导作用。

b. 坝内孔隙水压力观测　坝体突然发生大的位移、滑动和水位变化都会引起坝体内孔隙水压力的变化，因此，有必要选择性能良好的测试仪器监测坝内孔隙压力的变化情况。

c. 坝体变形观测　建立 5～10 个观测点，观坝面的水平位移和垂直位移，每年约观测 4 次，每次都给坝面外部变形的累计量和变形速率，准确把握大坝变形的动态。另外，对观测所得结果，应及时整理、分析，并将观测成果随同报表上报。

③ 及时关闭达到设计库容的尾矿库。

④ 环评阶段就要求企业制订好尾矿库应急预案。对可能产生的突发性事故、事件（如特大暴雨、排水系统部分堵塞或坍塌、坝体出现浅层滑动迹象、坝体出现较大的管涌、甚至溃坝）等要建立应急预案，在可能条件进行

适当地演练，提高对突发性事故的处理能力。

6.3.4 废石综合利用及废石堆场风险防范措施

6.3.4.1 废石综合利用技术

（1）废石有价金属回收

目前的开采技术和选矿技术未能百分之百地利用矿产资源，矿山生产排放的废石中仍含有许多有用元素。大量有用金属元素及未利用的非金属矿物遗留在固体废物中，造成矿产资源开发的巨大浪费。现在这些废石中的金属资源可通过回收技术再次被人类利用。

（2）废石生产建材与采空区充填料

废石综合利用的主要途径是用于生产建筑材料，如生产碎石、水泥、建筑制品、矿棉和轻集料等。

废石用作充填料，废石充填在矿山一般有两种方式，一种是干式充填（即全废石充填），另一种是作为细砂（包括河砂、尾砂等细粒级充填料）与胶结充填的粗集料。这两种充填方式在许多矿山的应用都非常成功。南京铅锌银矿是一个典型的实例，既有干式废石充填，又在胶结充填采场将废石作为粗集料。如黄沙坪铅锌矿，采矿废石全部回填采空区，不出窿。

（3）造地复田

该种处理方式主要是利用较为先进的技术对因为废石堆积而破坏或者是占用的土地进行新植被的覆盖，以达到稳定岩土、减少水土流失，减少水体及土壤污染的目的。利用废石库进行造地复田。

6.3.4.2 废石堆场防护及管理措施

① 所选场址应符合当地城乡建设总体规划要求，厂界距居民集中区500m 以外。处于滑坡或泥石流影响区的上游。周围无自然保护区、风景名胜区和其他需要特别保护的区域，符合《一般工业固体废物贮存、处置场污染控制标准》（GB 18599—2001）要求。

② 废石场建设应兴建弃渣稳拦工程，确实稳固弃渣场。杜绝向流域沟谷及其岸坡乱弃废石，强化环境保护意识。规范弃碴堆放；严格按设计要求分层辗压。切实做好废石场区域的地面截排水。废石场上部修筑截洪沟。场内地表向内倾斜，形成各自台阶的排水系统，可尽快将雨水排出场外，减少雨水在场内的渗透。在下游沟底设钢筋笼石坝和干砌石坝，以增加废石场稳

定性并堵截砂石，避免对下游的危害和阻塞河道。

③ 废石在运输、排放、堆存的过程中，容易产生粉尘污染空气，需配备洒水车对道路及作业场地进行洒水压尘。

④ 废石场边坡应进行覆土复垦绿化，做到堆存一片，完成复垦一片，尽量减少淋溶水产生；废石场停用封场后应全部进行覆土复垦，并定期进行维护、巡检，对绿化植被进行保护，以减少地表水流对松散堆积物的冲刷搬运，防止因暴雨冲刷发生泥石流灾害。

⑤ 对已有弃渣拦挡坝的安全性进行鉴定，对存在安全隐患的拦挡坝进行加固；对已有拦渣坝进行定期的维护和检修；并根据区内变化的环境条件适时的增设必要防护工程。

⑥ 区内地面和地下设施之规划布置、设计、施工及运营管护均需充分考虑位移和开裂对其的影响，制订有效的预防措施。重要的永久地面设施严禁布置在采区。对采空区进行有效管理，控制采空区塌陷扩大范围。

⑦ 合理规划与调整已有巷道出口，预防沟谷泥石流进入巷道或危及巷道口地面设施安全；加强矿区公路和截排水沟的维护，对可能产生的滑坡应设置护坡或支挡工程。

⑧ 制订废石堆场泥石流事故防灾应急预案，贮存足够的事故应急救援物资。制订事故应急演练计划，并定期开展应急演练。

6.3.5 酸性废水防范措施

酸性废水的环境风险控制措施包括：

① 矿山及废石堆场周边设置截洪沟，实现雨污分流，从源头减少酸性废水的产生；

② 雨季"多爆少存"，旱季"少爆多存"，合理控制爆破堆存量，及时清除边坡斜面残存的岩石及凹陷坑，对废弃矿井进行固封，对废石堆场及时进行覆土复垦；

③ 设置酸性废水收集池和废水处理站，对生产过程中产生的酸性废水进行收集、处理；同时需做好收集池的防渗、防腐工作，设立应急事故池，并妥善处置酸性废水处理污泥。

本章编写人员：马倩玲 王金玲 林星杰 张正洁
本 章 审 稿 人：申士富 陈 扬

第7章 原生铅冶炼过程含铅废物风险控制技术

7.1 原生铅冶炼行业发展情况

改革开放以来，我国有色金属工业取得了举世瞩目的成就。特别在"十五"期间，我国有色金属工业发展速度最快，经济效益最好，整体实力增长迅速，国际影响力显著提高，产业规模连续跨越，行业实力明显增强。2000—2005 年期间，包括铅在内的十种常用有色金属产量增长了 3.01 倍，年均递增 28.7%；2007 年达到 2360.5 万吨，连续七年位居世界第一。

铅冶炼行业产能更是持续扩大，2004—2013 年我国铅产量见表 7-1 及图 7-1，可以看出，近年来我国铅产量也呈稳步上升趋势。近三年铅锌冶炼业投资主要发生在现有大型铅锌企业的技术改造、扩建和新建项目上，投资目的主要还是产能扩大、其次是技术升级。

表 7-1　铅金属近年产量（2004—2013）

项目＼年份	2004	2005	2006	2007	2008	2009	2010	2011	2012	2013
产量/万吨	181.2	238	268	275.7	325.8	387.0	431.6	473.3	421.8	447.5
增幅/%	8.0	31.3	12.6	2.9	18.2	18.8	11.4	9.7	−10.9	6.1

图 7-2 表明，2013 年 1—12 月我国铅行业产量达到 447.51 万吨，产量居前三位的省份为河南省 1530734.75t、湖南省 1157260.73t、云南省 497611.75t，分别占铅行业全国总产量比重为 34.21%、25.86%、11.12%，三地合计占全国比重为 71.19%，产量集中度相对较高。

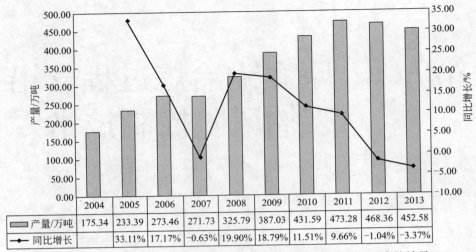

	2004	2005	2006	2007	2008	2009	2010	2011	2012	2013
产量/万吨	175.34	233.39	273.46	271.73	325.79	387.03	431.59	473.28	468.36	452.58
同比增长		33.11%	17.17%	-0.63%	19.90%	18.79%	11.51%	9.66%	-1.04%	-3.37%

图 7-1　2004—2013 年中国铅产量及其增速统计（资料来源于国家统计局）

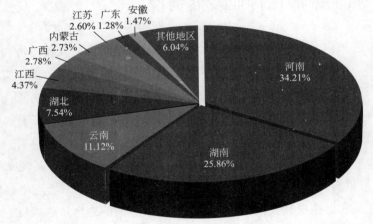

图 7-2　2013 年中国铅行业产量集中度分析

（资料来源：国家统计局 www. stats. gov. cn/tjsj/）

7.2　铅冶炼工艺

目前，世界铅的生产方法主要采用火法，湿法炼铅尚未实现工业化。火法炼铅可分为传统炼铅法和直接炼铅法。传统炼铅法包括烧结-鼓风炉炼铅法、密闭鼓风炉炼铅（ISP）法、电炉熔炼法等。

烧结-鼓风炉法对生产规模的适应性强，年产铅量可以从 1000～250000t，但因为中、小规模炼铅厂的烧结设备难以解决环保问题，目前中国已不允许建设单系列 5 万吨/年规模及以下的铅冶炼厂。由于烧结-鼓风炉流程存在返料循环量大、能耗高、烧结机烟气含 SO_2 浓度偏低、劳动条件差、烟气污染环境等问题，从 20 世纪 90 年代始，世界各国的炼铅厂就在进行工艺和设备的改进。主要改进措施有烧结机采用刚性滑道密封和柔性传动，返烟鼓风烧结，富氧鼓风烧结，鼓风炉大型化，以及采用无炉缸鼓风炉、放铅放渣连续化等。我国的各大冶炼厂从 20 世纪 70 年代就着手进行改造，取得了一定的效果，但尚不能真正从根本上解决存在的环境问题。该方

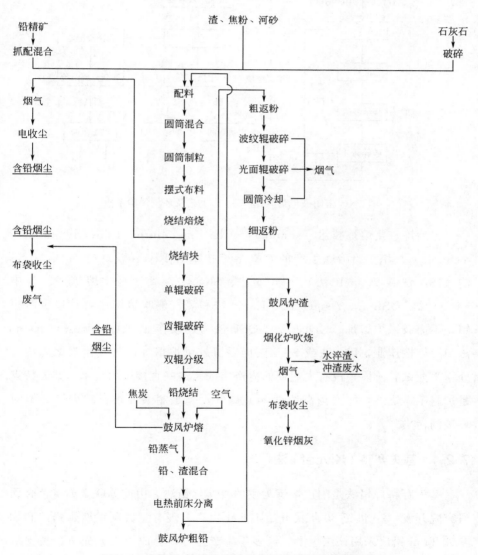

图 7-3 烧结机-鼓风炉炼铅生产工艺及环境风险节点

法生产工艺流程见图 7-3。

密闭鼓风炉炼铅（ISP）法在中国的典型应用实例是韶关冶炼厂，其特点是能同时炼铅、锌，可以处理难选的铅锌混合精矿、低品位复杂精矿及各种含铅、锌的二次物料。该法核心设备是鼓风烧结机、密闭鼓风炉、热风炉、铅雨冷凝器、烟化炉等。该方法工艺流程见图 7-4。

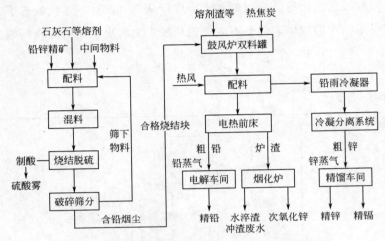

图 7-4　密闭鼓风炉（ISP）生产工艺及环境风险节点

铅冶炼直接熔炼技术（summary of lead metallurgical directly smelting technology）用于铅冶炼生产的直接熔炼技术有 Kivcet 法、QSL 法、TSL 法（ISA 法或 Asmelt 法）、Kaldo 法、SKS 法、氧气侧吹熔炼法。其中 Kivcet 法、QSL 法、Asmelt 法、Kaldo 法和氧气侧吹熔炼法可直接生产粗铅，不需鼓风炉熔炼。Kivcet 法、QSL 法为连续作业，Asmelt 法和 Kaldo 法为周期性作业，ISA 法或 SKS 法仍保留鼓风炉熔炼，氧气侧吹熔炼法尚处于工业试验阶段，没有大规模的生产实践。这些直接熔炼技术的共同特点是炉料不需烧结，能产出高浓度 SO_2 烟气，满足制酸要求；减少了 SO_2 对环境的污染。

7.2.1　基夫赛特（Kivcet）法

基夫赛特炼铅法是闪速熔炼为主的直接炼铅法。由前苏联全苏有色金属研究院开发。20 世纪 80 年代开始工业化生产，现有意大利维斯姆铅厂和加拿大 Trail 铅厂采用该法生产。经多年生产运行，已成为工艺先进、技术成熟的现代直接炼铅技术。该方法工艺流程见图 7-5。

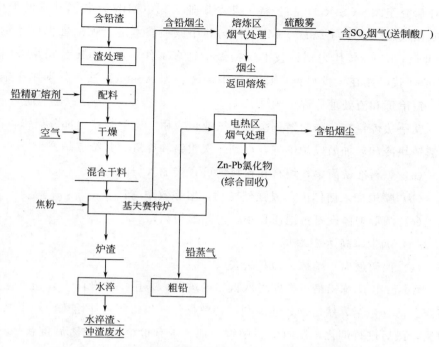

图 7-5 KSS 厂基夫赛特炼铅生产工艺及环境风险节点

其技术特点如下。

① 原料适应性强，可处理含铅品位 20%～70% 的炉料，包括湿法炼锌产出的铅银渣和浸出渣在内的各种含铅杂料，均可炼铅过程中搭配处理。Trail 铅厂的炉料中铅精矿占 28%，含铅渣料（包括浸出渣）占 72%。炉料含铅 24.8%，含硫 7.21%，适应于铅锌联合企业搭配处理锌浸出渣。

② 采用工业纯氧，含氧量＞90%，排出烟气量很小，烟气 SO_2 浓度高达 20%～40%，有利于烟气净化和制酸。

③ 在氧化区加入碎焦炭形成焦滤层，熔融的氧化铅通过焦滤层后 85% 还原成金属铅，经过电热还原区进一步还原和沉清分离，可使渣含铅降到 2% 左右。

④ 原料准备相对复杂，要求炉料入炉粒度小于 1mm，含水率小于 1%。

⑤ 在电热还原区炉渣中 60% 左右的锌被还原挥发，对含锌低的炉料不需进行烟化处理。

⑥ 烟尘率低，仅 5% 左右。

7.2.2 氧气顶吹熔炼技术

艾萨法（ISA 法）、Ausmelt 法都属氧气顶吹法，由澳大利亚联邦科学工业研究组织（CSIRO）和芒特·艾萨矿业公司（MIM）共同开发的喷枪顶吹浸没熔炼技术（TSL）。MIM公司利用该项技术进行铜冶炼生产冰铜，20世纪80～90年代采用该技术炼铅做了许多工作。Ausmelt公司从20世纪90年代开始在全世界推广该项技术，命名为Ausmelt法，分别用于铜、铅、锡冶炼和渣处理等许多领域。

艾萨法炼铅在我国曲靖首次得到工业化应用。艾萨炉产出部分粗铅，高铅渣铸块冷却后加鼓风炉熔炼，得到二次粗铅和弃渣。其特点是：

(a) 炉料准备简单，块料和粉料均可直接加入炉内；

(b) 喷枪插入熔体内形成强烈搅动，熔炼效率高；

(c) 圆形炉体设备占地面积小，但高度很高；

(d) 烟尘率高达20%以上；

(e) 保留鼓风炉熔炼、流程较长。

Ausmelt法炼铅最近在印度取得新的进展，采用单炉操作，首先氧化脱硫产出部分粗铅，然后加入还原剂，调整操作气氛进行还原熔炼，产出二次粗铅，最后进行烟化，回收炉料中锌、铟、等有价金属。放渣后重新加料，周期操作。采用特殊制酸技术将波动的SO_2浓度变成稳定的SO_2浓度，制酸获得成功。Ausmelt法处理废渣在韩国锌业公司获得成功，该公司的温山冶炼厂有5台Ausmelt炉，2台用于QSL炉铅渣贫化和烟化，2台用于锌浸出渣处理，1台用于处理铅蓄电池等含铅废料。

Ausmelt法炼铅特点与ISA法相类似，但不需鼓风炉熔炼，使流程缩短，建设投资降低。该法处理含铅或含锌废料，相当于传统的烟化炉或挥发窑，但比烟化炉或挥发窑更有利于环保和综合回收。

7.2.3　氧气底吹熔炼技术

QSL法和SKS法均为底吹熔池熔炼技术，QSL法是20世纪70年代由Lurgi公司开发的一种直接炼铅技术。20世纪80年代末到90年代初投入工业化生产，现有德国Stolberg冶炼厂和韩国Onsan冶炼厂的QSL炉正常生产。韩国Onsan冶炼厂的QSL炉在专利基础上作了较大改进，将氧化段与还原段之间的烟气通道封死，氧化段和还原段各设一个烟气出口，增设还原段的烟气处理系统，这样可保持两个区域不同的操作气氛。其特点是设备体积小，可直接得到粗铅，但烟尘率较高，达20%左右，渣含铅较高。

水口山法（SKS）法的反应器类似于QSL反应器，只有氧化段，没有还原段，由我国研制开发的一种直接熔炼技术，已在济源池州、水口山等多家得到应用。不同的是仍需鼓风炉熔炼，流程较长，鼓风炉需加入焦炭熔炼，能耗增加。该方法工艺流程见图 7-6。

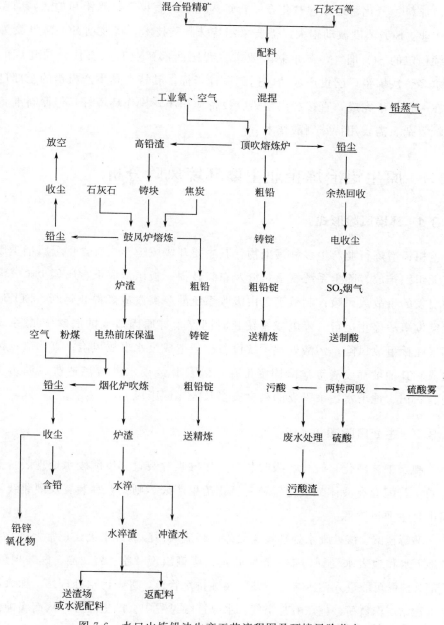

图 7-6　水口山炼铅法生产工艺流程图及环境风险节点

7.2.4 卡尔多法（Kaldo）炼铅

卡尔多法炼铅是由瑞典玻立顿公司开发的一种以闪速熔炼和熔池熔炼相结合的直接炼铅法。粉料由喷枪从炉口喷入，部分块料从炉口直接倒入炉内，加料、氧化、还原、贫化在一台炉内完成，直接产出粗铅和炉渣，周期性作业。SO_2浓度波动很大，需要采用特殊制酸技术，将波动SO_2浓度变为连续稳定的SO_2烟气，满足制酸要求。我国西部矿业有限责任公司建成的卡尔多炉法炼铅厂已投产成功，达到设计指标。其特点是生产粗铅的全部过程在一台炉子完成，直接产出粗铅。设备体积小，操作环境好，但原料准备比较复杂，需要用特殊制酸技术。

7.3 原生铅冶炼企业主要环境风险分析

7.3.1 环境风险形式

粗铅冶炼行业产生多种污染物，其主要环境风险形式有含重金属烟尘废气无组织排放、除尘系统管道裂缝及布袋破损、板结造成重金属烟尘废气泄漏引发的事故或风险；制酸工艺由吸收系统酸泵突发故障停止运行、SO_2风机突发事故停止运行、停电或系统长时间停车等原因造成的底吹-硫酸系统烟气超标事故风险；污酸处理系统设备故障造成废水事故风险；高铅渣、污酸渣和其他堆存废渣等危险固废堆存风险及其经雨水淋溶渗透造成周边土地、农田、地下水污染引发的粮食安全及人体健康风险。

7.3.2 主要风险源

制酸工艺净化、转化、吸收装置，尾气吸收装置，废酸废水处理装置和酸罐。若配套有液体二氧化硫和三氧化硫生产线，则其贮存装置及灌装线泄漏也是主要风险源。

酸罐泄漏、酸性废水处理设施故障，将造成污酸或废水无法正常处理，导致地下水和地表水受到污染；制酸管道、槽罐出现"跑、冒、滴、漏"现象，这部分硫酸可能进入污水排水管线，腐蚀排水管道，进入污水处理站，加大污水处理站工作负荷，且在酸与空气、水分接触过程中会产生酸雾，从而腐蚀设备和影响员工身体健康。原料质量管理不善，也会进一步加剧环境风险后果。

7.3.3 主要污染物

（1）大气污染物

原生铅冶炼的大气污染物主要是各类重金属及其化合物，颗粒物，SO_2，硫酸雾等。在铅冶炼行业的颗粒物成分中，铅、锌等重金属及其化合物占了很大比重。主要污染物分析如下。

① 颗粒物（烟尘、粉尘、铅等重金属颗粒） 根据产生的原因，粗铅冶炼行业颗粒物可分为机械尘和挥发尘。凡是在生产过程中由于气流的运动所直接带走，或由于机械振动而飞扬等原因产生的粉尘，都属于机械尘，其粒度在 $5\sim100\mu m$，称为"粗粉尘"。凡是在生产过程中由于热过程而挥发形成蒸气状态，随气流逸出后因冷却而凝结形成的烟尘或由于体系内组分间发生化学作用形成另一种化合物而凝结，所产生的固体粒子或液体粒子，称为挥发尘，粒度较细，在 $0.01\sim0.05\mu m$，又称为"细烟尘"。在粗铅冶炼过程中，除精矿或其他物料的破碎、筛分、下料等生产环节外，绝大部分是粒度较细的挥发尘。

粗铅冶炼废气中的颗粒物主要是氧化熔炼、还原熔炼、烟化以及干燥炉窑产生的挥发性烟尘或破碎产生的机械性粉尘，主要成分为各类重金属的氧化物，其出口烟气含尘浓度较高，可达数克到数十克每立方米；铅精炼废气中的颗粒物则主要是铅熔化所产生的蒸气冷凝形成的铅烟，颗粒微细，对人体危害性较大，其产生浓度一般在 $1000mg/m^3$ 以下。

② 硫酸雾 在制酸初期高温的 SO_2 烟气与水一接触时会产生大量酸雾，虽在干燥塔前设有电除雾器进行除雾处理，但电除雾器因故障率较高经常导致除雾效率达不到要求，再加上后续流程仍会有酸雾产生，外排尾气中的酸雾浓度一般达不到现行标准要求，有时甚至达到一百到几百毫克，因此，企业应采取措施去除酸雾。目前行之有效的方法是在二吸塔顶安装纤维除雾器或采用碱液吸收处理，可确保尾气中酸雾达标。

③ 无组织排放 无组织排放源存在点多面广、分布不规则的特点，主要的污染物是含重金属的颗粒物、SO_2、硫酸雾等。无组织排放情况如表 7-2 所示。

（2）固体废物

铅冶炼过程产生的废物均含一定量的有价元素，其中大部分为中间产物，具有回收利用价值，国内绝大多数企业均进行再利用，生产过程中产生的固体废物见表 7-3。最主要的废物是水淬渣，以往一般是堆存于渣场，由于水淬渣性质稳定，不具渗出毒性，现在越来越多的企业开始将往年堆积的水淬渣外卖，用于水泥、砖等建材生产。

表 7-2　无组织排放情况

排放方式	物料名称	
无组织排放	铅精矿仓配料及收尘工段	粉尘
		粉尘含铅
	双侧吹熔炼炉集烟系统	烟尘
		粉尘含铅
		SO$_2$
	烟化炉集烟系统	烟尘
		粉尘含铅
		SO$_2$
	反射炉集烟系统	烟尘
		粉尘含铅
		SO$_2$
	熔铅锅	粉尘含铅
	电铅锅	粉尘含铅
	贵铅炉烟气系统	粉尘
		含铅粉尘

表 7-3　主要固废及来源

序号	名称	固废来源	去向
1	富氧底吹炉熔炼	富氧底吹炉熔炼	返回配料系统，进行熔炼炉
2	双侧吹还原炉熔炼	双侧吹还原炉熔炼	返回配料系统，进入熔炼炉
3	烟化炉熔炼	烟化炉熔炼	水淬后外卖
4	污酸渣	污酸污水处理	堆存或委托有资质危险废物处置企业处理
5	污水处理渣	冶炼废水处理	进一步回收有价金属

　　原生铅冶炼过程产生的废渣主要是水淬渣、污水处理渣和中和渣等。制酸空塔洗涤所产生的酸泥含铅、砷等较高，需要设计专门的综合利用设施处理。如无利用价值时，必须妥善处置，避免飞扬和流失污染。酸泥的成分与烟尘的成分基本相近，通常情况下，铅、锌、镉、砷、铜含量较高，有时还含有汞，是一种可供综合回收的有价原料。但若处理不善，便是一个重要的污染源，会严重污染环境。因此，对于这种酸泥，首先在本厂或与附近工厂

实行综合回收；如实在不具备此条件，而需要暂时堆存时，设专用库房妥善堆存，务使其对环境不造成污染，并同时积极寻求出路。含汞酸泥堆存时间不宜久，应在 3d 内处理，必要时应密闭，以防小汞珠挥发进入环境。按照《国家危险废物名录》，铅锌冶炼的废渣、废水处理渣（污泥）大部分属于危险废物（HW48，代码 331-003-48-331-022-48），其不能就地利用时应该按照危险废物进行贮存、安全处置。

（3）废水

原生铅冶炼废水主要产生于硫酸车间、设备冷却、废气淋洗、循环冷却、地面冲洗等环节。焙烧收尘系统出来的高温烟气在制酸前需要洗涤、净化，洗涤过程中有大量含汞及铅、镉、砷、铜等重金属的高浓度强酸性废水（即污酸）产生，这些重金属尤其是汞对环境和人身危害严重，必须进行处理。同时，矿仓、干燥、熔炼、制酸、烟尘和废酸处理污泥库等生产区可能受重金属和酸污染的场地，其在降雨初期的径流水含重金属和酸浓度较高，要收集处理。

7.4 原生铅冶炼含铅废物风险控制技术

7.4.1 预防风险控制技术

7.4.1.1 原生铅冶炼企业厂址合理选择需考虑的问题

① 厂址环境敏感性指标构成。

② 是否位于重点流域。

③ 是否位于饮用水水源保护区等环境敏感地区。

④ 是否位于城镇主导上风向。

⑤ 是否位于工业园区内。

⑥ 卫生防护距离或大气环境防护距离内是否有人口密集区。

⑦ 厂区总平面布置是否合理。

⑧ 厂址环境敏感性综合分析。

7.4.1.2 工艺技术路线选择、企业平面布置需考虑的内容

（1）工艺路线选择须遵循的原则

① 先进性　在确定工艺路线时，必须保证产品质量的基础上，尽量利用科学技术发展的成果，采用新技术、新设备进行生产，以达到缩短工艺流程、减少加工时间的目的。各种工艺路线的生产效率、质量水平、可调节程

度均是评价其先进性的重要指标。

② 可行性　不同的工艺路线和工艺条件都可以进行项目生产，无论选择哪种工艺路线，目的都是为了高效率地生产高质量的产品。因此，在考虑先进性的同时，还必须考虑其可行性。就是要针对企业的实际情况来确定生产工艺，根据企业员工的技能水平和企业的生产设备条件、企业的管理水平和企业的经济状况来制订工艺计划，实现成本、质量、效率和效益的最佳组合。

③ 可靠性　项目所采用的技术和设备，应经过生产运行的检验，并有良好的可靠性记录。

④ 安全性　项目所采用的技术，在正常使用中应确保安全生产运行。

⑤ 经济合理性　在注重所采用的技术设备先进适用、安全可靠的同时，应注重分析所采用的技术是否经济合理，是否有利于节约项目投资和降低产品成本，提高综合经济效益。经济合理性主要体现在工艺流程短、设备配置合理、自动化程度高，工序紧凑、均衡、协调，物流输送距离短，投资小、成本低、利润高。

⑥ 符合清洁生产要求

（2）企业平面布置需考虑的问题

在满足生产工艺流程、操作要求、使用功能需要和消防、环保要求的同时，主要从风向、安全距离、交通运输安全和各类作业、物料的危险、危害性出发，在平面布置方面采取对策措施。

① 功能分区　将生产区、辅助生产区（含动力区、贮运区等）、管理区和生活区按功能相对集中分别布置，布置时应考虑生产流程、生产特点和火灾爆炸危险性，结合周边地形、风向等条件，以减少危险、有害因素的交叉影响。管理区、生活区一般应布置在全年或夏季主导风向的上风侧或全年最小风频风向的下风侧。

辅助生产设施的循环冷却水塔（池）不宜布置在变配电所、露天生产装置和铁路冬季主导风向的上风侧和怕受水雾影响设施全年主导风向的上风侧。

② 厂内运输和装卸　厂内运输和装卸包括厂内铁路、道路、输送机通廊和码头等运输和装卸（含危险品的运输、装卸）。应根据工艺流程、货运量、货物性质和消防的需要，选用适当运输和运输衔接方式，合理组织车流、物流、人流，为保证运输、装卸作业安全，应从设计上对厂内的道路（包括人行道）的布局、宽度、坡度、转弯半径、净空高度、安全界线及安全视线、建筑物与道路间距和装卸（特别是危险品装卸）场所、堆扬（仓

库）布局等方面采取对策措施。

依据行业、专业标准规定的要求，应采取其他运输、装卸对策措施。根据满足工艺流程的需要和避免危险、有害因素交叉相互影响的原则，布置厂房内的生产装置、物料存放区和必要的运输、操作、安全、检修通道。

③ 危险设施/处理有害物质设施的布置　可能泄漏或散发易燃、易爆、腐蚀、有毒、有害介质（气体、液体、粉尘等）的生产、贮存和装卸设施（包括锅炉房、污水处理设施等）、有害废弃物堆场等的布置应遵循以下原则。

应远离管理区、生活区、中央实（化）验室、仪表修理间，尽可能露天、半封闭布置。应布置在人员集中场所、控制室、变配电所和其他主要生产设备的全年或夏季主导风向的上风侧或全年最小风频风向的下风侧。

有毒有害物质的设施应布置在地势平坦、自然通风良好地段，不得布置在窝风低洼地段。

剧毒物品的设施还应布置在远离人员集中场所的单独地段内，宜以围墙与其他设施隔开。

腐蚀性物质的有关设施应按地下水位和流向，布置在其他建筑物、构筑物和设备的下游。

易燃易爆区应与厂内外居住区、人员集中场所、主要人流出入口、铁路、道路干线和产生明火地点保持安全距离。

辐射源（装置）应设在僻静的区域，与居住区、人员集中场所，交通主干道、主要人行道保持安全距离。

④ 其他要求　依据《工业企业总平面设计规范》（GB 50187—93）、《厂矿道路设计规范》（GB J22—87）、行业规范和有关单体、单项（石油库、氧气站、压缩空气站、乙炔站、锅炉房、冷库和管路布置等）规范的要求，应采取其他相应的严面布置对策措施。

7.4.2　过程风险控制技术

生产操作过程中，必须加强安全管理，提高事故防范措施。突发性污染事故，特别是有毒化学品的重大事故将对事故现场人员的生命和健康造成严重危害，因此，做好突发性环境污染事故的预防，提高对突发性污染事故的应急处理和处置能力，对企业具有重要的意义。

（1）严格把好工程设计、施工关

工程设计包括工艺设计和总图设计。只有设计合理，才能从根本上改善劳动条件，消除事故重大隐患。严格注意施工质量和设备安排，调试的质量，严格竣工验收审查。

在工艺设计中应注意对特别危险及毒害严重的作业选用自动化和机械化操作或遥感操作，并注意屏蔽。对选用的设备应符合有关《生产设备安全卫生设计总则》的要求，并注意考虑职业危害治理和配套安全设施。

在总图设计中应注意合理进行功能分区，并有一定的防护带和绿化带，严格符合安全规范的要求。

针对铅冶炼项目特点，建议在设计、施工、营运阶段应考虑下列安全防范措施，以避免事故的发生。

设计中严格执行国家、行业有关劳动安全卫生的法规和标准规范。

厂房内设备布置严格执行国家有关防火防爆的规范、规定，设备之间保证有足够的安全距离，并按要求设计消防通道。

尽量采用技术先进和安全可靠的设备，并按国家有关规定在车间内设置必要的安全卫生设施。

设备、管道、管件等均采用可靠的密封技术，使贮存和反应过程都在密闭的情况下进行，防止易燃易爆及有毒有害物料泄漏。

仓库必须采取妥善的防雷措施，以防止直接雷击和雷电感应。为防止直接雷击，一般在库房周围需装设避雷针，仓库各部分必须完全位于避雷针的保护范围以内。

按区域分类有关规范在厂房内划分危险区。危险区内安装的电器设备应按照相应的区域等级采用防爆级，所有的电器设备均应接地。

在装置易发生毒物污染的部位，设置急救冲洗设备、洗眼器和安全淋浴喷头等设施。

（2）提高认识、完善制度、严格检查

企业领导应该提高对突发性事故的警觉和认识，做到警钟长鸣。建议企业建立安全与环保科，并由企业领导直接领导，全权负责。主要负责检查和监督全厂的安全生产和环保设施的正常运转情况。对安全和环保应建立严格的防范措施，制定严格的管理规章制度，列出潜在危险的过程、设备等清单，严格执行设备检验和报废制度。

（3）加强技术培训，提高职工安全意识

职工安全生产的经验不足，一定程度上会增加事故发生的概率，因此企业对生产操作工人必须进行上岗前专业技术培训，严格管理，提高职工安全环保意识。

（4）提高事故应急处理的能力

企业对具有高危害设备设置保险措施，对危险车间可设置消防装置等必备设施，并辅以适当的通信工具，定期进行安全环保宣传教育以及紧急事故模拟演习，提高事故应变能力。

7.4.3 末端风险控制技术

7.4.3.1 大气污染防治

① 铅冶炼过程的铅烟、铅尘、酸雾应采取负压收集，严格控制废气无组织排放。

② 铅烟、铅尘应采用两级以上处理工艺，铅烟应采用两级干式袋式除尘、静电除尘或袋式除尘加湿法（水幕或湿式旋风）等除尘技术，铅尘应采用布袋除尘、静电除尘等技术；酸雾应采用物理捕捉加碱液吸收的逆流洗涤技术。

③ 鼓励采用微孔膜复合滤料等新型织物材料的高效滤筒及其他高效除尘设备。

④ 鼓励采用烟气急冷、活性炭吸附、布袋除尘等技术协同控制二噁英的排放。

7.4.3.2 水污染防治

① 铅冶炼过程排放的废水应循环利用，铅冶炼生产废水循环利用率应达到85%以上。

② 含重金属（铅、砷等）的酸性废水应单独处理或回用，不得将含不同类重金属成分或浓度差别大的废水混合稀释；车间排放口重金属应达标排放。

③ 含铅、砷等重金属的生产废水，按照其水质及处理要求，可采用化学沉淀法、生物法、吸附法、电化学法、膜分离法、离子膜反渗透等单一或组合工艺进行处理。

厂区内淋浴水、洗衣废水应按含铅废水进行处理，厂区初期雨水应按相关规定进行处理，不得与生活污水混合处理。

7.4.3.3 固体废物处置与综合利用

① 铅冶炼过程产生的含铅废物，包括铅泥、铅尘、铅渣、废活性炭、含铅废旧劳保用品（废口罩、手套、工作服）等应交由有危险废物处置资质的企业进行安全处置。

② 鼓励以无害的熔炼水淬渣为原料，生产建材原料、制品、路基材料等，以减少占地，提高废旧资源综合利用率。

③ 除尘工艺收集的不含砷、镉的烟（粉）尘应密闭返回冶炼配料系统或直接采用湿法提取有价金属。

④ 废铅产品及含铅、砷、镉、铊等有害元素的物料应就地回收，按固体废物管理的有关规定进行鉴别和处理。

7.4.4 事故防范技术

7.4.4.1 环境风险应急预案

应依据相关的法律、法规，结合《建设项目环境风险评价导则》的规定，按企业实际情况制订环境风险应急预案。应急预案包括的原则内容见表7-4。

表 7-4 应急预案内容

序号	项目	内容及要求
1	总则	
2	危险源概况	详述危险源类型、数量及分布
3	应急计划	装置区、贮罐区、邻区
4	应急组织	一级-工厂（装置） 工厂救援队伍——负责事故现场全面指挥 专业救援队伍——负责事故现场控制、监测、救援、善后处理 二级-基地（开发区） 基地（开发区）应急中心——负责基地（开发区）现场全面指挥 基地（开发区）专业救援队伍——负责事故开发区控制、监测、救援、善后处理 三级-社会 社会应急中心——负责工厂附近地区全面指挥、救援、管制、疏散 专业救援队伍——负责对厂内专业救援队伍的支援
5	应急状态分类及应急响应程序	规定事故的级别及相应的应急分类相应程序
6	应急设施、设备与材料	生产装置 ① 防火灾、爆炸事故应急设施、设备与材料，主要为消防器材 ② 防有毒有害物质外溢、扩散，主要靠喷淋设施、水幕等 罐区 ① 防火灾、爆炸事故应急设施、设备与材料，主要为消防器材 ② 防有毒有害物质外溢、扩散，主要靠喷淋设施、水幕等
7	应急通信、通知和交通	规定应急状态下的通信方式、通知方式和交通保障、管制
8	应急环境监测及事故后评价	由专业队伍负责对事故现场进行侦察监测，对事故性质、参数与后果进行评估，为指挥部门提供决策依据
9	应急防护措施、清除泄漏措施方法和器材	事故现场：控制事故、防止扩散、蔓延及连锁反应。清楚现场泄漏物，降低危害，相应的设施器材配备 临近区域：控制防火区域，控制和清除污染措施及相应设备配备

序号	项目	内容及要求
10	应急剂量控制、撤离组织计划、医疗救护与公众健康	事故现场:事故处理人员对毒物的应急剂量控制规定,现场及临近装置人员撤离组织计划及救护 工厂临近区:受事故影响的临近区域人员及公众对毒物应急剂量控制规定,撤离组织计划及救护
11	应急状态终止与恢复措施	规定应急状态终止程序 事故现场善后处理,恢复措施　临近区域解除事故警界及善后恢复措施
12	人员培训与演练	应急计划制定后,平时安排人员培训与演练
13	公众教育和信息	对工厂临近地区开展公众教育、培训和发布有关信息
14	记录和报告	设置应急事故专门记录,见档案和专门报告制度,设专门部门负责管理
15	附件	与应急事故有关的多种附件材料的准备和形成

7.4.4.2　突发性环境污染事故应急监测方案

（1）水环境污染事故应急监测方案

① 监测因子　根据事故范围及事故危害程度选择适当的监测因子（pH值、铅）。

② 监测时间和频次　按照事故持续时间决定监测时间,根据事故严重性决定监测频次。

③ 测点布设　在雨水排放口设置 1 个测点,若排放口出现超标,应在雨水管网下游设置 2～3 监测点。

④ 应急措施　当发生硫酸塑料桶破裂引起物料泄漏时,立即将泄漏的物料导引至事故池,然后根据情况对事故池中的物料进行处理。

（2）大气环境监测方案

① 监测因子　根据事故物料、事故危害程度及可能产生的次生污染选择适当的监测因子（铅或硫酸雾）。

② 监测时间和频次　按照事故持续时间决定监测时间,根据事故的严重性决定监测频次。

③ 测点布设　按事故发生时的主导风向的下风向,考虑区域功能,设置 2～3 个测点。

环境风险防范必须从项目建设的前期工作开始,在具体项目初步设计、试运行和生产等各阶段纳入议事日程,专题研究,加以落实,形成区域风险安全系统工程,具体内容见表 7-5。

表 7-5　环境风险防范措施和应急预案三同时检查

类别	措施名称	规模	措施内容
环境风险 防范措施	事故应急池	—	作事故应急废水收集池
	事故废气防范措施	—	设置 COD 自动检测报警仪,防毒设施及器材
环境风险 应急预案	应急设施与预案	—	指挥机构、专业救援、应急监测、应急设施和物资

7.4.4.3　风险应急措施

原生铅冶炼过程风险应急在于废水事故应急、制酸系统出现故障时烟气和设备、管线中的 SO_2 泄漏的处理;固废事故等。

（1）废水事故应急处理措施

① 事故应急设施　厂内设有污酸池、稀酸池、澄清池、中间水池、出水池等污酸存贮池体;污水处理系统设有贮水池和高位水池;配有应急输送泵和管道。

② 风险防范措施　污水处理站的沉淀池、雨水池、清水池平常液位保持在 1.5m 以下;配备必需的备品备件、水处理药剂等;使用双电路供电;处理站机电设备关键部位建议采用一用一备方式;厂废水排放口安装水质在线监测仪,监控水质达标情况;设废水事故池,发现异常及时报告技术室。

③ 应急处理　酸性废水水量增大时,存贮于污酸池内,进入污酸处理站加以处理;污酸处理系统设备出现故障而无法正常运行,由硫酸车间立即组织专业检查,明确故障和维修所需时间,如 3d 内无法修好,则报告生产调度室,协调组织硫酸系统停产;如进入污水处理站水量较大时,则连续运行加药、过滤设备,并根据进水情况增加对水质的监测频次和监测项目。

（2）制酸系统出现故障时烟气和设备、管线中的 SO_2 泄漏的处理措施

① 事故应急措施　硫酸系统石灰石-石膏湿法脱硫塔;鼓风烟化车间钠法脱硫系统。

② 风险防范措施　对 SO_2 管线、阀门等定期进行巡检,发现问题及时处理;停产检修主体设施时,必须同时检修环保设施。

③ 应急处理　尽可能切断泄漏源;迅速撤离泄漏污染区人员至上风处,如有必要则立即进行隔离;应急处理人员戴自给正压式呼吸器,穿防毒服,从上风向进入现场;用工业覆盖层或吸附/吸收剂盖住泄漏点附近的给排水管道等地方,防止气体进入;喷洒喷雾状水对气体进行稀释、溶解,操作人

员严格按要求佩戴防护用品。并构筑围堤收容产生的废水，或引流至硫酸系统废液收集池内；泄漏量较大，且短期内无法控制，则用临时管道将气体引入脱硫塔内进行处理；氧气底吹熔炼炉开、停炉的烟气超标的应急处理。

可能造成底吹-硫酸系统烟气超标排放的故障及其组织管理措施如下。

a. 系统长时间停车后，转化系统温度过低，使得转化效率降低，从而可能造成外排烟气 SO_2 超标时，即开动系统的加热装置，使转化系统温度达到要求，再进行底吹炉投料生产。

b. 吸收系统中的酸泵突发故障停止运转，则立即启用备用泵；如备用泵也发生故障，导致系统烟气得不到吸收，从而造成外排烟气中含硫量超标时，则由硫酸中控人员立即通知调度，由当班调度协调底吹炉系统停料转炉，故障排除后恢复生产。

c. SO_2 风机突发事故，底吹炉出口的压力剧增，从而造成底吹炉现场烟气外漏的状况发生时，在 SO_2 风机停止运转后，底吹炉控制室人员立即停止进料并转炉停止生产，待 SO_2 风机故障处理好后，底吹炉转入生产位恢复生产。

d. 停电事故发生，处理措施：突发停电事故如涉及底吹炉系统，则立即启动底吹炉应急电源，将底吹炉转出，停止加料，不会有烟气外排。如只是硫酸系统突然停电，则仿照 SO_2 风机突然停车处理措施处理。

（3）固废事故防范措施

① 风险防范措施　三种污酸渣分别装袋、计量、堆存，不得混堆；由车间对污酸渣建立管理台账，每周六向技术室汇报本周台账；压砖使用污酸渣由鼓风炉进行称量；加强对渣场内堆存的污酸渣的管理，避免丢失。

② 其他风险防范应急要求　严格按照《安全环保操作规程》进行岗位操作；密切关注环境监测数据，发现异常，立刻分析原因、采取措施；发现问题及时上报，不得瞒报、迟报、谎报；各生产装置均设事故连锁紧急停车系统，应设专人加强生产设备特别是熔炼炉、制酸车间和"三废"处理设施的管理和维护减少事故发生的概率。发生上述排污事故，应立即停产。

本章编写人员：陈　刚　李宝磊　裴江涛　祁国恕　刘　舒　许增贵
　　　　　　　　张正洁　邵春岩
本 章 审 稿 人：张正洁　陈　扬

第8章 铅蓄电池生产过程含铅废物风险控制技术

8.1 我国铅蓄电池生产行业发展概况

我国加入世界贸易组织后，随着国家相关产业的拉动及国际电池生产厂商在华投资的增多，中国铅蓄电池产业发展较快，铅蓄电池技术不断发展，产品日臻成熟。根据我国有关标准规定，主要蓄电池系列产品有启动用铅蓄电池（主要用于汽车、拖拉机、柴油机、船舶等起动和照明）、固定型铅蓄电池（主要用于通信、发电厂、计算机系统作为保护、自动控制的备用电源）、牵引型铅蓄电池（主要用于各种蓄电池车、叉车、铲车等动力电源）、内燃机车用铅蓄电池（主要用于铁路内燃机车、电力机车、客车起动、照明动力）、摩托车用铅蓄电池（主要用于各种规格摩托车起动和照明）、煤矿防爆特殊型铅蓄电池（主要用于电力机车牵引动力电源）、贮能用铅蓄电池（主要用于风力、水力发电电能贮存）。2009 年铅蓄电池用途类型比例如图8-1 所示。

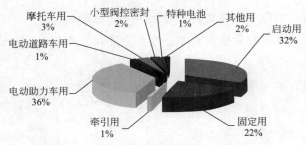

图 8-1　2009 年铅蓄电池用途类型比例

我国铅蓄电池近十年来呈快速增长趋势，从产品性能、应用范围等方面考虑，尚无被替代的可能。可以预计铅蓄电池在"十二五"期间仍将保持快速稳定发展的趋势，我国铅蓄电池2002—2011年产量如表8-1所示。

表8-1 我国铅蓄电池产量（2002—2011年）

年度	产量/(万千伏·安·时)	耗铅量/(万吨/年)
2002	3039	67.53
2003	3853	85.62
2004	4513	100.29
2005	6200	137.78
2006	8500	188.89
2007	8882	197.38
2008	9077	202
2009	12000	235
2010	14417	282
2011	14230	280

数据来源：中国电池工业协会。

2011年，我国金属铅产量472.3万吨，约占全球铅总产量的47%，我国规模以上企业铅蓄电池产量14230万千伏·安·时，同比下降1.3%。2011年年底，铅蓄电池骨干企业生产基本恢复，汽车电池产量小幅增长；电动自行车铅蓄电池市场短期缺货缓解，并增加库存量，骨干企业产能扩大30%～40%；固定备用型铅蓄电池产量下降；贮能电池产量增加；铅蓄电池出口量下降，铅蓄电池国内市场供需基本平衡。

8.2 行业发展带来的主要环境问题

8.2.1 主要污染类型和污染因子

铅蓄电池生产过程主要污染包括废水、废气和固体废物。固体废物来源于两个环节：一是正负极板栅采用合金铅，这一部分产生的废料可在生产过程中直接利用处理；二是正、负极活性物质采用铅粉，这一部分产生的废料需要进行集中收集处理。对于铅蓄电池污染物排放的控制主要为废水和废气。主要水污染物包括铅、镉、砷、汞；主要大气污染物包括铅、硫酸雾。

8.2.2 主要污染物排放总量

对电池行业主要污染物排放量进行估算，其排放状况如表 8-2 所示。从表 8-2 可知，电池工业废水中铅等污染物排放量相对较高。

表 8-2　电池工业水污染物排放状况

范围	废水排放量 /(亿吨/年)	COD 排放量 /(万吨/年)	铅排放量 /(t/a)	镉排放量 /(t/a)
电池工业	0.2667	0.24	16.49	0.33
全国工业（2008 年）	241.7	457.6	240.9	39.5
占工业比例/%	0.11	0.052	6.85	0.84

8.3　我国铅蓄电池生产行业环境污染状况

近年来，我国重金属污染事件主要有 2009 年环保部接报的 12 起重金属、类金属污染事件，致使 4035 人血铅超标。8 月，陕西凤翔县发生铅排放导致大量儿童血铅含量严重超标；昆明东川区发生 200 余名儿童血铅超标事件；湖南武冈精炼锰加工厂超标排铅，造成附近 1300 多名儿童中铅毒；9 月，福建上杭华强电池生产过程中排放含铅的烟尘和废水导致逾百名儿童血铅超标；10 月，河南济源铅冶炼企业造成 1000 余名儿童血铅超标；12 月广东清远 44 名儿童被检出血铅超标。2010 年 1 月，江苏大丰 51 名儿童被查出血铅超标。3 月，四川隆昌县渔箭镇部分村民血铅检测结果异常；湖南郴州嘉禾污染企业造成儿童铅中毒；6 月，湖北崇阳 30 人被查出血铅超标，其中有 16 名儿童。7 月，云南大理鹤庆 39 名儿童血铅超标；12 月，安徽怀宁因附近电源厂污染导致 100 余名儿童血铅超标。2011 年 3 月，浙江德清县因当地电池企业污染导致 300 余人血铅超标；浙江台州上陶村因蓄电池排放废水废气造成 100 余名村民血铅超标；5 月，广东紫金县因电池企业污染导致 130 余人血铅超标。

我国血铅事件和重金属污染事件呈现高发态势，给国民经济和社会发展带来的环境危害越来越得到各界重视。为此国家环保部联合几大部委进行了肃铅专项行动，专项整治初步效果明显，据统计，截至 2011 年 7 月 31 日，各地共排查铅蓄电池生产、组装及回收（再生铅）企业 1930 家，其中，被取缔关闭 583 家、停产整治 405 家、停产 610 家；有 252 家企业在生产，80 家在建。在全部 1930 家企业中，从事蓄电池极板加工生产的企业 639 家，单纯组装企业 1105 家。在生产的 252 企业中，极板加工生产的企业 121 家，单纯组装企业 108 家。随着国家绿色经济发展战略方针相关产业政策的调控及各级政府治理环境强有力的措施，特别是通过国家对铅蓄电池生产许可证制度的实施，铅蓄电池行业 90％以上的企业具备了工业废气、废水治理设施和措施，实现了达标排放；职业病的防护防治也完全符合国家有关法律法规的要求。目前，行业获证企业的环保排放达标率已由十年前的 5％提高到 90％，行业逐渐走上了"清洁化"的生产之路。

据推测，铅酸蓄电池在未来 20 年仍将占主导地位。尽管该行业未来发展前景看好，但相对于美国等发达国家，我国铅蓄电池行业污染防治水平整体较差。因此，有必要进一步加强对铅蓄电池企业的环境风险监管，针对各产污节点，提出更严格的环境风险管理要求，而非单纯的达标排放。中国工信部在 2013 年 2 月 4 日发布了 2012 年电池行业经济运行情况。数据显示，在主要的四大类电池品种中，只有铅蓄电池产量同比增加，累计产量为 17486.3 万千伏·安·时，同比增长了 27.3％。其中国内铅工业第一大省河南省的年产量达到 555 万千伏·安·时左右，同比增幅高达 95.73％。

铅蓄电池行业存在的主要问题归纳为以下 4 个方面：(a) 小、微企业数量众多，环保设施落后。据了解，铅蓄电池行业小、微企业多为组装企业，技术难度和资金门槛低，生产设备、环保设施投入不足，职业卫生防护制度不健全。一些家庭作坊式的小组装企业证照不齐，产品质量没有保证，严重扰乱市场秩序，污染事故时有发生。(b) 单纯商品极板生产企业造成很大污染。单纯商品极板生产过程必须采用外化成工艺，含铅废水的产生量是内化成的十倍以上。商品极板在包装和流通过程中，产生的大量包装盒、塑料袋等含铅废弃物，不能通过传统回收渠道回收，大部分企业只能焚烧处理，造成铅污染的扩散。(c) 行业多数企业工艺技术和装备水平较低。大部分小企业电池生产工艺和装备基础相对薄弱，仍然采用开放式熔铅锅、开口式铅粉机、开口式和膏机以及手工铸板、人工输粉和外化成等落后的设备和工艺，严重危害工人健康，污染环境。(d) 企业管理不善造成环境污染。多数企业不按规范管理，为降低生产成本，故意闲置企业内部环保和职业卫生防护设施，由此造成环境污染、员工血铅超标。

本研究在对铅酸蓄电池生产过程风险识别的基础上，按工艺技术类别、装备技术类别、污染源防控技术类别、污染物排放标准类别，对污染风险源进行了系统的分类；依据工序过程，对各工序过程系统介绍了风险控制技术，提出了一些切实可行的风险防范措施，对于铅蓄电池生产行业环境风险防范具有一定的现实意义。

8.4 风险控制分类内容

按工艺技术类别、装备技术类别、污染源防控技术类别、污染物排放标准类别，对污染风险源进行了系统的分类；为环境风险防控的轻重缓急治理技术提供依据。

8.4.1 工艺风险分类指标体系

构建风险分类技术指标体系见表 8-3。

表 8-3 风险分类技术指标体系

工艺		Ⅰ类	Ⅱ类	Ⅲ类
产品结构		普通型蓄电池	阀控密封式铅酸蓄电池、密封免维护式铅酸蓄电池、管式蓄电池等	大容量密封型免维护蓄电池、卷绕式蓄电池、水平式蓄电池、超级蓄电池、双极性蓄电池等
合金			无镉、无砷	
板栅		重力浇铸	连铸连轧、拉网或集中供铅重力浇铸	连铸连轧、拉网、铅网
铅粉		球磨铅粉	巴顿铅粉、球磨铅粉	混合式铅粉（巴顿铅粉＋球磨铅粉）
和膏		分体全密封和膏	分体全密封和膏	连续和膏
涂板		单面涂板	双面涂板	无带涂板
挤膏、造粒（灌粉）		灌粉	挤膏、造粒	
固化		常压固化	自动控制常压固化	高温增压固化
配酸			自动配酸	
化成		外（槽）化成	内（电池）化成	
干燥		隧道窑干燥	隧道窑干燥	无氧干燥
分板		半自动分板	全自动分板	
包板、刷板		半自动包板、刷板	全自动包板、刷板	
焊接		手工烧焊、半自动铸焊	全自动烧焊、铸焊	
封盖	胶封	手工点胶、封盖	全自动点胶、封盖	
	热封	半自动热封	全自动热封	

8.4.2 生产装备风险分类指标体系

生产装置风险分类指标体系的构建见表 8-4。

表 8-4 生产装置风险分类指标体系

技术内容		Ⅰ类	Ⅱ类	Ⅲ类
板栅制造		单炉单机或单炉双机铸板机	铅带拉网线、压铸机、集中供铅铸板机	连铸连轧线、铅带拉网线、拉丝编织线
铅粉制造		密封式岛津铅粉机及密封式铅粉输送系统	密封式岛津铅粉机、巴顿铅粉机及密封式铅粉输送系统	无造粒密封式岛津铅粉机、巴顿铅粉机及密封式铅粉输送系统
铅膏制造		全自动和膏机		连续和膏机
配酸		自动配酸、输送系统		
涂板		单面涂板机	双面涂板机	无带涂板机
挤膏、造粒（灌粉）		灌粉机、灌粉装置	全自动密封式挤膏（造粒）机	全自动密封式挤膏（造粒）机
固化		常压固化设备或装置	自动控制常压固化设备	高温增压固化设备
化成		常规充电机	快速充电机	智能共母线、去谐波、快速充电机
干燥		隧道式干燥机		无氧干燥机
分板		半自动分板机	全自动分板机	
包板、刷板		半自动包板机、刷板机	全自动包板机、刷板机	
焊接		手工烧焊、半自动铸焊装置	全自动烧焊机、铸焊机	
封盖	胶封	手工点胶、封盖装置	全自动点胶封盖机	
	热封	半自动热封机	全自动热封机	

8.4.3 污染源防控技术类别

铅酸蓄电池生产过程污染源防控技术类别见表 8-5。

表 8-5 铅酸蓄电池生产过程污染源防控技术类别

污染源	Ⅰ类	Ⅱ类
熔铅炉（铅烟）	两级铅烟处理系统:静电除尘或布袋除尘加湿法（水幕或湿式旋风）	
铅粉收集装置（铅尘）	两级铅尘处理系统:布袋除尘、旋风除尘、湿法除尘	三级铅尘处理系统:旋风除尘加布袋除尘加静电除尘

污染源	Ⅰ类	Ⅱ类
和膏机(铅尘)	两级铅尘处理系统:布袋除尘、旋风除尘、湿法除尘	三级铅尘处理系统:旋风除尘加布袋除尘加静电除尘
灌粉机、灌粉装置(铅尘)	两级铅尘处理系统:布袋除尘、旋风除尘、湿法除尘	三级铅尘处理系统:旋风除尘加布袋除尘加静电除尘
化成装置(硫酸雾)	采用酸雾物理捕捉器,逆流方式洗涤	采用酸雾物理捕捉器,逆流方式洗涤,碱液吸收等方法处理硫酸雾
分板机、分板装置(铅尘)	两级铅尘处理系统:布袋除尘、旋风除尘、湿法除尘	三级铅尘处理系统:旋风除尘加布袋除尘加静电除尘
包板刷板机(铅尘)	两级铅尘处理系统:布袋除尘加旋风除尘	三级铅尘处理系统:旋风除尘加布袋除尘加静电除尘
焊接机、焊接装置(铅尘、铅烟)	两级铅尘处理系统:布袋除尘、旋风除尘、湿法除尘 两级铅烟处理系统:静电除尘或布袋除尘加湿法(水幕或湿式旋风)	三级铅尘处理系统:旋风除尘加布袋除尘加静电除尘 两级铅烟处理系统:静电除尘或布袋除尘加湿法(水幕或湿式旋风)
废水处理站(铅泥、铅离子/硫酸)	两级废水处理系统:一步净化器加离子交换或离子膜、反渗透	两级废水处理系统:一步净化器加离子交换或离子膜、反渗透

8.4.4 防控部位技术要求

(1) Ⅰ类防控部位

① 铅粉制造工序,包括铅粉厂房、铅粉机主机系统、铅粉机主控系统;铅粉收集、贮存、输送系统;

② 外化成工序,包括化成厂房,化成槽列,浸渍槽,冲洗槽;

③ 极板加工工序,包括加工厂房,极板分片机(装置)、刷板装置;

④ 管式灌粉工序,包括灌粉厂房,管式极板灌粉机(装置);

⑤ 装配焊接工序,包括装配厂房,包板、焊接机、焊接工位;

⑥ 污水收集系统;

⑦ 固体危险废物贮存系统。

(2) Ⅱ类防控部位

① 板栅制造工序,包括铸造厂房、铸造设备(含铸板机、溶铅锅、铅零件);

② 极板制造工序,包括极板厂房、和膏机、涂片机、挤膏机、固化室、干燥室;

③ 内化成工序,包括内化成系统;

④ 极板干燥工序，包括化成干燥室或窑；

⑤ 初级雨水收集系统。

（3）Ⅲ类防控部位

化验室、试验室、污水处理站、废气处理系统、仓库、各种运输器具、浴室、工作服及劳保用品及其他辅助设施。

8.5 生产过程风险部位技术要求

8.5.1 铅粉制造工序

（1）铅粉制造厂房

铅粉制造厂房由主控系统与主机系统两个厂房组成，两者之间应有相对密封独立的空间，工作通道应设有两道常闭门，主机系统应严格密封且具有负压环境和除尘系统及加湿系统，进料门应独立且常闭。主机系统厂房应设置职业病危害警示标识，其内容应符合《工作场所职业病危害警示标识》（GBZ 158—2003）标准规定，同时厂房外部环境应符合《大气污染物综合排放标准》（GB 16297—2012）标准要求，主控系统厂房内环境应符合《工作场所有害因素职业接触限值第 1 部分：化学有害因素》（GBZ 2.1—2007）标准要求；铅粉制造厂房防护距离应符合环评的要求。

（2）铅粉主机系统

铅粉机主机应全密封，主机与料仓铅粉输送的连接应密封，造粒机熔铅锅应连接铅烟处理系统（巴顿铅粉机除外）。

（3）铅粉主控系统

铅粉机主控系统应与操作者处于同一空间，不能接触任何铅的物质且有清洁换气系统。

（4）铅粉收集、贮存、输送系统

铅粉收集系统应密封并连接铅尘处理系统，铅粉贮存应密封，输送系统与和膏系统连接且密封。

8.5.2 板栅制造工序

（1）铸板厂房

铸板厂房应通风良好、明亮、干净，地面应涂覆绿色环氧树脂地坪漆，厂房应设置职业病危害警示标识，其内容应符合《工作场所职业病危害警示标识》（GBZ 158—2003）标准规定，内部环境应符合《工作场所有害因素职业接触限值第1部分：化学有害因素》（GBZ 2.1—2007）标准要求，外部环境应符合《大气污染物综合排放标准》（GB 16297—2012）标准要求，厂房防控距离应符合环评书要求。

（2）铸板设备

铸板设备中熔铅锅应密封，加料口在不加料时关闭，熔铅锅及铸板机铅勺应与铅烟处理系统连接。

（3）废料、余料

生产过程中产生的不合格板栅和边角料，及时定点收集存放，铅渣应有专用容器盛装，以便及时回用。

（4）铅零件铸造装置

铅零件铸造装置中的熔铅锅应密封并与铅烟处理系统连接，铅渣应有专用容器盛装。

8.5.3 和膏工序

（1）和膏厂房

和膏厂房应通风良好、明亮、干净、地面应防酸和防水，厂房应设置职业病危害警示标识，其内容应符合《工作场所职业病危害警示标识》（GBZ 158—2003）标准规定，内部环境应符合《工作场所有害因素职业接触限值第1部分：化学有害因素》（GBZ 2.1—2007）标准要求，外部环境应符合《大气污染物综合排放标准》（GB 16297—2012）标准要求，厂房防护距离应符合环评要求。

（2）和膏机

和膏机应密封条件下进行混料、加酸、加水并与铅尘处理系统联接，铅膏应通过管道输送至涂板机，和膏过程中如有铅泥外泄及时回收。

8.5.4 涂片工序、挤膏工序

（1）涂片、挤膏厂房

涂膏、挤膏厂房应通风良好、明亮、干净、地面应防酸和防水，厂房应设置职业病危害警示标识，其内容应符合《工作场所职业病危害警示标识》（GBZ 158—2003）标准规定，内部环境应符合《工作场所有害因素职业接触限值第1部分：化学有害因素》（GBZ 2.1—2007）标准要求，外部环境应符合《大气污染物综合排放标准》（GB 16297—2012）标准要求，厂房防护距离应符合环评要求。

（2）涂板机、挤膏机

涂板机、挤膏机工作区域地面应低于其他非生产区域，其工作区域内有独立废水收集系统，收集后废水应在沉淀池静止不少于 8h 后方可经过密闭专用管路排入到污水站，统一处理。

（3）废料、废水

涂板机和传送装置在生产过程中和清洗、维护时会产生铅膏，这些铅膏应妥善回收处置；如有铅膏外泄，与淋酸废水、冲洗水一并收集进入废水处理站；淋酸废水收集操作出现覆桶时，及时采取有效措施防止废水流入工作车间。

8.5.5 管式极板灌粉工序

（1）管式极板灌粉厂房

管式极板灌粉厂房应有相对密封独立空间且具有负压环境和除尘系统及加湿系统，进料门应独立且常闭，厂房地面应涂覆绿色环氧树脂地坪漆且地面高度低于厂房外部的地面，厂房应设置职业病危害警示标识，其内容应符合《工作场所职业病危害警示标识》（GBZ 158—2003）标准规定，同时外部环境应符合《大气污染物综合排放标准》（GB 16297—2012）标准要求，厂房防护距离应符合环评书要求。

（2）管式极板灌粉机（装置）

每台（套）灌粉机（装置）应在密闭条件下工作，所用铅粉是由管道输送，设备内部有独立吸尘口与铅尘处理系统连接。

8.5.6 固化室、干燥室

固化室、干燥室应密封运行，地面应防酸和防水且内部低于外部，同时固化室、干燥室内的气体应通过专用管道收集并连接到酸雾处理系统。

8.5.7 外化成工序

（1）化成厂房

外化成厂房由充电设备室与主生产车间两个厂房组成，两者之间应有相对密封独立空间，工作通道应设有常闭门。充电设备室通风良好、明亮、干净、内部环境应符合《工作场所有害因素职业接触限值第 1 部分：化学有害因素》（GBZ 2.1—2007）标准要求。主生产车间应密闭运行其换气系统在负压环境中完成，化成厂房地面应进行防酸、防水特殊处理，短时间内耐浸水，其工作区域内有独立废水收集系统，收集后废水应在沉淀池静止不少于8h后方可经过密闭专用管路排入到污水站，统一处理。厂房应设置职业病危害警示标识，其内容应符合《工作场所职业病危害警示标识》（GBZ 158—2003）标准规定，外部环境应符合《大气污染物综合排放标准》（GB 16297—2012）标准要求，厂房防护距离应符合环评要求。

（2）化成槽列

化成槽列上部应有与酸雾处理系统联接防酸扣盖，装置中是应有碱液中和系统，极板充电时化成槽上部应为负压状态。

8.5.8 内化成工序

内化成装置上部应与酸雾处理系统连接。

8.5.9 极板加工工序

（1）极板加工厂房

极板加工厂房应有相对密封独立空间且具有负压环境和除尘系统及加湿系统，进料门应独立且常闭，厂房地面应涂覆绿色环氧树脂地坪漆且地面高度低于厂房外部的地面，厂房应设置职业病危害警示标识，其内容应符合《工作场所职业病危害警示标识》（GBZ 158—2003）标准规定，同时外部环境应符合《大气污染物综合排放标准》（GB 16297—2012）标准要求，厂房防护距离应符合环评要求。

（2）极板分片机

每台极板分片机应有独立吸尘口，装备采用下出吸尘或侧吸尘并与铅尘处理系统连接，产生的废极板及时回收。

（3）极板刷理机

每台极板刷理机应有独立吸尘口，装备采用下出吸尘或侧吸尘并与铅尘处理系统连接，产生的废极板及时回收。

8.5.10 装配包板、焊接工序

（1）装配厂房

装配厂房应有相对密封独立空间且具有负压环境和除尘系统及加湿系

统，进料门应独立且常闭，厂房地面应涂覆绿色环氧树脂地坪漆且地面高度低于厂房外部的地面，厂房应设置职业病危害警示标识，其内容应符合《工作场所职业病危害警示标识》（GBZ 158—2003）标准规定，同时外部环境应符合《大气污染物综合排放标准》（GB 16297—2012）标准要求，厂房防护距离应符合环评要求。

（2）包板工位

包板机及包板工作台应采用下部吸尘装置并与铅尘处理系统连接。

（3）手工焊接工位

焊接机及手工焊接工作台应采用下部吸尘上部吸烟装置并与铅尘、铅烟处理系统连接，废极耳和铅渣集中收集处置。

8.5.11　蓄电池清洗

蓄电池的清洗应在密封条件下进行，产生的废水应收集并连通废水处理站。

8.5.12　其他防控部位

化验室、污水处理站、环保处理系统、仓库、各种运输器具、浴室、洗衣房及其他辅助设施，所用空间应通风良好、明亮、干净、应防止有害的粉尘堆积，其工作区域内的废水收集系统应经过密闭专用管路排入到污水站，统一处理，不得直接排入公共污水系统。

8.6　末端风险控制技术要求

8.6.1　水处理控制技术

（1）废水处理技术要求

生产废水与生活污水分别处理；含铅废水一般采用中和絮凝沉淀法，生活污水一般采用活性污泥法；废水处理使用的构筑物应进行防渗、防腐处理，厂区内淋浴水和洗衣废水应作为含铅废水处理，不得排入生活污水管网。

（2）废水收集系统

产生废水的厂房内部应设置收集污水的管线及沉淀池，其容量应满足一个工作日所产生废水的量，生产中产生的污水集中收集后应在沉淀池静止不少于 8h 后方可经过密闭专用管路通入到污水处理站，统一处理，厂区污水收集和排放系统等各类污水管线设置清晰，生产过程中杜绝"跑、冒、滴、漏"现象。

（3）初级雨水收集系统

各类防控部位厂房外部应设有初级雨水收集管线，管线通入初级雨水池，雨水池的容量能收集 5 年最大雨量 0.5h 量，雨水池应与污水站连接。

（4）有毒、有害废物贮存系统

有毒、有害废物贮存应符合《危险废物贮存污染控制标准》 （GB 18597—2001）标准的规定。

8.6.2　固体危险废物控制技术

① 固体危险废物应严格执行《危险废物贮存污染控制标准》 （GB 18597—2001）、《一般工业固体废物贮存处置污染控制标准》（GB 18599—2011）和《危险废物转移联单管理办法》（国家环境保护总局令第 5 号）。

② 铅酸蓄电池企业固体危险废物主要有包括铅泥、铅尘、铅渣、含铅废料、废电池、废极板、含铅废旧劳保用品（废口罩、手套、工作服）等。

③ 固体危险废物贮存场所建设应当按照国家环保标准建设固废（危险废物）贮存场所。

④ 固体危险废物应安全分类存放，并进行无害化处置，防止扬散、流失、渗漏或者造成其他环境污染。

⑤ 固体危险废物还要按照《危险废物贮存污染控制标准》（GB 18597—2001）的有关规定，做好危险废物的暂存措施，不得露天堆放。

⑥ 固体危险废物贮存场所还要采取防腐、封闭措施，设置危险废物识别标志。

⑦ 企业生产过程中产生的固体危险废物要否妥善收集，并有专用的容器盛装，专用的运输工具运输。

⑧ 企业应制定固体危险废物管理计划，建立固体危险废物管理台账，详细记录固体危险废物的名称、来源、数量、特性和包装容器的类别、入库日期、存放库位、出库日期、处置及接收单位名称等情况。

⑨ 固体危险废物在贮存库内要分类贮存，危险废物的入库量、出库量、库存量账目清晰，数量对应。

⑩ 固体危险废物要按照国家要求交由有危废处理资质的单位进行集中处理处置。

⑪ 转移危险废物，应申请环保部门同意，并严格按《危险废物转移联单管理办法》有关要求申领、填写、运行、报送危险废物转移联单；危险废物贮存、处置情况要与排污申报情况一致，有重大改变的，应当及时申报。

⑫ 固体危险废物的存放时间不得超过 1 年。

⑬ 锅炉产生的灰渣应作为一般工业固废处理。

8.7 职业卫生防护技术

8.7.1 总则

企业的职业卫生、安全应遵守《中华人民共和国职业病防治法》，坚持"预防为主，防治结合"的卫生工作方针，落实职业病危害"前期预防"。

8.7.2 职业卫生设计

① 企业的设计应由有设计资质的单位承担，设计人员应了解职业卫生法律法规、标准以及职业病防治知识，掌握铅酸蓄电池企业存在的职业危害因素、危害的分布、毒作用特点以及有关的预防控制技术。

② 企业职业病危害防护设施应与主体工程同时设计、同时施工、同时投入使用。在可行性论证阶段编制的可行性论证报告应包括职业卫生相关内容，并进行职业病危害预评价；在设计阶段编制的初步设计应包括职业卫生专篇和职业病危害防护设计专篇。企业建成投产后一年内应进行职业病危害控制效果评价。

③ 企业应将可能产生严重职业性有害因素的设施远离产生一般职业性有害因素的其他设施，应将车间按有无危害、危害的类型及其危害浓度（强度）分开；在产生职业性有害因素的车间与其他车间及生活区之间宜设一定的卫生防护绿化带。

④ 为了保证车间内良好的通风和自然换气，产生有毒有害物质的工作场所不宜过于狭窄，厂房的高度应不低于 3.2m，岗位操作面积不少于 4.5m²，人均占有容积不小于 15m³ 为宜。

⑤ 产生铅尘铅烟的工作场所，应用密封的方法防止逸散，在密封不严

或不能密封之处，应安装通风排毒设施维持负压操作。产生酸雾的工作场所应有酸雾吸收装置，减少酸雾在车间里的逸散。

⑥ 采用集中通风系统的工作场所，其换气量除满足稀释有害气体岗位的需要量，确保作业人员职业卫生需求，通风进风口不得设在车间内。

⑦ 排风罩的形状与结构尺寸应便于铅烟、铅尘的有效排出，应符合《排风罩的分类及技术条件》（GB/T 16758—2008）的相关要求。

⑧ 排风罩口与铅尘、铅烟发生源之间的距离应尽量靠近，罩口应迎着有毒有害物质气流的方向；进风口和排风口位置应保持一定的距离，防止排除的污染物又被吸入室内。

⑨ 有毒有害物质被吸入排风罩口的过程，不应通过操作者的呼吸带，排毒要求的控制风速在 $0.25\sim3m/s$，常用风速为 $0.5\sim1.5 \text{ m/s}$，管道风速在 $8\sim12m/s$。

⑩ 产生铅尘的岗位采用下吸和侧吸式的吸风罩，产生铅烟的岗位采用侧吸式的吸风罩或相对密闭的排风柜，管道内积尘要定期清扫和维护。

⑪ 加酸充电岗位需设置清洁供水和洗眼装置。

8.7.3　个人防护

① 劳动者按岗位要求穿戴好工作衣帽和个人防护用品后才能进入工作岗位，工作完成后在车间指定处洗手后才能离开。

② 产生铅烟、铅尘的岗位应佩戴 3m 的 6200 半面具加 2091 高效滤棉，产生酸雾的岗位需佩戴 3m 的 9042 口罩和手套、围裙、防护目镜。其他岗位要佩戴密合性好的口罩。

③ 个人防护用品发放有相关台账，更换频率根据实际情况执行。

④ 合理安排劳动和调配劳力、进行轮换操作，减少劳动时间或缩短接触时间。

8.7.4　辅助卫生设施

① 企业的职业病防治辅助设施应包括沐浴室、盥洗室、更衣室，洗衣房等。

② 洗衣房内应有工作服浸泡池、工业洗衣机、烘干机、衣服整理台等设施，墙面和地面铺贴地砖，顶部吊顶。

③ 浴室内一般按 4～6 个淋浴器设一具盥洗器。每 8 人设一个淋浴龙

头。墙面、地面铺贴防滑地砖，顶面扣板或铝塑板吊顶，有排风和保暖装置。

④ 车间出入口设置洗手龙头和湿垫，劳动者出入车间应洗手。车间外洗手设施还宜设置雨篷并应防冻。按照 30 个人一个水龙头配置数量。

⑤ 根据生产要求在车间附近设置休息室，可供临时休息使用。休息室置桌椅、洗手池、饮水设备及空调。

8.7.5 职业卫生管理

① 企业职工人数在 100 人以上者应成立专门职业卫生管理部门，负责管理企业的职业卫生工作。职工人数 100 人以下的企业要有专（兼）职的职业卫生管理人员负责职业卫生工作，企业要有职业卫生管理组织，有相关的组织制度。

② 职业危害防护工程设计与施工单位应具备相应资质，禁止不具备法人资格的个人承揽此类工程设计与施工。

③ 应定期检查防护用品是否损坏，以便及时更换、防止失效。面具和口罩应定期更换。

④ 存在或可能产生职业病危害的生产车间、设备应设置职业病危害警示标识。

⑤ 个人防护用品有专门管理室负责收、发、清洗、消毒、维修保养、更旧换新工作，并且有相应的台账记录。

⑥ 车间内推行 5S 管理法，保持车间环境整洁，岗位操作台面工具摆放有序，地面无铅尘，定期清洗车间地面。

⑦ 不在车间内进行和工作无关的事情，如进食、吸烟等。

⑧ 工作服不得穿出厂区，应存放在更衣室中。企业对工作服进行集中清洗，定期更换。

8.7.6 职业卫生知识培训

① 各工序产生的职业危害因素的理化性质，对人体的危害，其他危险性。

② 对各工序的职业危害因素采用的卫生工程防护措施。

③ 各项卫生工程防护设施的原理，操作规程及维护保养方法。

④ 个人防护用品（防护用套、眼镜、面罩、防尘口罩、防毒面具）的

正确使用方法及合格维护保养方法。

⑤ 职工急救常识，在紧急情况下，避免意外伤害的紧急应对方法。

8.7.7 工作场所职业危害因素监测

① 用人单位应按照职业卫生管理要求定期对工作场所职业病危害因素的浓度或强度进行检测评价，应委托取得资质认证的职业卫生技术服务机构进行，每年至少进行两次评价检测。两年进行一次控制效果评价，企业每月一次自检。

② 工作场所职业病危害物质浓度或强度超过职业病接触限值的，用人单位应及时采取有效的治理措施。治理措施难度较大的应制订规划，限期达到治理规划应报主管部门和卫生行政部门审查批准。

③ 职业病防护设施在投入使用时和在设备大修后，应进行效果的鉴定。

④ 用人单位应将作业场所的职业危害物质的检测和评价结果存入用人单位职业卫生档案，定期向所在地卫生行政部门报告并向劳动者公布。

8.7.8 健康监护

① 铅酸蓄电池企业劳动者按照规定应进行上岗前、在岗期间和离岗体检。在岗期间体检每半年一次，检查结果存档。

② Ⅰ、Ⅱ类防控部位人员每6个月、Ⅲ类防控部位人员每12个月化验一次血铅指标，并对血铅超标的人员进行有效的治疗和一定的休养期。

③ 用人单位应明确危害因素种类、生产工艺流程、劳动者清单和劳动者上岗前、在岗期间和离岗时的职业健康检查工作要求，并定期对体检结果进行分析汇总，为尽早实行干预措施提供科学依据。

本章编写人员：李士龙　刘俐媛　马　帅　裴江涛　尚辉良　王吉位

张正洁　陈　扬

本 章 审 稿 人：陈　扬　张正洁　刘俐媛

第9章 废铅蓄电池回收过程含铅废物的风险控制技术

9.1 再生铅生产工艺及主要环境问题

9.1.1 废铅的产生及危害

我国回收的废铅主要是废铅蓄电池，占废铅资源的 $80\%\sim85\%$。废铅蓄电池属于危险废物，其对环境产生影响的成分是废酸及铅、锑、砷、锌等重金属物质。整只废铅蓄电池一般含有 $20\%\sim25\%$ 的电解液，其中含有 $15\%\sim20\%$ 的硫酸以及悬浮的含铅化合物，表 9-1 给出了废铅蓄电池中电解液的主要成分。

表 9-1 废铅蓄电池电解液中不同金属物质的浓度

金属	浓度/(mg/L)	金属	浓度/(mg/L)
铅颗粒	$60\sim240$	锌	$1\sim13.5$
溶解铅	$1\sim6$	锡	$1\sim6$
砷	$1\sim6$	钙	$5\sim20$
锑	$20\sim175$	铁	$20\sim150$

不同类型的废铅蓄电池，其板栅、铅膏、塑壳、隔板和废电解液成分虽不同，但各部件所占百分比波动不大，其成分平均百分比见表 9-2。废铅蓄电池铅膏的化学成分见表 9-3。

表 9-2   废铅蓄电池各部件所占平均百分比值

部件名称		平均百分比	备注
板栅	极板	33.2%	含铅97%
	端子极柱		
	偏极柱		
	汇流排		
铅膏		50%	
塑壳		5.2%	
隔板		1.52%	
废电解液		10.08%	
总重（未倒酸）		100%	

表 9-3   废铅蓄电池铅膏的化学成分

名称	总铅	Pb	PbO	PbO_2	$PbSO_4$	Sb	酸不溶物
铅膏	77.07%	5.98%	9.88%	27.53%	55.73%		0.88%

在废铅蓄电池再利用过程中，铅污染物主要有含铅废气、含铅废水、含铅废酸，其中以含铅废气污染最为严重。极细小的铅烟尘在500℃以上的条件下形成，因而较大颗粒的铅粉尘就成了主要污染物。铅粉尘经过图 9-1 所示的途径进入人体的血液，最终，大约90%积累在人体骨骼中，可能引起贫血、腹痛和脉搏减弱，造成神经系统中毒及代谢性疾病、生殖系统等方面的疾病，严重时会致人死亡。而铅蓄电池中的废酸如处理不当，流入农田将导致农作物的大量死亡。铅粉尘在自然环境和人体中的传播途径如图 9-1 所示。

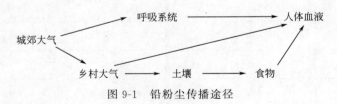

图 9-1   铅粉尘传播途径

在废铅蓄电池处理过程中，由于部分企业环保设施简陋，使得熔炼加工过程中排放的铅蒸气、铅尘超过国家排放标准几倍甚至几十倍，给周围环境带来严重污染，且资源浪费巨大。如果按每年处理 200 万吨废铅蓄电池计算，每年向周围环境中排放大约 40000t 铅，其中也有其他重金属（如锑）也在冶炼过程中流失。另外，废铅蓄电池再生利用过程中产生的含铅废料，以及熔炼过程中产生的废渣等，如果处理不当，也会严重污染周围的土壤和水体，从而给人体健康带来严重危害。

9.1.2 我国废铅资源的总体情况

由于再生铅的原料主要为废铅蓄电池，因此，再生铅产量与汽车工业有密切的关系。随着我国汽车工业的发展，我国再生铅产量在最近十年增速很快。表 9-4 给出了我国近十年再生铅产量及其占铅总产量的比例。从表可看出，2012 年全国再生铅产量 121.43 万吨，占当年铅产量（464.16 万吨）的 26.16%，再生铅产业已经成为我国铅工业的重要组成部分，但由于我国汽车工业与发达国家还有一定的差距，因此，与主要发达国家（如美国、德国、法国、日本等）相比，我国再生铅产业还存在较大差距。

表 9-4　我国近十年再生铅产量及占铅产量的比例

项目	2003 年	2004 年	2005 年	2006 年	2007 年	2008 年	2009 年	2010 年	2011 年	2012 年
铅产量/万吨	156.41	193.45	239.14	271.49	278.83	345.18	387.05	419.94	465.5	464.16
再生铅产量/万吨	28.25	42.49	53.71	58.71	65.05	88.88	123.00	136.29	135.00	121.43
比例/%	18.0	22.0	22.5	21.6	23.3	25.8	31.8	32.4	29.0	26.16

数据来源：国家统计局公布数据、中国有色金属协会数据、全国 POPs 统计报表。

9.1.3 我国再生铅生产状况及工艺发展趋势

9.1.3.1 我国再生铅企业生产情况

据 2012 年统计数据，我国共有再生铅冶炼企业 80 家，分布在全国 15 个省市。企业数量排名前三的省为湖南省、河北省和广东省，企业数目分别为 43 家、8 家和 5 家，各省市再生铅冶炼企业分布及产能、产量情况如表 9-5 和图 9-2 所示。

表 9-5　2012 年全国再生铅冶炼企业分布及产能、产量情况

序号	省份	企业数量/个	产能/万吨	产量/万吨
1	湖南省	43	64.9	37.02
2	河北省	8	30.4	8.47
3	广东省	5	8.2	2.56
4	河南省	4	61.0	11.72
5	江西省	4	10.2	0.82

序号	省份	企业数量/个	产能/万吨	产量/万吨
6	安徽省	3	59.5	33.10
7	江苏省	3	16.5	11.70
8	辽宁省	2	7.0	5.00
9	天津市	2	3.1	3.35
10	广西壮族自治区	1	9.0	6.99
11	贵州省	1	6.0	0.08
12	湖北省	1	4.0	0.16
13	内蒙古自治区	1	2.0	0.16
14	宁夏回族自治区	1	1.0	0.29
15	山东省	1	0.1	0.01

数据来源：2013 年全国 POPs 统计报表。

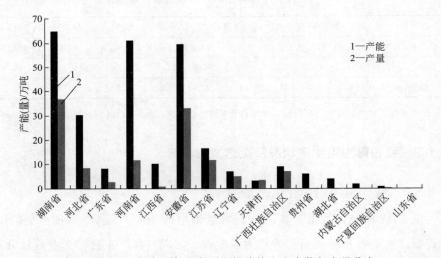

图 9-2   2013 年全国各省市再生铅冶炼企业产能与产量分布

2012 年我国再生铅冶炼行业总产能为 282.96 万吨/年，其中，产能超过 10 万吨的企业有 7 家，产能为 137.04 万吨/年，占全国总产能的 48.43%，这 7 家企业 2012 年产量为 60.4 万吨/年，占全国总产量的 49.75%。产能在（3~10)万吨的企业 18 家，产能为 95.52 万吨，占全国总产能的 33.76%，这 18 家企业 2012 年总产量为 40.02 万吨，占全国总产量的 32.95%。具体比例情况如图 9-3 和图 9-4 所示。

从各企业的冶炼炉类型来看，采用鼓风炉熔炼的企业最多，有 36 家，装置数为 37 个，采用反射炉熔炼的企业次之，有 28 家，装置数为 46 个。

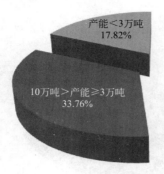

图 9-3　2012 年不同规模企业占全国再生铅总产能的比例

（数据来源：2013 年全国 POPs 统计报表）

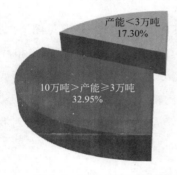

图 9-4　2012 年不同规模企业占全国再生铅总产量的比例

（数据来源：2013 年全国 POPs 统计报表）

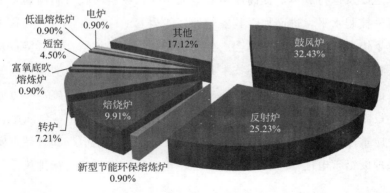

图 9-5　采用不同熔炼设备的企业数量比例

（数据来源：2013 年全国 POPs 统计报表）

具体情况如图 9-5 所示。

从各企业采用的除尘设施来看，采用袋式除尘最多，有 168 个，水幕除

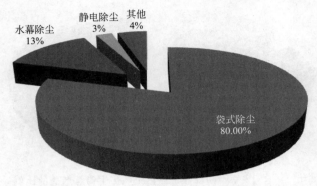

图 9-6　采用不同除尘设施的企业数量比例

（数据来源：2013 年全国 POPs 统计报表）

尘次之，有 28 个，静电除尘有 5 个，其他 9 个。具体情况见图 9-6 所示。

从 2012 年统计数据来看，将近 70% 的企业处于由工信部和环保部于 2012 年 8 月联合发布的《再生铅行业准入条件》要求在 2013 年年底之前淘汰范围内，这些企业大多采用鼓风炉等比较落后的冶炼设备，且污染防治措施较为落后，如果不对这些企业采取关停或技术升级改造，将会对我国环境造成严重污染。

9.1.3.2　我国再生铅冶炼工艺技术发展趋势

再生铅冶炼工艺技术的发展主要体现为不断实现现有技术升级，降低处理技术建设及运行成本，提高废铅蓄电池等含铅废料回收再利用的安全性和二次污染控制水平，进而加强其安全处理能力。

再生铅冶炼的最大问题是会产生铅等污染物，必须结合物料特点及其含铅污染物产生的条件促进冶炼技术升级，在冶炼过程中尽量消除铅废气的产生，从而减少铅的排放。对于已经建设的再生铅冶炼处理设施，一方面要确保该类设施在今后的更新改造和完善过程中，不断提高污染控制水平；另一方面，应重点从管理入手，切实推进该类设施的规范化运行和管理，实现在安全处理废铅蓄电池等含铅废料的同时，实现污染物稳定达标排放。

9.2　国内废铅蓄电池铅回收过程运行管理存在的问题

近十几年，随着国家环保法规的完善和从业人员对自身健康的重视，蓄电池生产企业已经越来越重视对环保的投入。新建的大型铅蓄电池厂全部按国家建设"三同时"的要求在建设过程中配建了完整的环保设施，包括铅烟尘处理装置，酸雾处理装置及全厂含铅废水集中处理装置等。

但绝大部分再生铅企业，由于受到市场和回收渠道等因素的限制，企业规模不大，因而技术装备落后，存在着严重的环保和资源浪费问题。全国现有再生铅厂生产规模小、技术工艺及加工设备比较落后，致使铅的再生率比较低，二次污染比较严重。80%的小型再生铅企业环保设施水平低，有的甚至没有除尘设施，熔炼过程中会产生大量铅蒸气、铅尘、SO_2，造成环境污染。建立一个 5 万吨的再生铅厂，引进先进设备就要 1.5 亿元。引用国外先进工艺的个别厂家，由于配套的环保设施和中间产品处理成本费用问题，运营也很困难。如此大的行业环境压力，使得企业设备、设施投资不足。因此，企业形成规范的运行管理体系对企业自身经济发展和环境保护将起到很好的推动作用。

在我国废铅蓄电池回收管理政策、法规、标准体系日趋成熟的过程中，我们也逐渐发现了在废铅蓄电池回收管理体系中的薄弱环节和关键问题，主要体现在重末端控制，轻过程控制；重工程建设，轻运行监管。在现有标准体系中所体现出来的问题是废铅蓄电池回收处理设施运行监督管理缺乏系统的监督管理依据和持续、全面、严格、规程性的监督管理手段，致使监督管理环节薄弱。

（1）缺乏必要的运行管理技术体系，设施运行存在安全隐患

虽然我国初步建立了危险废物管理体系，但涉及废铅蓄电池回收处理设施运行管理的内容甚少，在管理机构、监督机构、执行机构及相关机构的职权分工不够清晰，法律责任不够明确，明显滞后于发达国家废铅蓄电池回收管理体系的建设，更没有形成规范的运行管理体系，在实际运营中，极易造成风险事故和二次污染，存在较大的安全隐患。

对于政府来说，要实现完全连续监控废铅蓄电池回收处理设施，并能随时发现各种违规行为是很难的。但是，良好的管理模式能更好地促进设施运行，促使其积极地参与废铅蓄电池回收过程中产生的废物管理，实现废铅蓄电池中的铅有效回收和回收过程中产生的废物安全处理处置的目标。即通过开发相应的设施监督管理技术，使环境管理者有章可循，使公众知道政府和设施运营单位是如何确保环保设施规范化运行和达标运行的。这样，通过环境管理部门与运营单位的结合来具体实施废铅蓄电池回收处理设施的环境管理行为，在明确各自管理和技术要求的基础上，通过规范的监管内容、方法

和程序实现对废铅蓄电池回收处理设施的运行监管。

因此，通过废铅蓄电池回收处理设施运行管理技术研究，使环境管理者和运营者有章可循，为推进废铅蓄电池回收处理设施的规范化运行提供有力保障。

（2）废铅蓄电池全过程管理与污染防治体系不完善

要建立完善的废铅蓄电池铅回收技术应用管理模式，实现废铅蓄电池的收集、贮存、运输、处置整个生命周期的全过程管理。具体环节体现在废铅蓄电池收集、运输、贮存与处理阶段管理的衔接，废铅蓄电池铅回收设施运行管理过程中的监测和监督管理，废铅蓄电池铅回收设施运行过程中的环境安全问题和突发事件的应急管理，推进废铅蓄电池铅回收领域的技术培训和公共宣传等问题。我国在废铅蓄电池全过程管理与污染防治方面还缺乏相关的法律法规来约束企业的行为，应通过规范废铅蓄电池回收处理设施运行管理，建立健全我国废铅蓄电池铅回收的全过程管理与污染控制体系。

（3）最佳可行技术和最佳环境管理实践缺失，处置设施运行缺乏持续有效的技术和管理依据

目前，我国废铅蓄电池回收处理设施运行和管理方面没有统一的运行和管理技术规范，而各运营商在实际设施运行管理方面的做法也不尽相同。废铅蓄电池回收处理企业在获得经营许可证后，如果没有统一严格的运行管理规范要求，在实际运行中极易出现处理效果不达标和严重的二次环境污染。多数废铅蓄电池回收处理企业仅仅凭借经验或摸索运行，有些基础较好的处置企业则借鉴国外经验建立了自己的运行和管理规程，但存在与我国现行法规标准不衔接，运行和管理措施不到位等缺欠。

比较国外的管理体系，我国废铅蓄电池回收处理设施建设尚缺乏相应的最佳环境管理实践支撑，运行管理过程中缺少专业的技术规范指导，处理性能能否达到设计指标要求，我国的检验和管理环节也相对比较薄弱。分析BAT/BEP导则的核心理念，其实质是废铅蓄电池回收技术和运行管理的有效结合。废铅蓄电池回收设施的运行和管理技术进行研究，通过对最成熟技术在运行和管理方面存在的问题进行分析，进而提出相应的解决对策，最终通过全过程管理减少废铅蓄电池回收过程中产生的污染物造成二次污染，实现最佳可行性技术的推广及实践应用。因此，应通过规范废铅蓄电池回收处理设施运行管理，来确保实现设施建设目标。

（4）运营操作规范性差，监督管理环节薄弱

废铅蓄电池回收处理设施建设完成仅仅标志其具备了某一特定的处置能力，而设施处置功能的实现是在运行期。在整个废铅蓄电池回收处理过程中，其运行期是最长的一个时期，涉及废铅蓄电池从进厂接收到出厂的全部过程。由于废铅蓄电池回收处理技术的复杂性，运行管理包含的操作环节众多，每个环节的严格要求和正当操作是保证设施达标安全稳定运行的前提条件。

废铅蓄电池回收设施的管理人员和操作人员来自社会各阶层，其个人知识水平和能力差异较大，多数从业人员没有经过专门的培训，一些临时务工人员对废铅蓄电池回收处理过程中产生的危险废物对环境的危害和设施的操作流程没有系统的掌握，在设施运行管理和操作过程中经常会出现错误的管理和操作行为，极易造成设施的不稳定运行。

由于铅回收工艺多样、运行过程复杂，监测手段不足等，没有相应的监督管理程序和管理办法，环境管理部门监管无章可循，造成管理环节薄弱，无法随时发现各种违规行为，致使运营企业违规现象时有发生。

除此之外，我国的废铅蓄电池回收处理设施还存在废蓄电池收集量不稳定，操作及管理人员培训不到位，经济运行机制不统一等相关不足之处。以上存在的问题，严重制约了我国废铅蓄电池回收处理设施的安全稳定运行，急需提升相关技术体系和完善相关管理法规和标准。

9.3 废铅蓄电池铅回收过程风险污染风险控制技术

9.3.1 铅回收企业源头风险控制要求

9.3.1.1 一般要求

① 废铅蓄电池资源再生利用设施建设应经过充分的技术经济论证并通过环境影响评价，包括环境风险评价。

② 废铅蓄电池资源再生利用工程规模的确定和详细技术路线的选择，应根据服务区域废铅蓄电池的产生情况、社会经济发展水平、城市总体规划、技术的先进合理性等合理确定。

③ 废铅蓄电池资源再生利用应采用成熟可靠的技术、工艺和设备，做到运行稳定、维修方便、经济合理、保护环境、安全卫生。

④ 新建铅回收企业应严格执行清洁生产工艺，严格按照《清洁生产标

准　废铅酸蓄电池铅回收业》（HJ 510—2009）所确定的生产工艺与装备要求、资源能源利用指标、产品指标、污染物产生指标（末端处理前）、废物回收利用指标和环境管理要求等进行建设和生产。现有企业应限期达到清洁生产要求，逐步淘汰工艺技术落后，能耗高，资源综合利用率低和环境污染严重的工艺和设备。

⑤ 铅回收企业应积极推进工艺、技术和设备更新改造，积极推进更先进的清洁生产技术。

9.3.1.2　铅回收企业选址要求

① 厂址选择应符合当地城市总体发展规划和环保规划，符合当地大气污染防治、水资源保护、自然保护的要求。

② 铅回收企业不允许建设在饮用水水源保护区域范围和《环境空气质量标准》（GB 3095—2012）中规定的环境空气质量Ⅰ类功能区以及自然保护区、生态功能保护区、风景名胜区等需要特殊保护的地区。

③ 厂址选择还应符合以下条件。

a. 厂址应满足工程建设的工程地质条件、水文地质条件和气象条件，不应选在地震断层、滑坡、泥石流、沼泽、流砂、采矿隐落区以及居民区上风向地区。

b. 选址应综合考虑交通、运输距离、土地利用现状、基础设施状况等因素，并应进行公众调查。

c. 厂址不应受洪水、潮水或内涝的威胁，必须建在该地区时，应有可靠的防洪、排涝措施。

d. 厂址附近应有满足生产、生活的供水水源。

e. 厂址附近应保障电力供应。

9.3.1.3　铅回收企业设施建设要求

① 铅回收企业设施应包括预处理系统、铅冶炼系统，环境保护设施以及相应配套工程和生产管理等设施。

② 铅回收企业出入口、暂时贮存设施、处置场所等，应按《环境保护图形标志—固体废物贮存（处置）场》（GB 15562.2—1995）的要求设置警示标志。

③ 应在法定边界设置隔离围护结构，防止无关人员和家禽、宠物进入。

④ 废铅蓄电池贮存库房、车间应采用全封闭、微负压设计，室内换出

的空气必须进行净化处理。

⑤ 原有铅回收企业铅回收率应大于 95%，新建铅回收企业铅回收率应大于 97%。

⑥ 再生铅工艺过程应采用密闭的熔炼设备或湿法冶金工艺设备，并在负压条件下生产，防止废气逸出。

⑦ 应具有完整废水、废气的净化设施、报警系统和应急处理装置，确保废水、废气达标排放。

⑧ 再生铅冶炼过程中产生的粉尘和污泥应配备符合环境保护要求的处置设施，以确保其得到妥善、安全处置。

9.3.2 废铅蓄电池的收集、运输和贮存

9.3.2.1 收集

① 废铅蓄电池的接收过程应符合交通运输、公安部门现行的法律法规要求，还要按照国家《危险废物转移联单制度》规定执行。废铅蓄电池铅回收企业有责任协助运输单位对废铅蓄电池包装发生破裂、泄漏或其他事故进行处理。现场交接时应认真核对废铅蓄电池的数量、种类等，并确认与危险废物转移联单是否相一致。

② 废铅蓄电池的接收应满足以下要求：

(a) 废铅蓄电池接收应认真执行危险废物转移联单制度；

(b) 资源再生厂有责任协助运输单位对废铅蓄电池包装发生破裂、泄漏或其他事故进行处理；

(c) 现场交接时应认真核对废铅蓄电池的数量、种类等，并确认与危险废物转移联单是否相符；

(d) 资源再生厂应对接收的废物及时登记。

③ 废铅蓄电池收集过程应以环境无害化的方式运行，应在收集过程中采取以下防范措施，避免可能引起人身和环境危害的事故发生。

(a) 收集者严禁在收集点对废铅蓄电池进行私自拆卸，排空电解液；

(b) 废铅蓄电池渗漏液必须贮存在耐酸容器中；

(c) 撤装的铅材料应包装后收集。

9.3.2.2 运输

① 无论采取任何方式运输，废铅蓄电池必须在容器中运输。贮存、装

运废铅蓄电池的容器应根据废铅蓄电池的特性而设计，不易破损、变形，其所用材料能有效地防止渗漏、扩散。装有废铅蓄电池的容器必须贴有国家标准所要求的分类标识。

② 在废铅蓄电池的包装运输前和运输过程中应保证废铅蓄电池的结构完整，不得将废铅蓄电池破碎、粉碎，以防止电池中有害成分的泄漏污染。

③ 废铅蓄电池的运输必须采用符合环保要求的专用车辆。并按照国际公约和国家法律、法规要求设置警示标志，用通用的符号、颜色、含义正确的标注，以警示其腐蚀性和危险性。

④ 废铅蓄电池越境转移应遵从《控制危险废物越境转移及其处置的巴塞尔公约》的要求；批量废铅蓄电池的国内转移应遵从《危险废物转移联单管理办法》及其他有关规定。

⑤ 各级环境保护行政主管部门应按照国家和地方制定的危险废物转移管理办法对批量废铅蓄电池的流向进行有效控制，禁止在转移过程中将废铅蓄电池丢弃至环境中。

⑥ 运输单位必须具有危险废物运输资质和对危险废物包装发生破裂、泄漏或其他事故进行处理的能力。

⑦ 运输车辆在公路上行驶必须持有通行证。其上应证明废物的来源、性质、运往地点。在必要时需有单位人员负责押运工作。

⑧ 废铅蓄电池运输单位应制订详细的运输方案及路线，并制订事故应急方案和配备应急设施、设备及个人防护设备，以保证在收集、运输过程中发生事故时能有效地减少以至防止对环境的污染。

9.3.2.3 贮存

① 废铅蓄电池的贮存设施应参照《危险废物贮存污染控制标准》（GB 18597—2001）的有关要求进行建设和管理。

② 废铅蓄电池的贮存设施还应符合以下要求：

（a）废铅蓄电池贮存库应防渗、防漏，并具有良好的通风条件，有耐酸地面隔离层且远离其他水源和热源；

（b）应有足够的废水收集系统，以把溢出的溶液送到酸性电解液的处理站；

（c）应只有一个入口，并且在一般情况下，应关闭此入口以避免灰尘的扩散；

（d）应具有空气收集、排气系统，用以过滤空气中的含铅灰尘和更新

空气;

（e）应设有适当的防火装置;

（f）作为危险品贮存点，必须设立警示标志，只允许专门人员进入贮存设施;

（g）收集者不应大量贮存废铅蓄电池，暂存库贮存废铅蓄电池量不应大于1t，暂存时间最长不得超过90d。

③ 废铅蓄电池贮存要经过进场、登记、称重、分类、贮存等程序。

④ 铅蓄电池必须与其他原料分开贮存，含铅废物和废酸液等危险废物必须设专用箱（车库）存放或运输。

9.3.3 废铅蓄电池铅回收过程风险控制技术

9.3.3.1 一般要求

① 废铅蓄电池处置运行必须严格按工艺流程、运行操作规程和安全操作规程进行。严格执行清洁生产工艺，严格按照《清洁生产标准 废铅酸蓄电池铅回收业》（HJ 510—2009）所确定的生产工艺与装备要求、资源能源利用指标、产品指标、污染物产生指标（末端处理前）、废物回收利用指标和环境管理要求等进行建设和生产。

② 处置厂应结合工艺技术条件制订具体的运行操作规程，确保回收再生过程安全稳定。

③ 操作人员必须熟悉掌握处置计划、操作规程、再生系统工艺流程、管线及设备的功能及位置，以及紧急应变情况。

9.3.3.2 破碎分选

① 废铅蓄电池的破碎分选一般包括机械打孔、破碎、分离等，其过程应符合以下要求。

a. 废铅蓄电池的机械打孔应采取妥善措施，避免二次污染产生。

b. 废铅蓄电池破碎工艺应保证电池中的铅板、连接器、塑料盒和酸性电解液等成分在后续步骤中易被分离。

c. 破碎后的铅的氧化物和硫酸盐可通过筛分、水力分选、过滤等方式使其从其他的原料中分离出来。

d. 应对废塑料进行清洗，并必须清洗至无污染，基本不含铅后方可进一步回收利用。

e. 破碎分选过程应积极推进采用自动破碎分选设备进行。

② 来料放于贮存池内，所有加工场地都使用高密度聚乙烯混凝土层铺垫以防土壤被酸和铅污染。

③ 将电解液倒入贮酸池中，废电池由运输车倒入进料斗内，由输送带输送至破碎机，循环水喷淋冲洗，铅膏、铅泥从振动筛的滤网上被水冲下，与其他碎片分离，大碎片落入水动力分离机内。

④ 根据密度不同将碎片分成三类：板栅沉在水底，由螺旋输送机送至水洗槽清洗和分离；聚丙烯浮在水面，由螺旋输送机运送分离出来，水洗干燥粉碎制粒，作副产品出售；重塑料传送到脱水筛，经水洗干燥，作为生产低质塑料产品的原料出售。

⑤ 粉碎系统循环水定量排放并补充塑料及板栅清洗的低浓度水。排出的酸性废水经 NaOH 中和后浓缩回收 Na_2SO_4。

9.3.3.3 冶炼过程控制要求

① 回收系统操作人员必须熟悉掌握处置计划、操作规程、系统工艺流程、管线及设备的功能及位置，以及紧急应变情况。

② 中、大型冶炼回收装置均应有控制系统，各种设备的运转需是自动式的。再生铅冶炼系统的操作人员应保持操作条件的稳定及发现和处理异常情况。

③ 回收操作人员必须注视或调整系统的操作参考数值（压力、温度等）。如果有异常情况发生时，应及时判断原因及时解决问题。

④ 再生铅回收冶炼前应检查主要仪表、设备、互锁系统及紧急停机系统。然后按本规范启动装置。

9.3.4 末端风险控制技术

9.3.4.1 废气处理

① 废气主要包括废铅蓄电池拆解、再生铅冶炼及精炼过程中产生的铅尘等污染物，对于车间产生铅烟、铅尘的部位均需安装除烟、除尘设备。

② 废气治理技术主要包括烟气收尘（袋式除尘技术、电收尘技术、旋风收尘技术、湿法收尘技术）、烟气脱硫（石灰/石灰石-石膏法、氨法、钠碱法、金属氧化物脱硫技术、有机溶液循环吸收脱硫技术、DS-低浓度 SO_2 烟气治理技术）、环保通风（原料制备系统除尘、火法冶炼系统环保通风、

铅湿法冶金废气净化）等。

③ 除尘设备产生的飞灰须密闭收集贮存，并按照《危险废物填埋污染控制标准》（GB 18598—2001）固化填埋处置。

④ 应采取双路供电确保废气净化设施的电力供应，减少停电的概率；配备柴油发电机，确保停电后废气净化设施正常运行。

⑤ 废气处理装置发生事故时，要停止该工段的生产，待废气装置正常运转后，再恢复生产。

9.3.4.2 废水处理

① 应确保废水尽量不外排，应处理后回用以避免对厂区周围水环境产生影响。必须外排时，处理后的各项指标应符合相关的工业污水处理排放标准。

② 废水处理系统应包括均质调节、降温冷却、悬浮物和其他有害物质脱除等工艺单元。

③ 向废水中加入絮凝剂，用于除去大部分的悬浮物，再测量废水的 pH 值，并加入碱溶液，将废水 pH 值调至中性。

④ 用废水泵将调节过的废水送入一步净化器，由一步净化器完成对废水进行曝气、絮凝、沉淀等处理工艺。

⑤ 厂方应当建设事故处理池以应付突发事件的发生。铅酸废水处理站设备出现故障时，应立刻停止生产，铅酸废水暂存放于事故池中，待铅酸废水处理站正常运行后，原水池中的废水再进入处理站进行处理，达标后排放。

9.3.4.3 废渣处理

① 认真做好废渣及冶炼炉渣的收集、分类存放和定点处置，防止二次污染的措施。

② 同时对废渣堆场、处理车间和生产车间的地面铺衬高密度聚乙烯（HDPE，high density polyethylene）防渗膜，且厚度不少于 4mm，所有接缝必须焊接牢固，以防止渗滤液和废酸液外渗污染地下水。

③ 工艺产生的工业固废、生活垃圾和危险废物均有其相应出路或综合利用途径，不必长期堆放贮存，不会对周围环境和地下水环境造成影响。

④ 其他烟气净化装置产生的固体废物按《危险废物鉴别标准》（GB 5085.1-3—2007）鉴别判断是否属于危险废物，如属于危险废物，则按危险

废物处置；否则，可送生活垃圾填埋场填埋处置。

⑤ 含铅固体废物和炉渣应进行包装，包装袋及装袋操作均应符合危险废物包装规范，避免操作时人身接触。

⑥ 包装后的铅灰和炉渣及时运送至填埋场处理，在场内临时存放应符合危险废物贮存的有关规定。

⑦ 铅灰和炉渣运输应使用满足危险品运输要求的专用车辆，并在车厢外醒目位置加贴危险废物标志。铅灰和炉渣运输应符合危险废物运输的有关规定。

⑧ 铅灰和炉渣运输车辆均应配备通信设备，途中遇到紧急问题及时与当地环保部门联系。

⑨ 车上备有安全应急设施，包括必要的废物收集容器和工具。同时应备石灰、铁桶、铁锹、扫把、防雨布、厚塑料、手套、防毒口罩、应急灯、工作服等物品，以备途中出现意外事故，进行应急处理。

⑩ 运输人员应熟悉路线、路况，了解运输管理制度及出现意外事故时的应急操作，掌握危险废物转移联单的使用方法等。

9.3.5 职业防护技术

9.3.5.1 一般要求

① 处置厂运行过程中，必须高度重视安全和职业卫生，采取有效措施和各种预防手段，严格执行相关安全卫生规范和标准。

② 处置厂建成运行的同时，必须保证安全和职业卫生设施同时投入使用，并制订相应的操作规程。

③ 处置厂运行必须全面执行国家安全生产及劳动保护各项法律、法规。

④ 处置厂在专业人员配置、防护器材准备、人员伤害事故急救、岗位人员保健体检、教育培训及遵章守纪管理等各方面，全面做到与安全生产及劳动保护有关的措施落实。

⑤ 处置厂在易燃易爆品管理、高温生产条件及高温作业防护以及工业企业常规的安全生产、消防及劳动保护有关的技术要求按国家有关法规执行。

9.3.5.2 职业安全

① 处置厂区为危险控制区域，以厂区围墙为界。在围墙四周和大门前

应设置规定的警示标示，避免无关人员接近和进入厂区而受到伤害。

② 厂区通道必须实行分流。

a. 厂区的危险废物运输车辆进出通道，工厂运行期间任何行人、其他车辆不得在此出入。

b. 设施大修停产期间，必要在危险废物运输车辆进出通道出入的其他运输车辆可凭通行证进出。

c. 危险废物运输车辆进入厂区必须办理预验和进入登记手续。危险废物运输车辆驶出厂区之前，必须经检查和办理离厂登记手续。

d. 运载属于危险废物的灰渣等出厂，起运前必须办理转移联单及相关的危险货物运输手续。

e. 普通货物运输车辆、乘坐车辆、其他车辆和人员进出厂区应走行专用通道。厂外车辆、人员进入厂区大门前，必须办理进入登记手续。本厂车辆和人员凭通行证、工作证进入。

③ 各种车辆驶出厂区大门前，应接受必要的检查，防止混带危险物出厂。处置厂区大门和围墙应设置工业电视监控器，实行24h监控。

④ 进厂的危险废物的运输车辆，必须采取防扬散、防流失、防渗透或其他防止污染环境的措施，不符合本条要求的车辆，应协助运送者整理完好后方可进入厂区。

⑤ 运输危险废物进厂的车辆不得在厂区内的任何非卸车区停留、卸载或启封包装物。

⑥ 厂内危险废物的装卸、转移及传送作业，必须在有严格的防撒落、溢出及容器破损的措施下进行。使用的设备、工具及装具应安全可靠，使用前应进行检查、试操作。

⑦ 有散装废物经过的所有通道及设备基础、地面等，均应铺设有带沿的钢板垫层，在废物意外散落时可完全地进行收集处理。

⑧ 与废物接触过的工具、用品必须严格管理。重复使用的物品应指定存放区，不得随意丢放。现场作业的工作服不得洗涤后重复使用。废弃的污染物品应按危险废物进行处置。

⑨ 厂内用于污染液体、工艺污水的输送管道及暂存贮槽、贮池等，必须采取严格的防渗漏、防液体泄漏措施。地下装置或构筑物基础必须作严格的防渗漏处理。运行中出现有害液体外泄情况时，应采用吸附材料等有效方式及时收集处理。

⑩ 厂区内应在有危险废物毒害可能部位的醒目位置设置警示标识，并应有可靠的安全防护措施。所有相关岗位人员必须通过安全及个人防护培训，并经考核合格后方可上岗。

9.3.5.3 职业健康

① 处置厂运行作业的现场人员，应配备必要的劳动保护及个人防护装备。如防溅安全护目镜、全面罩、呼吸器、防渗手套、防护服等。根据岗位的风险程度，配备不同的个人防护装备。

② 应对使用者应进行专门的培训，以掌握正确的使用方法，上岗时必须按要求穿戴。防护装备的购置、发放、回收和报废均应进行登记管理。

③ 处置厂安全管理人员应对全体岗位人员上岗前的安全防护情况进行检查，发现不符合要求的情况应责令其改正。对于拒不接受者，有权阻止其进入作业场所。

严禁操作人直接接触废物，一切操作必须使用设备、工具和装具进行。

④ 危险废物的贮存库和有废物气体扩散的部位内应设置气体污染报警装置，当有害成分超标时应能报警。相关部位通风与气体净化设备应启动运转，当确认气体所含的有害成分达到规定的标准以下时，操作人员方可进入。

⑤ 处置厂应配置危险废物意外伤害人员急救的措施和相应的条件。

a. 处置厂应配备必要的急救医护人员。急救医护人员对接收各种废物的毒性特征、人体创伤接触和有害气体吸入毒害的反应症状、急救时应使用的药品及器材、急救的处置程序和要领均应准确掌握。

b. 处置厂应设置有医护室。配置必要的急救药品及器材，设置临时处置用的病床等基本设施。

c. 处置厂应制订切实可行的急救处置预案，经过必要的训练和演习，以达到应急的要求。

d. 处置厂应配备有可适用于送运伤员的车辆，与就近的医院做好联系沟通，以备在需要时可及时将伤员送往医院救治。

⑥ 处置厂对于处置运行岗位上工作的员工的职业卫生、保健和体检等基本条件方面，应给予切实保障；

对直接接触铅酸的工人，加强个人防护措施，配备劳动用品，保证工人的卫生。

⑦ 从事废物装卸、破碎、传送等直接操作的岗位人员必须在规定区位

换下衣着，通过沐浴间进入专门的更衣间穿着工作服及防护用品。经安全管理人员检查合格后，方可进入工作岗位。下岗后在更衣间换下工作服及防护用品，进入沐浴间沐浴后，方可穿着班后服装。

⑧ 生产现场其他岗位应根据与危险废物接触的紧密程度，制订相应的沐浴更衣等要求。

⑨ 企业的全体员工，应按期进行身体检查。

a. 员工身体检查的项目和检查的周期时间，应根据所在岗位的性质确定。所有人员的体检周期不应超过一年。

b. 体检的基本项目应包括血常规、尿常规、呼吸道及胸部 X 射线透视和废物毒性侵害的特征项目等。

c. 高危险作业岗位的人员应增加眼、鼻、口腔、皮肤及消化道等的特殊检查。

d. 员工体检应制订计划并严格执行。全体员工应建立健康档案卡，及时记载体检结果和与职业相关的医疗情况。

e. 体检的费用开支应进入处置运营成本。

⑩ 处置厂应根据处置废物的特性，请专业机构和专家支持，研究制订员工职业病防范的计划，落实相应的措施，对员工进行职业卫生的教育。

9.3.6 运行与维护

9.3.6.1 机构设置

① 废铅蓄电池处置设施运营机构应根据处置设施规模和危险废物计划处置的数量，结合处置设施和运营商的综合条件设置。

② 运营机构可分为经营管理保障机构和处置生产运行机构。经营管理保障可按处置厂运营需要设置，不作具体的要求。

③ 废铅蓄电池收集和处理处置生产运行机构中的生产管理部门必须与安全、环保管理部门分别独立设置。安全、环保管理部门根据处置规模可以分设，也可在一个部门内进行分工。

④ 生产运行管理机构和一线生产组织必须遵守特殊工艺条件下、高危险性的生产作业的特殊要求，处置运行一线生产组织应严格按 8h 工作制配置必需的倒班生产班组，不得延长每一班次的在岗工作时间。

⑤ 生产运行管理机构和一线生产组织设置必须遵循一定的原则。

a. 机构、组织应有相对专一的职责分工，不应兼有其他职责。

b. 机构、组织上下级关系应明确，上级指令下级必须无条件执行。

c. 机构、组织只对一个上级负责，只执行一个上级的指令。

9.3.6.2 人员培训

① 处置厂应对技术人员、管理人员及操作人员进行相关法律法规和专业技术、生产运行、安全防护、事故应急等理论知识和操作技能培训。

② 运营者均应组织相应的人员参加国家有规定的处置设施运行相关人员培训，并通过考核。

③ 培训要求应包括以下几个方面。

a. 熟悉有关危险废物管理的法律和规章制度。

b. 了解废物危险性方面的知识。

c. 明确危险废物安全卫生处理和环境保护的重要意义。

d. 熟悉废铅蓄电池的分类和包装标识。

e. 熟悉废铅蓄电池处置厂运作的工艺流程。

f. 掌握劳动安全防护设施、设备使用的知识和个人卫生措施。

g. 熟悉处理泄漏和其他事故的应急操作程序。

④ 管理技术人员的培训要求

a. 详细掌握工厂各工序环节的技术原理、主要设施设备及运行操作的要点。

b. 明确废铅蓄电池处置工艺流程的主要技术要求、各岗位的分工及职责。

c. 具有组织生产运行、设备设施维护、环境污染监测监控和必要时组织实施应急预案、紧急救护等的综合能力。

⑤ 生产运行人员的培训要求

a. 熟练掌握本岗位操作技能，如废铅蓄电池的装卸，分析鉴别，预处理及贮存、配伍，烟气净化，工艺污水处理，残渣和飞灰处理，各辅助、保障设施运行等。

b. 熟悉本岗位工艺技术原理和设施设备维护保养要求。

c. 能够在故障、事故发生时进行本岗位的应急处理操作。

d. 了解作业过程中安全防护措施等。

⑥ 废铅蓄电池运输人员的培训要求

a. 熟悉处置废铅蓄电池运输车辆技术条件。

b. 熟知运输路线、路况及危险废物运载技术要求。

c. 掌握各类事故应急处理的基本操作要点和应采取的安全防护措施。

d. 了解危险废物转移联单的使用流程等。

⑦ 管理技术人员培训的教材应按培训对象作细化分类，培训内容中应安排观摩、实习等内容。

⑧ 生产运行人员的培训除课堂教学外，应安排生产实习和必要的现场培训。不同作业类型的人员应分别进行专业培训，应注意培养应用实践能力和操作技能。

⑨ 驾驶员和附属人员应当受到处理危险废物和应急救援方面的培训，包括防火、防泄漏等，以及通过何种方式联络应急响应人员。

⑩ 处置厂应建设员工教育培训的设施条件，每年应安排相应的经费用于员工的培训、实习及考核等；各类人员经培训完成后，经考核发给培训合格证，作为办理上岗证的必备条件之一。

9.3.6.3 交接班制度

① 为保证设施安全、有效、持续地运行，生产运行相关信息中最重要的部分，必须通过运行记录和交接班记录进行记载、传递和留存。

② 记录中记载的非正常情况，必须在时限内得到处理并再记录。记录的形式包括计算机和文本。

③ 资源再生厂应明确设置运行记录和交接班记录的重点岗位、记录的基本内容、记录的查阅及登记、记录的转发和留存等。

④ 厂内与处置流程密切相关的相对重要的运行岗位均应设置运行记录，应结合运行岗位的实际设置而具体确定。

⑤ 交接班记录是必须倒班的同一岗位前一班次当班人员对接班人员进行岗位交接的专门文件，必须设置记录的岗位应予以明确，交接班制度内容包括：

（a）生产设施、设备、工具及生产辅助材料的交接；

（b）运行记录的交接；

（c）上、下班交接人员应在现场进行实物交接；

（d）运行记录交接前，交接班人员应共同巡视现场；

（e）交接班程序未能顺利完成时，应及时向生产管理负责人报告；

（f）交接班人员应对实物及运行记录核实确定后签字确认。

⑥ 废铅蓄电池资源再生厂生产设施运行状况、设施维护和回收处置生产活动等记录的主要内容包括：

（a）危险废物转移联单记录；

（b）废蓄电池接收登记记录；

（c）废蓄电池进厂运输车车牌号、来源、重量、进场时间、离场时间等记录；

（d）生产设施运行工艺控制参数记录；

（e）生产设施维修情况记录；

（f）环境监测数据的记录；

（g）生产事故及处置情况记录。

⑦ 废蓄电池资源再生厂应详细记载每日收集、贮存、利用或处置废蓄电池的类别、数量、有无事故或其他异常情况等，并按照危险废物转移联单的有关规定，保管需存档的转移联单。危险废物经营活动记录档案和危险废物经营活动情况报告与转移联单同期保存。当地环保行政主管部门和其他有关管理部门应依据这些准确信息建立数据库，为管理和处置废蓄电池提供可靠的依据。

9.3.6.4　定期检测、评价及评估制度

① 处置厂在建设完工或冶炼装置大修后应进行试运行。试运行期间，应对炉渣、铅灰、处理后将排放的工艺污水、烟气及环境噪声进行检验监测。环保监测部门监测合格，各方面运行条件具备后，处置厂方可转入正式运行。

② 定期对废铅蓄电池处置效果进行检测和评价，必要时应采取改进措施。

③ 定期对环境污染防治和卫生效果进行检测和评价，对结果整理存档，每半年向地方环保和卫生行政主管部门报告一次。

④ 定期对处置厂的设施、设备运行及安全状况进行检测和评估，消除安全隐患。

⑤ 定期对电池处理程序及人员操作进行安全评估，必要时采取有效的改进措施。

⑥ 评估的主要内容应包括：

（a）运行期处置的废铅蓄电池来源、数量；

（b）处置系统运行的负荷率（按设计能力）；

（c）处置排放的总量及去向；

（d）处置排放的达标情况；

（e）环境监测的结果；

（f）设备维修保养及大修情况；

（g）运行及人员安全情况；

（h）人员职业卫生及健康情况；

（i）处置收入、成本及盈利情况；

（j）工厂运行管理情况；

（k）工厂其他有关情况。

⑦ 处置厂应按要求认真准备评估所需的文件资料，做好阶段运行情况的总结，提供现场评估所需相关条件。

⑧ 评估应形成处置厂是否实现设计建设预期目标的综合评价。处置厂应将其作为工厂下一期提高运行质量的指导意见。

9.3.6.5 事故应急

① 废铅蓄电池处置厂应建立完善的事故应急系统。

② 处置厂一般性工业企业运行事故和自然灾害引发的事故按国家工业生产和热工行业有关事故应急要求执行。但由此类事故可能造成的危险废物环境污染扩散和对现场及周边人员的人身伤害应包括在本规范的要求之中。

③ 应急系统建设的主要内容：

（a）编制完成事故应急预案；

（b）配置可移动式现场检测仪器；

（c）配置大气污染扩散控制器材；

（d）配置清理工具、设备和相应的固态、半固态及液体废物容器；

（e）配置或可调用废物运输车辆；

（f）个人防护和急救用品；

（g）伤员急救器材和转送车辆；

（h）组建应急分队并进行应急训练、演习；

（i）建立报告程序并保持时刻联络畅通；

（j）建立并保持与求援单位的联系，如当地卫生、消防、急救部门等。

④ 处置厂应制订完善的运行事故应急预案，主要内容应包括：

（a）可能发生事故的原因、类型预测；

（b）可能的危害程度分析；

（c）对设备设施的影响分析；

（d）对人员的影响分析；

（e）对环境的影响分析；

（f）分步具体的应急对策；

（g）人员准备；

（h）设备仪器器材准备；

（i）培训要求；

（j）责任人及责任；

（k）应急组织。

⑤ 处置厂事故应急系统应配置的物质条件包括事故现场情况判定及危害程度预测的仪器设备、控制污染扩散加剧和清运污染物的设备器材、人员防护和伤员急救转送的装备等。

⑥ 处置厂在落实自身应急系统的人员和组织保障的同时，必须保证事故报告和应急求援渠道的畅通。

⑦ 处置厂应制订事故应急系统紧急启动程序，建立严密的应急组织、指挥、协调和行动体系，按要求定期进行检查。

⑧ 处置设施运行期间应保证应急系统处于常备状态。

⑨ 处置厂应组建应急分队并定期进行培训、演习。

⑩ 防范的措施主要是加强日常管理，定期维修设备，加强操作工人的技能培训等。

本章编写人员：陈　扬　刘俐媛　冯钦忠　王俊峰　张正洁　范艳翔

本章审稿人：陈　扬　张智勇

第10章　典型铅生产过程含铅废物污染防治工作的对策建议

10.1　加强铅矿采选行业环境管理工作的对策建议

我国政府部门应在健全法律法规体系的基础上，强化监督管理，将含铅废物堆存、污染物防治建设在法律法规的"笼子里"。

① 研究及采用先进的采选矿技术，提高铅资源综合利用率。

通过对含铅金属矿，特别是复杂多金属铅锌矿、铅锌铜矿、铅锌铜锡矿、氧化矿等采选技术的研究，制定高标准的市场准入机制，采用先进的采选技术，提高铅资源的综合利用率，从而减低含铅废物堆存的含铅量，降低铅转移污染数量。

② 研究及采用先进的铅污染控制技术，从源头上减低铅污染。

主要研究废水处置技术、回用技术，排土场安全控制技术，含硫化矿废物酸性水控制技术，尾矿综合利用技术等。

③ 完善相关管理规范。

主要完善排土场安全管理规范、酸性废水处置技术规范、废水回用技术规范、含铅废物堆存环境评价规范、采选企业区域环境污染环境评价技术规范等。

④ 尽快加强环保执法力度。

10.2　加强原生铅冶炼行业环境管理工作的对策建议

（1）切实提高制度执行力，维护制度的权威性和严肃性我们不缺乏制度建设与创新的能力，但缺乏贯彻与落实的力度。近年来我国涉铅企业导致周边儿童血铅超标事件频发很大原因在于制度执行不到位。从一定意义上说，制度执行比制度制定更为费力，更为重要，也更为紧迫。我们要在保证制度自身科学性建设的同时，坚持和完善抓制度落实的责任制，实施精细化管理，明确责任主体，建立健全督查、监控、反馈和考评机制，及时发现和纠正出现的问题，维护好制度的权威性和严肃性。

（2）按照"做全、做准、做早"原则确定铅污染综合防治

"做全"指横向上相关部门要理清权责、明确分工、共同落实、形成合力；"做准"指在完成既定总量控制目标外，要增加对重点地区涉铅企业的特征污染物的监管，对技术工艺落后的小型铅冶炼企业加强监控；"做早"指切实落实预防为主，从产业政策和环保准入门槛等方面加强对原生铅冶炼企业布局和工艺水平的控制，促进技术工艺先进的规模以上企业的发展。

（3）加快铅污染监控相关的环保标准制修订工作

一是在 2016 年标准计划和"十三五"标准规划中列入相关工作内容，加强涉铅环保标准的协调和衔接，进一步完善涉铅标准体系。二是推动并指导重点省份依法制定并实施比国家排放标准更加严格的地方排放标准。三是促进开展企业周围环境质量监控。在污染物排放标准中规定对企业周围环境敏感区的环境质量进行监控的要求。四是通过引导地方落实环境质量标准的要求，推动铅冶炼行业合理布局，降低铅污染的健康风险。五是加强标准宣贯工作，对于已发布的涉铅环保标准，编写培训教材，制订培训计划。

（4）进一步完善环境管理技术体系提高铅污染防治的有效性

一是加强对铅冶炼行业的环境准入要求，对于符合准入要求的企业、技术、设备、产品等，在绿色信贷、上市环保核查、政府绿色采购等方面给予优先支持；二是加强对铅冶炼企业污染防治设施的运行管理，在自运行无法达到管理要求的情况下，强制其采取第三方运营；三是大力推进清洁生产，不断完善清洁生产技术要求和《国家重点行业清洁生产技术导向目录》，在行业中逐步推行强制清洁生产审核；四是推进技术创新、发展环保产业，加快传统工艺更新和淘汰高能耗高污染的铅冶炼生产工艺和设备。

（5）推动环境与健康管理工作的规范化和制度化建设

一是在初步摸清重点地区环境铅污染对人群健康影响特点的基础上，开展全国环境与健康风险评价，提出风险区划和风险分级；二是选择有条件的地区开展环境与健康综合监测试点示范，为掌握铅污染对健康影响的发展规

律，开展风险预警奠定基础；三是加强环境与健康信息共享与服务，发布《国家污染物环境健康风险名录》、《重点行业环境与健康风险手册》和《中国人群暴露参数手册》，建立环境与健康毒性资料数据库；四是将原生铅冶炼污染防治作为案例，启动环境与健康风险管理制度设计研究。

（6）加大科研投入和成果转化，提高铅污染防治科技支撑能力

一是进一步完善顶层设计，通过查遗补漏，使得科研立项更好地服务于经济发展和环境保护的现实需要；二是鼓励大专院校、科研院所和企业加强针对性强、技术含量高的应用性技术开发；三是加强环境与健康风险评价实用技术和方法学研究；四是督促既有项目产出，使之尽快为铅污染防治工作提供支持。

（7）加强环境与健康宣传教育

充分利用广播、电视、报刊等媒体宣传铅的危害及防护知识，让公众了解铅污染可防可控可治，向广大企业管理干部宣传环境污染导致健康损害的后果及加强铅污染治理的举措，提高企业守法意识。

10.3 加强我国铅蓄电池行业环境管理工作的对策建议

① 建立企业排放清单，有助于信息公开和公众监督。

② 推进最佳可行技术和最佳环境管理实践相结合。

最佳可行技术是发达国家核心环境管理制度的技术依据，是欧美等发达国家环境管理产生实质成效的技术保障。美国于 20 世纪 70 年代提出将最佳可行技术作为排放标准制修订、总量控制以及许可证等环境管理手段的基础，该思想被欧盟乃至国际上广泛采用。1996 年欧盟在综合污染防治指令中也提出建立并实施最佳可行技术体系。为了充分发挥最佳可行技术的作用，目前欧盟已制定了 30 多个行业最佳可行技术参考文件、美国已制定了 56 个行业（涵盖 450 个子行业）基于最佳可行技术的污染物排放指南。

③ 建立精细化管理手段，制定污染防治技术管理文件。

在美国，蓄电池协会与环保局联合制定了一系列的法令、标准。其中《资源保护与恢复法》（RCRA）主要针对包括废铅酸蓄电池在内的危险废物提出要建立记录保存和报告制度、联单管理、处理、贮存或处置设施的选址、设计与建设标准、应急计划、财务以及设施许可证等。也针对铅蓄电池产生者的危险废物贮存、贮存设施的许可证管理、贮存设施的管理标准、应

急计划和程序以及记录保存和报告等进行了规定。日本的《废弃物处理与清扫法》明确了产生者的责任和义务，制定了收集、运输、处置、贮存相关标准规定及其记录、建档规范。日本其他相关标准中，也对废物的运输进行了详细的规定，以便充分保证运输的安全性、清洁性、效率及经济性。国外管理实践证明，只要有合适的法律法规保证，推进细节化管理模式的建立和实施，才能切实保障废铅酸蓄电池的管理实现可持续发展。

④ 建立完善的风险评估技术和风险控制体系。

10.4 加强我国废铅蓄电池铅回收行业环境管理工作的对策建议

我国政府部门应健全法律法规，规范回收体系，加强执法和宣传力度，制定经济促进政策，完善铅蓄电池回收利用体系。在充分发挥市场自身调节作用的同时，通过宏观管理来引导再生铅行业的健康发展。

10.4.1 健全蓄电池铅回收领域政策标准体系

建立完善的政策法规和标准是控制废铅蓄电池回收污染、保护环境的基础。通过对美国、欧洲等国的废铅酸蓄电池污染控制情况进行研究发现，建立健全的法规体系是实现污染控制最重要的、也是首要的一步。我国目前铅蓄电池回收的相关法规和标准的缺失、相关法律主体责任不明确造成了该行业管理混乱。因此，提高我国废蓄电池铅回收行业污染控制水平的当务之急是建立相关的管理法规和标准体系。

① 建立废铅蓄电池铅回收最佳可行技术和最佳环境管理模式。应借鉴国外先进经验，并在此基础上建立科学的方法规范技术的应用和实践管理行为。制订蓄电池铅回收行业污染防治技术政策，建立废铅蓄电池最佳可行收集管理模式，探索废铅蓄电池铅回收污染控制最佳可行技术和最佳环境管理模式，开发废铅蓄电池铅回收技术筛选和评估方法，以便从技术角度为提高我国铅蓄电池回收行业污染控制水平提供技术和管理依据。

② 推进铅蓄电池铅回收清洁生产标准的贯彻落实以及清洁生产审核方法的开发工作。循环经济和清洁生产是对传统经济发展观念、资源利用模式和环境治理方式的重大变革，有利于提高经济增长质量、节约资源能源和改善生态环境，是建设资源节约型、环境友好型社会，落实科学发展观、实现

可持续发展的必然要求。循环经济和清洁生产要求在生产、流通和消费过程中遵循减量化、再使用和资源化原则，其直接效应就是节能、降耗、减排，而废蓄电池铅回收环节也必然应成为中国发展循环经济的必要组成部分。建议全面落实废蓄电池铅回收清洁生产标准，并推进和废铅蓄电池清洁生产审核指南编制工作的立项工作，为我国推进废铅蓄电池铅回收企业的清洁生产工作的开展，减少重金属污染提供技术依据。

③ 推进废铅蓄电池铅回收系列技术规范。对于废铅蓄电池收集者、运输者、再生产者、综合利用者以及监督执法者等都尚无明确和具体的要求。为加强我国废铅蓄电池回收和再生产管理，建议制订切实可行的废铅蓄电池处理污染控制、设施运行及监督管理技术规范，为规范铅回收企业的设施运行行为，为地方环境保护行政主管部门实施监督管理提供科学的方法和依据。

10.4.2 建立科学规范的经济运行机制

鉴于回收环节的管理难度大，国家有必要建立相关经济激励机制以改变这种散乱而危害环境的回收现状。为使符合国家环保要求、技术先进的企业快速发展壮大，国家应建立相应的经济激励制度，运用税费、信贷、拨款、价格、奖金等价值工具，贯彻经济利益原则，调动再生铅企业保护环境的积极性。

在税收方面，国家应减轻再生铅企业的税赋，使进销项增值税平衡；对于达到较高的环保、安全、能耗、资源利用率等指标的企业减免增值税等相关税收，鼓励先进企业发展；或将再生铅列为给予优惠政策的资源综合利用产品目录中，对取得生产许可证企业生产的再生铅产品给予税收优惠。

在资金方面，国家在已出台的一系列经济激励政策中，如国债资金贴息项目、资源综合用专项资金项目、企业技术创新基金和循环经济试点单位的建立等，应对再生铅产业加大倾斜力度，激励再生铅企业发展，使优秀的再生铅企业能够迅速发展起来，为国家资源循环利用和环境保护做出更大的贡献。

10.4.3 建立健全相关回收管理体系及制度

通过分析国外发达国家的废旧铅酸蓄电池污染控制情况，可以总结出废旧铅蓄电池的两个主要回收途径：第一条途径是由蓄电池制造商通过其零售网络组织回收，如美国。第二条途径是由依照政府法规批准的专门收集废旧铅蓄电池和含铅废物的联盟和回收公司运作，这些废料商从各种可能的途径收集到废旧铅蓄电池、杂铅等含铅废弃物后，再转卖给有规模、有经营许可证的再生铅厂，如法国。国家应基于我国废铅酸蓄电池应用市场以及铅回收市场的实际需求，兼顾考虑技术、经济、管理以及社会可接受性，推进相关回收体系的建设和维护。

综上所述，健全的政策标准体系和铅回收管理制度是基础，严格的执法是保障。不论我国采取何种废旧铅酸蓄电池回收模式，有法可依是基础，有法必依是行为，执法必要时监管，违法必究是责任。环保、工商等部门应加强监管和执法力度，对于不符合相关法规标准的行为要坚决打击。同时加大宣传力度，提高消费者的环保意识，加强科普宣传，使消费者自觉投入到废电池环保回收事业中，形成良好的社会风气。逐步解决我国废旧铅酸蓄电池回收混乱、污染严重的现状，建立环保、高效、公平的资源回收利用体系。

本章编写人员：冯钦忠　刘伶媛　王俊峰

本 章 审 稿 人：陈　扬

附　录

附录 1　涉铅生产单位环境风险因素调查表

表 1　涉铅生产单位环境因素识别调查登记表

部门：　　　　　　　　调查人：　　　　　　　　日期：

编号：　　　　　　　　复查人：　　　　　　　　日期：

序号	作业活动	环境因素	环境影响						时态	状态	实测值	标准值
			大气	水体	土壤	噪声	固废	资源				

表 2　典型涉铅生产单位环境因素评价表　　　　编号：

序号	环境因素	作业活动	部门/项目	环境影响	是非判断法	等标污染负荷法	多因子评分法	噪声频率法	综合评价

表 3　典型涉铅生产单位重要环境因素清单

归口管理部门：　　　　　　评价人：　　　　　　日期：

编号：　　　　　　　　　　校审人：　　　　　　日期：

序号	重要环境因素	环境影响	作业活动	时态/状态	控制方法	
					目标控制	运行控制

表 4　典型涉铅生产单位风险源辨识登记表

部门：　　　　　　　　　　编号：

序号	作业活动	风险源	可能导致事故（事件）	以往事故记录	现有控制措施

表 5　典型涉铅生产单位不可容许风险控制清单

部门：　　　　　　　　　　编号：

序号	作业活动	重大风险	可能导致的事故（事件）	经评审确定的风险级别	控制计划（a～e）

附录 2　铅蓄电池行业规范条件（2015 年本）

为促进我国铅蓄电池及其含铅零部件生产行业持续、健康、协调发展，规范行业投资行为，依据《中华人民共和国环境保护法》、《产业结构调整指导目录（2011 年本)(修正）》和《工业和信息化部 环境保护部 商务部 发展改革委 财政部关于促进铅酸蓄电池和再生铅产业规范发展的意见》等国家有关法律、法规和产业政策，按照合理布局、控制总量、优化存量、保护环境、有序发展的原则，制定本规范条件。

一、企业布局

（一）新建、改扩建项目应在依法批准设立的县级以上工业园区内建设，符合产业发展规划、园区总体规划和规划环评，符合《铅蓄电池厂卫生防护距离标准》（GB 11659—89）和批复的建设项目环境影响评价文件中大气环境防护距离要求。有条件的地区应将现有生产企业逐步迁入工业园区。重金属污染防控重点区域应实现重金属污染物排放总量控制，禁止新建、改扩建增加重金属污染物排放的铅蓄电池及其含铅零部件生产项目。所有新建、改扩建项目必须有所在地地市级以上环境保护主管部门确定的重金属污染物排放总量来源。

（二）《建设项目环境影响评价分类管理名录》（环境保护部令第 33 号）第三条规定的各级各类自然保护区、文化保护地等环境敏感区，重要生态功能区，因重金属污染导致环境质量不能稳定达标区域，以及土地利用总体规划确定的耕地和基本农田保护范围内，禁止新建、改扩建铅蓄电池及其含铅零部件生产项目。

二、生产能力

（一）新建、改扩建铅蓄电池生产企业（项目），建成后同一厂区年生产能力不应低于 50 万千伏·安·时（按单班 8h 计算，下同）。

（二）现有铅蓄电池生产企业（项目）同一厂区年生产能力不应低于 20 万千伏·安·时；现有商品极板（指以电池配件形式对外销售的铅蓄电池用极板）生产企业（项目），同一厂区年极板生产能力不应低于 100 万千伏·安·时。

（三）卷绕式、双极性、铅碳电池（超级电池）等新型铅蓄电池，或采用连续式（扩展网、冲孔网、连铸连轧等）极板制造工艺的生产项目，不受生产能力限制。

三、不符合规范条件的建设项目

（一）开口式普通铅蓄电池（采用酸雾未经过滤的直排式结构，内部与外部压力一致的铅蓄电池）、干式荷电铅蓄电池（内部不含电解质，极板为干态且处于荷电状态的铅蓄电池）生产项目。

（二）新建、改扩建商品极板生产项目。

（三）新建、改扩建外购商品极板组装铅蓄电池的生产项目。

（四）镉含量高于 0.002%（电池质量分数，下同）或砷含量高于 0.1%的铅蓄电池及其含铅零部件生产项目。

四、工艺与装备

新建、改扩建企业（项目）及现有企业，工艺装备及相关配套设施必须达到下列要求。

（一）应按照生产规模配备符合相关管理要求及技术规范的工艺装备和具备相应处理能力的节能环保设施。节能环保设施应定期进行保养、维护，并做好日常运行维护记录。新建、改扩建项目的工程设计和工艺布局设计应由具有国家批准工程设计行业资质的单位承担。

（二）熔铅、铸板及铅零件工序应设在封闭的车间内，熔铅锅、铸板机中产生烟尘的部位，应保持在局部负压环境下生产，并与废气处理设施连接。熔铅锅应保持封闭，并采用自动温控措施，加料口不加料时应处于关闭状态。禁止使用开放式熔铅锅和手工铸板、手工铸铅零件、手工铸铅焊条等落后工艺。所有重力浇铸板栅工艺，均应实现集中供铅（指采用一台熔铅炉为两台以上铸板机供铅）。

（三）铅粉制造工序应使用全自动密封式铅粉机。铅粉系统（包括贮粉、输粉）应密封，系统排放口应与废气处理设施连接。禁止使用开口式铅粉机和人工输粉工艺。

（四）和膏工序（包括加料）应使用自动化设备，在密封状态下生产，并与废气处理设施连接。禁止使用开口式和膏机。

（五）涂板及极板传送工序应配备废液自动收集系统，并与废水管线连通、禁止采用手工涂板工艺。生产管式极板应当采用自动挤膏工艺或封闭式全自动负压灌粉工艺。

（六）分板刷板（耳）工序应设在封闭的车间内，使用机械化分板刷板（耳）设备，做到整体密封，保持在局部负压环境下生产，并与废气处理设施连接，禁止采用手工操作工艺。

（七）供酸工序应采用自动配酸系统、密闭式酸液输送系统和自动灌酸设备，禁止采用人工配酸和灌酸工艺。

（八）化成、充电工序应设在封闭的车间内，配备与产能相适应的硫酸雾收集装置和处理设施，保持在微负压环境下生产；采用外化成工艺的，化成槽应封闭，并保持在局部负压环境下生产，禁止采用手工焊接外化成工艺。应使用回馈式充放电机实现放电能量回馈利用，不得用电阻消耗。所有新建、改扩建的项目，禁止采用外化成工艺。

（九）包板、称板、装配焊接等工序，应配备含铅烟尘收集装置，并根据烟、尘特点采用符合设计规范的吸气方式，保持合适的吸气压力，并与废气处理设施连接，确保工位在局部负压环境下。

（十）淋酸、洗板、浸渍、灌酸、电池清洗工序应配备废液自动收集系统，通过废水管线送至相应处理装置进行处理。

（十一）新建、改扩建项目的包板、称板工序必须使用机械化包板、称板设备。现有企业的包板、称板工序应使用机械化包板、称板设备。

（十二）新建、改扩建项目的焊接工序必须使用自动烧焊机或自动铸焊机等自动化生产设备，禁止采用手工焊接工艺。现有企业的焊接工序应使用自动化生产设备。

（十三）所有企业的电池清洗工序必须使用自动清洗机。

五、环境保护

所有企业必须严格遵守《中华人民共和国环境保护法》、《中华人民共和国环境影响评价法》等相关法律、法规，必须严格依法执行环境影响评价审批、环保设施"三同时"（建设项目的环保设施与主体工程同时设计、同时施工、同时投产使用）竣工验收、自行监测及信息公开、排污申报、排污缴费与排污许可证制度；建设项目污染排放必须达到总量控制指标要求，且主要污染物和特征污染物实现稳定达标排放；建立完善的环境风险防控体系，结合实际制订与园区及周边环境相协调的突发环境事件应急预案并备案；必须实施强制性清洁生产审核并通过评估验收。应根据《企业事业单位环境信息公开办法》（环境保护部令第 31 号）的相关规定，及时、如实地公开企业环境信息，推动公众参与和监督铅蓄电池企业的环境保护工作。对于在环境行政处罚案件办理信息系统、环保专项行动违法企业明细表和国家重点监控企业污染源监督性监测信息系统等环境违法信息系统中存在违法信息的企业，应当完成整改，并提供相关整改材料，方可申请列入符合规范条件的企业名单公告。

六、职业卫生与安全生产

（一）企业应当遵守《安全生产法》、《职业病防治法》等有关法律、法规、标准要求，具备相应的安全生产、职业卫生防护条件；建立、健全安全生产责任制和有效的安全生产管理制度；加强职工安全生产教育培训和隐患排查治理工作，开展安全生产标准化建设并达到三级及以上。

（二）新建、改扩建项目应进行职业病危害预评价和职业病防护设施设计，经批准后方可开工建设；根据《建设项目职业卫生"三同时"监督管理暂行办法》（安全监管总局令第 51 号）的规定，职业病防护设施应与主体工程同时设计、同时施工、同时投入生产和使用，需要试运行的应与主体工程同时投入试运行，试运行时间为 30～180d，并根据《建设项目职业病危害分类管理办法》（卫生部令第 49 号）的规定，在试运行 12 个月内进行职业病危害控制效果评价；职业病防护设施经验收合格后，方可投入正式生产和使用。

（三）生产作业环境必须满足《工业企业设计卫生标准》（GBZ 1—2010）、《工作场所有害因素职业接触限值第 1 部分：化学有害因素》（GBZ 2.1—2010）和《铅作业安全卫生规程》（GB 13746—2008）的要求，作业场所空气中铅尘浓度不得超过 0.05mg/m³，铅烟浓度不得超过 0.03mg/m³。

（四）企业应建立有效的职业卫生管理制度，实施有专人负责的职业病危害因素日常监测，并定期对工作场所进行职业病危害因素检测、评价，确保职工的职业健康。应设置专用更衣室、淋浴房、洗衣房等辅助用房，场所建设、生产设备应符合职业病防治的相关要求。企业办公区、员工生活区应与生产区域严格分开，加强管理，禁止穿着工作服离开生产区域；员工休息室、倒班宿舍设在厂区内的，禁止员工家属和儿童等非企业内部员工居住；员工下班前，应督促其洗手和洗澡。应为员工提供有效的个人防护用品，在员工离开生产区域前，应收回手套、口罩、工作服、帽子等，进行统一处理，不得带出生产区域；应对每班次使用过的工作服等进行统一清洗。

（五）应当在醒目位置设置公告栏，公布职业病防治规章制度、操作规程、职业病危害事故应急救援措施和工作场所职业病危害因素检测结果。熔铅、铸板及铅零件、铅粉制造、分板刷板（耳）、装配焊接、废极板处理等产生严重职业病危害的作业岗位应设置警示标识和中文警示说明；应安装送新风系统，并保持适宜的风速，其换气量应满足稀释铅烟、铅尘的需要；送新风系统进风口应设在室外空气洁净处，不得设在车间内；禁止使用工业电风扇代替送新风系统或进行降温。

（六）企业应当依法与劳动者订立劳动合同，如实向劳动者告知工作过程中可能产生的职业病危害及其后果、职业病防护措施、待遇及参加工伤保险等情况，并在劳动合同中写明；应加强劳动者职业健康教育，提高劳动者健康素质和自我保护意识；应加强职业健康监护，建立职业健康监护档案，根据《职业健康检查管理办法》（卫生计生委令第 5 号）、《用人单位职业健康监护监督管理办法》（安全监管总局令第 49 号）、《职业健康监护技术规范》（GBZ 188—2014）和职业健康监护有关标准的规定，组织上岗前、在岗期间、离岗时职业健康检查，并将检查结果如实告知劳动者。普通员工每年至少应进行一次血铅检测；对工作在产生严重职业病危害作业岗位的员工，应采取预防铅污染措施，每半年至少进行一次血铅检测，经诊断为血铅超标者，应按照《职业性慢性铅中毒诊断标准》（GBZ 37—2002）进行驱铅治疗。

（七）企业应通过 GB/T 28001（OHSAS 18001）"职业健康安全管理体系"认证。

七、节能与回收利用

（一）企业生产设备、工艺能耗和单位产品能耗应符合国家各项节能法律法规和标准的要求。

（二）铅蓄电池生产企业应积极履行生产者责任延伸制，利用销售渠道建立废旧铅蓄电池回收系统，或委托持有危险废物经营许可证的再生铅企业等相关单位对废旧铅蓄电池进行有效回收利用。企业不得采购不符合环保要求的再生铅企业生产的产品作为原料。鼓励铅蓄电池生产企业利用销售渠道建立废旧铅蓄电池回收机制，并与符合有关产业政策要求的再生铅企业共同建立废旧电池回收处理系统。

八、监督管理

（一）新建、改扩建铅蓄电池及其含铅零部件生产项目的投资管理、土地供应、节能评估、职业病危害预评价等手续应按照本规范条件中的规定进行审核，并履行相关报批手续。未通过建设项目环境影响评价审批的，一律不准开工建设；未经环境影响评价审批的在建项目或者未经环保"三同时"验收的项目，一律停止建设和生产。

（二）各地人民政府及工业和信息化主管部门应对本地区铅蓄电池及其含铅零部件生产行业统一规划，严格控制新建项目，并使其符合本地区资源能源、生态环境和土地利用等总体规划的要求；对现有铅蓄电池企业，在其卫生防护距离之内不应规划建设居住区、医院、学校、食品加工企业等环境敏感项目；应引导现有企业主动实施兼并重组，有效整合现有产能，着力提升产业集中度，加大先进适用的清洁生产技术应用力度，提高产品质量，改善环境污染状况。

（三）现有铅蓄电池及其含铅零部件生产企业应达到《电池行业清洁生产评价指标体系（试行）》（国家发展改革委 2006 年第 87 号公告）中规定的"清洁生产企业"水平，新建、改扩建项目应达到"清洁生产先进企业"水平。

（四）有关部门在对铅蓄电池生产项目进行投资管理、土地供应、环保核查、信贷融资、规划和建设、消防、卫生、质检、安全、生产许可等工作中以本规范条件为依据。申请或重新核发生产许可证的企业，应当符合本规范条件的要求。对经审核符合本规范条件的企业名单，工业和信息化部将向有关部门进行通报。

（五）搬迁项目应执行本规范条件中关于新建项目的有关规定。

（六）生产或购买商品极板的企业，应向省级工业和信息化主管部门申报极板销售或采购记录，不得将极板销售给不符合本规范条件的企业，也不得采购不符合本规范条件的企业生产的极板。

（七）所有铅蓄电池及其含铅零部件生产企业，应在本规范条件公布后，按照自愿原则对本企业符合规范条件的情况进行自查，并将自查情况报省级工业和信息化主管部门进行审核。

（八）工业和信息化部将按照本规范条件做好相关管理工作。对于已达到本规范条件的企业，工业和信息化部将进行公告，并实行社会监督和动态管理。

（九）行业协会应组织企业加强行业自律，协助政府有关部门做好本规范条件的实施和跟踪监督工作。

九、附则

（一）本规范条件中涉及的企业和项目，包括中华人民共和国境内（台湾、香港、澳门地区除外）所有新建、改扩建和现有铅蓄电池及其含铅零部件生产企业及其生产项目。

（二）本规范条件中所涉及的国家法律、法规、标准及产业政策若进行修订，则按修订后的最新版本执行。

（三）本规范条件由工业和信息化部负责解释。

（四）本规范条件自 2015 年 12 月 25 日起实施。《铅蓄电池行业准入条件》（工业和信息化部 环境保护部 2012 年第 18 号公告）同时废止。

附录 3 铅蓄电池行业规范公告管理办法（2015 年本）

第一章 总则

第一条 为顺利实施《铅蓄电池行业规范条件》（以下简称《规范条件》），开展铅蓄电池行业规范公告管理工作，促进行业持续、健康、协调发展，制定本办法。

第二条 省级工业和信息化主管部门依据《规范条件》以及有关法律、法规和产业政策的规定，负责接受本地区铅蓄电池企业提出的公告申请，对企业提交的申请材料进行初审，将初审结果报送工业和信息化部。

第三条 工业和信息化部负责全国铅蓄电池行业规范公告管理工作。工业和信息化部组织专家组对各省报送的企业及相关材料进行审核，公告经审核符合《规范条件》的铅蓄电池生产企业名单。

第二章 申请条件

第四条 申请规范公告的铅蓄电池生产企业，应当具备以下条件：

（一）在工商部门登记，具备独立法人资格；

（二）拥有独立的生产厂区；

（三）符合国家有关法律、法规、产业政策和发展规划的要求；

（四）所生产的铅蓄电池产品符合国家有关标准要求；

（五）符合《规范条件》中的所有要求。

第五条 规范公告的申请工作以具备独立法人资格的企业为申请主体。集团公司旗下具有独立法人资格的子公司，需要单独申请。

第六条 同一企业法人拥有多个位于不同地址的厂区或生产车间的，每个厂区或生产车间需要单独填写《铅蓄电池企业规范审核申请书》（以下简称《申请书》，见附1），并向所在地工业和信息化主管部门分别提交本厂区或生产车间的规范公告申请。

第七条 同一铅蓄电池生产厂区内有多个具有独立法人资格的铅蓄电池企业时，所有企业必须同时提出规范公告申请，并同时进行现场审核。

第三章 申请、审核及公告程序

第八条 铅蓄电池生产企业按自愿原则提出规范公告申请，填写《申请书》，与工商营业执照副本（复印件）等相关材料一起报送所在地省级工业和信息化主管部门；从事商品极板生产或外购商品极板进行组装的，还需要提供上一年度的极板销售或采购记录（销售、采购记录格式见附2、附3，从事进出口贸易的需附相应进出口证明）。

第九条 省级工业和信息化主管部门依据《规范条件》，对申请规范公告企业的申请材料进行初审，征询省级环境保护主管部门，提出相关初审意见，并填写在《申请书》的相应位置上。

第十条 省级工业和信息化主管部门将经初审符合《规范条件》的企业名单以及相关申请材料报送工业和信息化部。

第十一条 工业和信息化部组织专家组，对省级工业和信息化主管部门报送的企业申请材料和生产现场进行审核。

第十二条 经过审核符合《规范条件》的企业，工业和信息化部将向社会进行公示，公示时间为10个工作日。公示期间无异议的，工业和信息化部将以公告形式公布；公示期间有异议的，将在核实有关情况后酌情处理。

第四章　监督管理

第十三条 工业和信息化部将组织专家组，或委托省级工业和信息化主管部门，对进入规范公告名单的铅蓄电池生产企业进行不定期抽查。

第十四条 进入规范公告名单的商品极板生产企业，应每半年向所在地省级工业和信息化主管部门上报上个半年的极板销售记录（销售记录格式见附2，向境外销售的需附相应出口证明）。

第十五条 进入规范公告名单的铅蓄电池组装企业，应每半年向所在地省级工业和信息化主管部门上报上个半年极板采购记录（采购记录格式见附3，从境外采购的需附相应进口证明）。

第十六条 工业和信息化部对进入规范公告名单的企业实行动态管理。进入规范公告名单的企业有下列情况之一的，省级工业和信息化主管部门要责令其限期整改，拒不整改或整改不合格的，工业和信息化部将撤销其公告资格：

1. 填报《申请书》时有弄虚作假行为；

2. 商品极板生产企业不及时申报极板销售记录、销售记录不真实或将极板销售给不符合《规范条件》的企业；

3. 外购商品极板组装铅蓄电池的企业不及时申报极板采购记录、采购记录不真实或从不符合《规范条件》的极板生产企业采购商品极板；

4. 拒绝接受抽查；

5. 不再符合《规范条件》要求；

6. 发生重大责任事故、造成严重社会影响。

第十七条 从事铅蓄电池行业规范审核工作的有关工作人员，有徇私舞弊、玩忽职守、滥用职权等行为的，依法给予行政处分；构成犯罪的，依法移送司法机关追究刑事责任。

第五章 附则

第十八条 本办法由工业和信息化部负责解释。

第十九条 本办法自 2015 年 12 月 25 日起实施。《铅蓄电池行业准入公告管理暂行办法》（工信部联消费〔2012〕569 号）同时废止。

附 1 铅蓄电池企业规范审核申请书
（2015 年本）

企业名称：_____

（加盖公章）

注册地址：_____

邮　　编：_____

联系人 1：_____　　　职　　务：_____

传　　真：_____　　　手　　机：_____

办公电话：_____　　　电子信箱：_____

联系人 2：_____　　　职　　务：_____

传　　真：_____　　　手　　机：_____

办公电话：_____　　　电子信箱：_____

　　　　　　　　申请书编号：共____份/第____份

　　　　　　　　填表日期：____年____月____日

申请须知

1. 所有铅蓄电池及其含铅零部件生产企业,包括单独生产商品极板和外购商品极板组装电池的企业,在申请规范条件审核时,均需要填写本申请书。

2. 本申请书须以单一生产厂区为单位填写。若同一公司有位于不同地址的厂区或生产车间的,应按照每个厂区或车间单独填写本申请书,并依次编号,填写在封面"申请书编号"处。在申请规范条件审核时,应将所有申请书一起提交。

3. 申请企业应确保所填资料真实、准确、客观,如有伪造、编造、变造和隐瞒等虚假内容,所产生的一切后果由填报企业承担。

4. 申请企业须严格按照申请书要求,在所选项目对应的"□"内打"√",并认真填写相应内容。在填写时应注意正确的计算单位。

5. 企业应同时提交本申请书的纸质版和电子版,其中电子版以及所附照片由省级工业和信息化主管部门汇总后统一发送至 XFPSQGYC123@163.com。

6. 工业和信息化部组织专家组对申请企业进行资料审查和现场审核时,需将有关意见填写在"专家组审核意见"栏中,对于审核结果与企业申报情况不符的需要进行说明。

7. 企业应提供营业执照(副本)、卫生防护距离测量或有关部门证明、环境影响评价报告批复、三同时验收、清洁生产验收、生产许可证、"职业健康安全管理体系"认证、卫生主管部门认可的作业场所污染物检测、产品镉砷含量的第三方检测、上年度极板销售或采购台账、劳动合同书样本、职工血铅检测汇总表等相关的报告和证明材料复印件。

8. 现场审核时,须提供相关报告和证明材料的原件供专家组核对。

9. 现场审核和现场抽查时,企业不得借故停产或部分停产,所有工序的设备开工率不得低于70%;现场审核的区域包括厂区内所有涉及生产和生活的场所、装备和设施;凡在生产车间内的设备和装置均视为生产设备和装置。

10. 现场审核时,企业须准备20min左右的规范条件符合性自查汇报。

11. 现场审核时,专家组将视情况对企业的产品(或板栅)现场抽样、封样,由企业送具有资质的检验机构检测镉、砷含量。

一、企业基本情况

企业名称		不同地址的厂区或车间数目	
注册地址			
经济类型	国有☐　集体☐　民营☐　外商独资☐　中外合资☐　港澳台投资☐		
企业形式	有限责任☐　　股份有限☐　　股份合作制☐　　个人独资☐		
申请类别	首次申请规范公告☐　　其他规范公告申请(　　　　　　　　　　)		
是否上市公司	是☐　　否☐	法人代表	
企业注册日期		投产日期	
注册资本		工商注册号	
上年度主要经济指标			
工业总产值/万元		主营业务收入/万元	
出口交货值/万元		出口量/$\times 10^4$kV·A·h	
从业人员人数/人		实际产量/$\times 10^4$kV·A·h	

注：企业基本概况需按照企业营业执照上的内容填写；上年度经济指标按实填写。

二、生产项目情况			备注
项目生产地址			
占地面积/m²		投产日期	
是否在县级以上工业园区内建设	是□ 否□		
所在工业园区名称			
项目设计单位名称			
设计单位是否具有规范条件要求的设计资质	是□ 否□	设计资质级别	综合□ 甲级□ 乙级□ 丙级□
是否通过"三同时"验收	是□ 否□	公告文号	_____
是否获得生产许可证（附生产许可证复印件）	是□ 否□	许可证号	
		有效期至	
是否获得排污许可证（附排污许可证复印件）	是□ 否□	许可证号	
		有效期至	
产品是否全部为卷绕式、双极性等新型工艺或结构铅蓄电池		是□ 否□	
是否通过清洁生产审核	一级□ 二级□ 三级□ 未通过□ 未审核□		
铅污染物排放总量/(kg/a)	_____,其中:废水铅排放_____;废气铅排放_____		
环评批复产能/×10⁴kV·A·h	极板生产:_____		
	成品电池:_____		
年生产能力(以单班8h计)/×10⁴kV·A·h	极板生产:_____	其中,商品极板:_____	
	成品电池:_____	其中,自产极板组装电池:_____	
		外购极板组装电池:_____	
主要产品类别(如汽车启动电池等)			
主要产品规格(如12V,60A·h)		___V___A·h	
是否生产开口式普通铅蓄电池		是□ 否□	
是否生产干式荷电铅蓄电池		是□ 否□	
是否新建、改扩建商品极板生产项目		是□ 否□	
是否新建、改扩建纯电池组装生产项目		是□ 否□	
是否生产镉含量高于0.002%或砷含量高于0.1%(质量分数)的铅蓄电池		是□ 否□	

三、工艺与装备		备注
（一）熔铅（包括板栅和铅零件制造）		含此工序□ 无此工序□
熔铅锅是否有效封闭	是□ 否□	
熔铅锅是否有自动控温设施	是□ 否□	
加料口不加料时是否处于关闭状态	是□ 否□	
是否有铅烟、尘收集装置	是□ 否□	
负压装置是否与废气处理设施连接	是□ 否□	
是否设置警示标识和中文警示说明	是□ 否□	
是否为每个固定工位配备送新风	是□ 否□	
是否未使用工业电风扇	是□ 否□	
（二）铅零件制造（须附设备和车间照片，能清楚显示铅烟收集罩及车间封闭情况等）		含此工序□ 无此工序□
铅零件制造工艺　铅零件制造机的数量/台：＿＿＿＿＿＿		
铅零件制造工艺　是否采用手工铸铅零件	是□ 否□	
是否位于封闭的车间内	是□ 否□	
收集罩是否有效覆盖铅烟产生区域	是□ 否□	
负压装置是否与废气处理设施连接	是□ 否□	
是否设置警示标识和中文警示说明	是□ 否□	
是否为每个固定工位配备送新风	是□ 否□	
是否未使用工业电风扇	是□ 否□	
（三）板栅制造（须附熔铅锅、铸板机及车间照片，能清楚显示是否有效收集铅烟、集中供铅以及车间封闭情况等）		含此工序□ 无此工序□
板栅制造工艺　是否全部采用扩展网、冲孔网、连铸连轧等	是□ 否□	
板栅制造工艺　是否采用手工铸板	是□ 否□	
板栅制造工艺　铸板机的数量/台：＿＿＿＿　是否全部采用集中供铅	是□ 否□	
是否位于封闭的车间内	是□ 否□	
设备产生铅烟的部位是否有收集装置	是□ 否□	
负压装置是否与废气处理设施连接	是□ 否□	
是否设置警示标识和中文警示说明	是□ 否□	
是否为每个固定工位配备送新风	是□ 否□	
是否未使用工业电风扇	是□ 否□	

| 三、工艺与装备 | 备注 |

铸板机(或连续式极板制造设备)

序号	型号	厂家	出厂年月	数量	生产速度/(大片/min)	特殊工艺说明(如拉网等)
1						
2						
3						
4						
5						
6						

(四)铅粉制造(须附设备和车间照片,能清楚显示铅粉机、粉仓、排放口、管道连接及系统密封情况等)　　　　含此工序□　无此工序□

铅粒制造方式	熔铅造粒□　冷切铅粒□		
铅粉制造系统是否全自动化	是□ 否□	系统是否完全密封	是□ 否□
熔铅、造粒是否有铅烟收集罩	是□ 否□	熔铅锅是否保持封闭	是□ 否□
排放口是否与废气处理设施连接	是□ 否□	是否未使用工业电风扇	是□ 否□
是否设置警示标识和中文警示说明		是□ 否□	

铅粉机

序号	型号	厂家	出厂年月	数量	标称容量/t	实际产量/(t/d)
1						
2						
3						
4						
5						
6						

三、工艺与装备	备注
(五)和膏(须附设备及车间照片,能清楚显示主机、进料、排放口及车间地面情况等)	含此工序□ 无此工序□

是否未使用开口式和膏机	是□ 否□	是否未使用工业电风扇	是□ 否□
是否自动进料、加酸与搅拌	是□ 否□	排放口是否与废气处理设施连接	是□ 否□

和膏机

序号	型号	厂家	出厂年月	数量	最大负载量/kg	实际产量/(t/d)
1						
2						
3						
4						
5						
6						

(六)涂板(含挤膏,须附设备及车间照片,能清楚显示设备自动化和车间地面情况等)	含此工序□ 无此工序□

是否为每个固定工位配备送新风	是□ 否□
是否未使用工业电风扇	是□ 否□

现场工况	操作区域周围是否设置废水沟槽	是□ 否□
	废水沟槽是否与厂区废水管道连通	是□ 否□
	地面是否有防腐蚀措施	是□ 否□

(1)涂膏式极板 —— 含此工序□ 无此工序□

是否有手工涂板工艺	是□ 否□

涂板机

序号	型号	厂家	出厂年月	数量	涂板速度/(大片/min)
1					
2					
3					
4					
5					
6					

三、工艺与装备							备注

							含此工序□
				(2)管式极板			无此工序□

是否不含手工操作干式灌粉工艺					是□　否□		
灌粉操作工位是否位于独立、封闭、带有负压和通风系统的工作间中(挤膏不填)					是□　否□		
挤膏工序是否有单独铅膏沉淀池(灌粉不填)					是□　否□		

挤膏/灌粉设备

序号	型号	厂家	出厂年月	数量	是否封闭且带有负压	类别	自动化程度
1					是□ 否□	挤膏□ 灌粉□	手动□ 自动□
2					是□ 否□	挤膏□ 灌粉□	手动□ 自动□
3					是□ 否□	挤膏□ 灌粉□	手动□ 自动□
4					是□ 否□	挤膏□ 灌粉□	手动□ 自动□
5					是□ 否□	挤膏□ 灌粉□	手动□ 自动□
6					是□ 否□	挤膏□ 灌粉□	手动□ 自动□

(七)分板刷板(耳)(须附设备与车间照片,清楚显示设备自动化、车间封闭及地面等情况)			含此工序□ 无此工序□
是否位于封闭车间内		是□　否□	
是否设置警示标识和中文警示说明		是□　否□	
是否为每个固定工位配备送新风		是□　否□	
是否未使用工业电风扇		是□　否□	
是否不含手工分板刷板(耳)		是□　否□	
设备工况	设备是否整体封闭	是□　否□	
	维护入口是否保持常闭	是□　否□	
	是否保持局部负压环境	是□　否□	
	是否与废气处理设施连接	是□　否□	
负压装置吸气类型	上吸□　侧上吸□　侧下吸□　下吸□		

(八)供酸(须附灌酸设备、配酸车间及灌酸车间照片等)		含此工序□ 无此工序□
是否为全自动配酸工艺	是□　否□	
是否不含人工灌酸工艺	是□　否□	
是否设置密封的酸液配制、储存、输送系统	是□　否□	
配酸、灌酸区域周围是否设置废水沟槽并与废水管道连通	是□　否□	
地面是否有防腐蚀措施	是□　否□	

三、工艺与装备							备注
(九)化成、充电(须附化成充电机及车间照片,清楚显示工艺布局及地面情况等)							含此工序□ 无此工序□

是否位于封闭车间内	是□ 否□
化成/充电架是否设置酸雾收集罩	是□ 否□
外化成槽列是否有盖,并保持封闭和局部负压环境	是□ 否□
是否不含手工焊接外化成工艺	是□ 否□
负压装置是否与酸雾处理设施连接	是□ 否□
化成车间是否保持微负压环境	是□ 否□
是否未使用工业电风扇	是□ 否□
地面是否有防腐蚀措施	是□ 否□
酸雾处理设施是否满足设计产能要求(酸雾处理量填写附表1)	是□ 否□

(1)充放电设备

序号	型号	厂家	出厂年月	数量	单台 通道数	标称电压 /电流	放电能量是否 回馈利用
1						__V/__A	是□ 否□
2						__V/__A	是□ 否□
3						__V/__A	是□ 否□
4						__V/__A	是□ 否□
5						__V/__A	是□ 否□
6						__V/__A	是□ 否□

(2)外化成工艺(须附车间照片,能清楚显示车间封闭、外化成槽列、地面防腐措施情况等)	含此工序□ 无此工序□

外化成槽

序号	型号	厂家	建设或 购买时间	数量	单槽极板容量 /大片	单批次平均 充电时间/h
1						
2						
3						
4						
5						
6						

三、工艺与装备		备注
(十)淋酸、洗板(须附设施和车间照片,能清楚显示废酸循环利用和地面情况等)		含此工序□ 无此工序□
操作区域周围是否设置废水沟槽并与废水管道连通	是□ 否□	
地面是否有防腐蚀措施	是□ 否□	
洗板工序用水是否循环利用	是□ 否□	
(十一)包板(须附设备及车间照片,能清楚显示自动化程度、铅尘收集及车间地面情况)		含此工序□ 无此工序□
是否配备烟尘收集装置	是□ 否□	
负压装置吸气类型	上吸□ 侧上吸□ 侧下吸□ 下吸□	
负压装置是否与废气处理设备连接	是□ 否□	
包板设备自动化程度	手工□ 半自动□ 全自动□	
是否设置警示标识和中文警示说明	是□ 否□	
是否为每个工位配备送新风	是□ 否□	
是否未使用工业电风扇	是□ 否□	
(十二)称板(须附设备及车间照片,清楚显示自动化程度、铅尘收集及车间地面情况)		含此工序□ 无此工序□
是否配备负压烟尘收集装置	是□ 否□	
负压装置吸气类型	上吸□ 侧上吸□ 侧下吸□ 下吸□	
负压装置是否与废气处理设备连接	是□ 否□	
称板工艺自动化程度	手工□ 半自动□ 全自动□	
是否设置警示标识和中文警示说明	是□ 否□	
是否为每个工位配备送新风系统	是□ 否□	
是否未使用工业电风扇	是□ 否□	
(十三)装配焊接(须附设备及车间照片,能清楚显示自动化程度、铅烟收集)		含此工序□ 无此工序□
是否配备烟尘收集装置	是□ 否□	
负压装置吸气类型	上吸□ 侧上吸□ 侧下吸□ 下吸□	
负压装置是否与废气处理设备连接	是□ 否□	
是否有手工焊接工艺	是□ 否□	
作业岗位是否设置警示标识和中文警示说明	是□ 否□	
是否为每个工位配备送新风系统	是□ 否□	
是否未使用工业电风扇	是□ 否□	

三、工艺与装备								备注
焊接设备(没有或仅有手工焊接工艺的不填)								
序号	型号	厂家	出厂年月	数量	自动化程度	速度/(组/min)	类型	
1					全自动□ 半自动□			
2					全自动□ 半自动□			
3					全自动□ 半自动□			
4					全自动□ 半自动□			
5					全自动□ 半自动□			
6					全自动□ 半自动□			

(十四)封盖(须附工序照片,能清楚显示封盖工艺、自动化程度等)							含此工序□ 无此工序□

封盖设备						
序号	型号	厂家	出厂年月	数量	生产速度/(只/min)	封盖工艺类型(如胶封、热封等)
1						
2						
3						
4						
5						

(十五)电池清洗(须附工序照片,能清楚显示自动化程度等)		含此工序□ 无此工序□
是否采用自动清洗装置	是□ 否□	
操作区域周围是否设置废水沟槽并与废水管道连通	是□ 否□	
地面是否有防腐蚀措施	是□ 否□	
电池清洗水是否循环利用	是□ 否□	

四、职业卫生与安全生产		
(一)职业病危害预评价与防护设施		备注
项目是否进行职业病危害预评价	是□ 否□	
职业病危害控制效果评价是否通过验收	是□ 否□	
项目是否进行职业病防护设施设计	是□ 否□	
职业病防护设施是否与主体工程做到"三同时"	是□ 否□	
职业病防护设施是否验收合格(附竣工验收的批复文件)	是□ 否□	

四、职业卫生与安全生产

(二)企业卫生管理情况		备注
企业是否通过"职业健康安全管理体系"认证	是□ 否□	
认证证书有效期至	20 年 月 日	
食堂、倒班宿舍等是否设在厂内生活区	是□ 否□	
办公区与生产区域是否隔离	是□ 否□	
生活区与生产区域是否隔离	是□ 否□	
倒班宿舍是否有常住人员和非本厂人员及儿童居住	是□ 否□	
是否设置专门休息室或休息区	是□ 否□	
是否设置洗手池并提供肥皂等清洁用品	是□ 否□	
是否设置警示标识提醒员工喝水前洗手、漱口	是□ 否□	
是否设置专门的更衣室、淋浴房、洗衣房等辅助用房	是□ 否□	
是否为员工提供相应口罩等个人防护用品及工作服等劳保用品	是□ 否□	
是否禁止员工将个人防护用品及劳保用品带离生产区域	是□ 否□	
是否对每班次使用过的工作服等进行回收并统一清洗	是□ 否□	
通风系统进风口是否设在室外空气洁净处	是□ 否□	

(三)劳动者权益保护			备注
劳动合同中是否将可能产生的职业病危害、防护措施、待遇等写明(附员工劳动合同书样本;职工血铅检测结果统计填写附表2-1、附表2-2)		是□ 否□	
职业病防治措施 (现场审核时提供员工血铅检测报告等)	是否建立职业健康监护档案	是□ 否□	
	是否组织员工岗前、在岗、离岗职业健康检查	是□ 否□	
	普通员工是否每年至少进行一次血铅检测	是□ 否□	
	涉铅员工是否每半年至少进行一次血铅检测	是□ 否□	

五、环保违法情况(铅蓄电池企业环保违法情况自我声明)　　备注

　　_____公司郑重声明:

　　自我公司申请铅蓄电池行业规范公告之日前5年内,曾经出现的全部环境违法情况如下:

1. 　年 月 日存在　　　　　　　　情况;
2. 　年 月 日存在　　　　　　　　情况;
3. 　年 月 日存在　　　　　　　　情况。

　　除以上所列外,我公司不存在其他环境污染违法情况,如不属实,所产生的一切责任和后果均由我公司承担。

公司(盖章)
年 月 日

省级工业和信息化主管部门初审意见

项目核定（批复）产能是否符合《规范条件》要求	是□ 否□

初审意见：

盖章：

20___年___月___日

专家组审核意见

	熔铅炉工作中是否有可见烟尘逸出	是□ 否□
	铅粉制造工序地面是否有铅粉撒落痕迹	是□ 否□
	和膏工作区域地面是否有铅膏泄漏、酸液滴落痕迹	是□ 否□
	涂板、挤膏工作区域地面是否有铅膏泄漏、酸液滴落痕迹	是□ 否□
	涂板、挤膏工作区域地面防腐层是否开裂、破损	是□ 否□
现场环境管理 水平评价	分板刷板（耳）操作中是否有可见粉尘逸出	是□ 否□
	分板刷板（耳）工序地面是否有粉尘撒落痕迹	是□ 否□
	配酸、灌酸工序地面防腐层是否开裂、破损	是□ 否□
	淋酸、洗板工序地面防腐层是否开裂、破损	是□ 否□
	包板工序地面是否有粉尘撒落痕迹	是□ 否□
	称板工序地面是否有粉尘撒落痕迹	是□ 否□
	电池清洗工序地面防腐层是否开裂、破损	是□ 否□

审核意见：

签名：

20___年___月___日

附表 1 化成及酸雾处理装置相关参数统计

企业名称：

典型产品规格：　　化成架 □　　化成槽 □

序号或车间名称	列数	每列长度/m	层数	电池排数/层	酸雾处理装置			
					型号	电机功率/kW	吸风量/(×10⁴m³/h)	台数

附表 2-1 职工血铅检测统计表

企业名称：

年度		职工总数	检测人数	平均值	最高值	分类				
						≤100	>100~200	>200~300	>300~400	>400
上年度	年					人数				
						占比				
本年度	年					人数				
						占比				

注：血铅单位为 μg/L；占比为分类项检测人数占血铅检测人数的百分比。

附表 2-2　20　年　职工血铅检测登记表

企业名称：＿＿＿＿＿＿＿

序号	姓名	岗位	涉铅工作年限	第一次检测 （时间：20＿年＿月）/（μg/L）	第二次检测 （时间：20＿年＿月）/（μg/L）	年度平均 /（μg/L）

附2 商品极板销售记录报表

填报企业名称：_____

规范公告文号：_____ 统计时间：_____年_____月_____日~_____年_____月_____日

| 采购商名称 | 采购商厂址 | 采购商规范公告文号 | 产品规格 | 销售量 | | 销售金额/万元 | 开票时间 | 产品用途（汽车启动等） | 备注 |
				重量/t	容量/kV·A·h				

填报人：_____ 联系电话：_____ 手机：_____

注：1. 商品极板销售须填写获得规范公告的采购商，表中须填写采购商获得的规范公告文号；

2. 向境外销售的极板需附相应出口证明；

3. 产品数量应换算成 kV·A·h 为单位进行统计；

4. 本页如不够填写，可自行增加。

附 3 商品极板采购记录报表

填报企业名称：_____ 规范公告文号：_____ 统计时间：_____年_____月_____日~_____年_____月_____日

供货商名称	供货商厂址	供货商规范公告文号	产品规格	采购量		采购金额/万元	开票时间	产品用途（汽车启动等）	备注
				重量/t	容量/kV·A·h				

填报人：_____ 联系电话：_____ 手机：_____

注：1. 商品极板须从取得规范公告的供货商采购，表中须填写供货商规范公告文号；

2. 境外采购的极板需附相应进口证明；

3. 产品数量应换算成 kV·A·h 为单位进行统计；

4. 本页如不够填写，可自行增加。

附录 4　环境保护技术文件：再生铅冶炼污染防治可
行技术指南(环境保护部　发布)

前　言

为贯彻执行《中华人民共和国环境保护法》，防治环境污染，完善环保技术工作体系，制定本指南。

本指南以当前技术发展和应用状况为依据，可作为再生铅冶炼污染防治工作的参考技术材料。

本指南由环境保护部科技标准司组织制定。

本指南起草单位为环境保护部环境保护对外合作中心、北京中色再生金属研究有限公司、中国科学院高能物理研究所、中国环境科学研究院。

本指南由环境保护部解释。

1 总则

1.1 适用范围

本指南适用于以废铅蓄电池等含铅金属废料为主要原料的再生铅冶炼企业。

1.2 术语和定义

1.2.1 再生铅冶炼

再生铅冶炼是指通过对废铅蓄电池等含铅金属废料进行预处理（如拆解、破碎、分选、预脱硫等），再经火法或湿法等工艺生产粗铅、精炼铅及铅合金的过程。

1.2.2 火法冶炼

是指通过高温的方法在熔融状态下将金属从中提炼出来的技术工艺。再生铅的火法冶炼包括板栅熔炼工艺、脱硫铅膏还原熔炼-精炼工艺和铅膏与铅精矿混合熔炼工艺。

1.2.3 湿法冶炼

是指采用某种溶剂将含铅金属废料溶解，在溶液中借助化学作用将金属从中提炼出来的技术工艺。再生铅湿法冶炼包括脱硫铅膏电解沉积工艺和固相电解还原工艺。

2 生产工艺及污染物排放

2.1 生产工艺及产污环节

再生铅冶炼工艺包括含铅废料预处理、板栅熔炼、铅膏冶炼（包括火法熔炼和湿法冶炼）等工艺过程。

2.1.1 预处理工艺及产污环节

2.1.1.1 破碎分选

破碎分选的工艺原理是根据废铅蓄电池的组分密度与粒度的不同，在水中或重介质中运用物理方法将其解离并分开，分别获得板栅、铅膏、有机物（包括塑料、橡胶）等。

破碎分选系统包括废酸分离单元、破碎单元、水力分选单元、压滤单元、酸液净化单元及其他辅助单元。破碎分选过程会产生酸雾、含有重金属的废水等污染物。工艺流程及产污环节如图 1 所示。

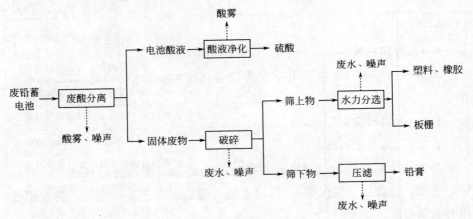

图 1　破碎分选工艺流程及产污环节

2.1.1.2　铅膏预脱硫

是以可溶性碳酸盐（如碳酸钠、碳酸铵和碳酸氢铵等）或强碱将废铅膏中的硫酸铅转化为碳酸铅或氢氧化铅等较易处理的其他铅化合物，产生的脱硫液可进一步纯化生产高纯度的盐。

废铅蓄电池预脱硫装置一般包括一次脱硫单元、二次脱硫单元、压滤单元、脱硫液浓缩结晶单元、自动控制单元及其他辅助单元。废铅蓄电池预脱硫过程中会产生二次污染物，主要有含有重金属的废水、噪声等。工艺流程及产污环节如图 2 所示。

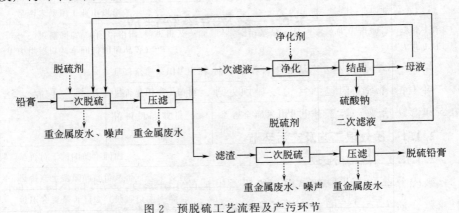

图 2　预脱硫工艺流程及产污环节

2.1.2　板栅熔炼生产工艺及产污环节

废铅蓄电池经破碎分选后得到的板栅直接低温熔炼、精炼生产精炼铅，或通过调整成分生产铅合金。工艺流程及产污环节如图 3 所示。

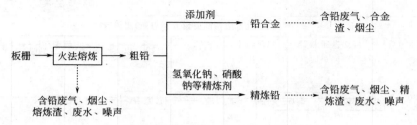

图 3   板栅熔炼工艺流程及产污环节

2.1.3   铅膏冶炼生产工艺及产污环节

2.1.3.1   脱硫铅膏还原熔炼-精炼工艺

铅膏经预脱硫处理后进入还原炉熔炼产出粗铅，粗铅进入精炼系统产出精炼铅。工艺流程及产污环节如图 4 所示。

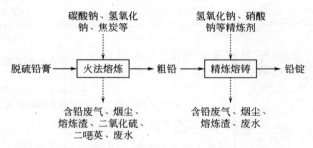

图 4   脱硫铅膏还原熔炼-精炼工艺流程及产污环节

2.1.3.2   再生铅和铅精矿混合熔炼工艺

废铅蓄电池经破碎分选后得到的铅膏与铅精矿混合熔炼产出粗铅，粗铅经电解精炼产出电解铅。工艺流程及产污环节如图 5 所示。

2.1.3.3   电解沉积工艺及产污环节

废铅蓄电池经破碎分选后得到的铅膏经预脱硫处理后采用电解沉积工艺产出电解铅，电解铅经电铅锅精炼产生铅锭。工艺流程及产污环节如图 6 所示。

2.1.3.4   固相电解还原工艺及产污环节

废铅蓄电池经破碎分选后得到的铅膏经预脱硫处理后采用固相电解还原工艺产出活性铅粉，活性铅粉经电铅锅精炼产生铅锭。工艺流程及产污环节如图 7 所示。

2.2   主要污染物的产生与排放

再生铅冶炼过程中产生的污染包括大气污染、水污染、固体废物污染和

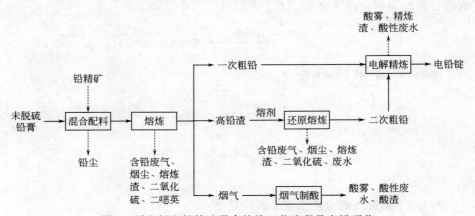

图 5　再生铅和铅精矿混合熔炼工艺流程及产污环节

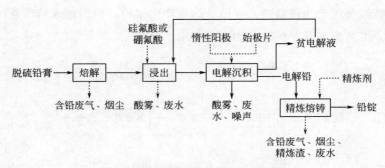

图 6　电解沉积工艺流程及产污环节

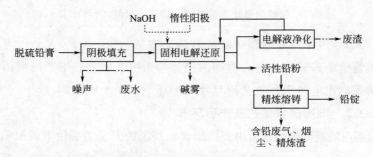

图 7　固相电解还原工艺流程及产污环节

噪声污染，其中大气污染（颗粒物、重金属、二氧化硫和二噁英等）和水污染（重金属、污酸及酸性废水）是主要环境问题。

2.2.1　大气污染

再生铅冶炼过程中产生的大气污染物主要为颗粒物、重金属（铅、锑、砷、镉及其化合物）、二氧化硫、酸雾、二噁英。再生铅冶炼主要大气污染物及来源如表 1 所示。

表 1　再生铅冶炼主要大气污染物及产污节点

污染物来源	产污节点	主要污染物
破碎分选工序	破碎、分选过程	酸雾
预脱硫工序①	预脱硫设备	酸雾
熔炼工序	配料车间、加料口、出渣口、出铅口、熔炼炉排气口等	颗粒物、重金属（铅、锑、砷、镉等）、二氧化硫、二噁英
制酸工序②	制酸尾气	二氧化硫、硫酸雾、重金属（铅、锑、砷、镉、汞等）
湿法冶炼工序	浸出槽、电解槽、循环槽、储液槽、高位槽等	酸雾或碱雾
火法精炼工序	精炼炉	颗粒物、重金属（铅及其化合物）
铅电解工序	熔铅锅、电解槽等	颗粒物、重金属（铅及其化合物）、酸雾

① 脱硫铅膏还原熔炼-精炼工艺、湿法冶炼工艺；

② 再生铅和铅精矿混合熔炼工艺。

2.2.2　水污染

再生铅冶炼过程中产生的废水主要包括破碎分选废水、预脱硫废水、制酸及电解废水、炉窑设备冷却水、冲渣废水、冲洗废水、烟气净化废水等。再生铅冶炼主要水污染物及来源如表 2 所示。

表 2　再生铅冶炼主要水污染物及产污节点

污染物来源	产污节点	主要污染物
破碎分选工序	破碎、分选过程	重金属（铅、锑、砷、镉等）
预脱硫工序①	预脱硫母液	重金属（铅、锑、砷、镉等）
熔炼工序	炉床（水淬渣溜槽、渣包）、炉窑设备冷却水套、余热锅炉	重金属（铅、锑、砷、镉等）、悬浮物（SS）、盐类
制酸工序②	制酸系统烟气净化装置	重金属（铅、锑、砷、镉等）
湿法冶炼工序	预脱硫铅膏浸出槽、电解槽、循环槽、贮液槽、高位槽、阴极板冲洗水、阳极板冲洗水、地面冲洗水	重金属（铅、锑、砷、镉等）
火法精炼工序	炉窑设备冷却水套、车间冲洗水	重金属（铅、锑、砷、镉等）、悬浮物（SS）、盐类
铅电解工序	阴极板冲洗水、地面冲洗水	重金属（铅、锑、砷、镉等）、悬浮物（SS）
烟气脱硫除尘	淋洗塔、脱硫塔、湿式除尘器	重金属（铅、锑、砷、镉等）

① 脱硫铅膏还原熔炼-精炼工艺、湿法冶炼工艺；

② 再生铅和铅精矿混合熔炼工艺。

2.2.3　固体废物污染

再生铅冶炼过程中产生的固体废物主要包括废塑料、废橡胶、熔炼渣、精炼渣、浸出渣、烟尘灰、废水处理污泥及脱硫石膏渣等。再生铅冶炼主要固体废物及来源如表3所示。

表3　再生铅冶炼主要固体废物及产污节点

污染物来源	产污节点	主要污染物
破碎分选工序	破碎、分选过程	有机物(废塑料、废橡胶等)、废酸(含铅、锑、砷、镉等)等
预脱硫工序①	脱硫罐、脱硫液净化、结晶	滤渣(含铅、锑、砷、镉等)、净化渣(含铅、锑、砷、镉等)
熔炼工序	配料车间、炉床、熔炼炉	粉尘(含铅、锑、砷、镉等)、冶炼浮渣(含铅、锑、砷、镉等)、水淬渣(含铅、锑、锌、铜等) 烟尘(含铅、锑、砷、镉等)
脱铜工序	脱铜炉	脱铜渣(含铅、铜、锑、锌等)
制酸工序②	制酸系统、污酸处理系统	含重金属污泥(污酸体系渣)、废触媒等
湿法冶炼工序	浸出槽、电解液净化槽	浸出渣(含铅、锑、砷、镉等)
火法精炼工序	精炼炉	精炼渣(含铅、锑、镉、铜、砷、锡等)、烟尘(含铅、锑、砷、镉等)
铅电解工序	电解槽	硅氟酸、铅泥
烟气脱硫除尘	除尘器、脱硫塔	烟尘、脱硫石膏(铅、锑、砷、镉等)
污水处理	固液分离装置	废水处理污泥(含铅、锑、砷、镉、铜等)

① 脱硫铅膏还原熔炼-精炼工艺、湿法冶炼工艺;

② 再生铅和铅精矿混合熔炼工艺。

2.2.4　噪声污染

再生铅冶炼过程产生的噪声主要为机械噪声和空气动力噪声,主要噪声源有破碎分选设备、鼓风机、除尘风机等各类风机及各种泵类,其噪声声级可达到85~120dB(A)。再生铅冶炼主要噪声污染及来源如表4所示。

表4　再生铅冶炼主要噪声污染及来源

噪声源	噪声级/dB(A)	排放规律	噪声源	噪声级/dB(A)	排放规律
破碎分选设备	<95	连续式	空压机	<105	连续式
汽化冷却装置	110~120	间歇式	氧压机	<105	间歇式
鼓风机	92~96	连续式	冷却塔	<95	连续式
余热锅炉汽包	<120	间歇式	烟气净化系统风机	<95	连续式

3 再生铅冶炼污染防治技术

3.1 工艺过程污染预防技术

3.1.1 预处理

3.1.1.1 破碎分选技术

该技术是通过机械破碎设备把废铅蓄电池破碎成板栅、铅膏、有机物及电解液等组分，然后再经过分选设备把各组分进行分离的技术。分为全自动破碎分选技术和机械破碎分选技术。

该技术可将废铅蓄电池中的电解液、有机物等分离，有效降低熔炼过程中产生的二氧化硫、二噁英等污染物。

该技术适用于废铅蓄电池的预处理。

3.1.1.2 铅膏预脱硫技术

该技术是在一定温度下在水溶液中用碳酸钠、碳酸铵、碳酸氢铵或强碱等脱硫剂将硫酸铅转化为较易还原处理的其他铅化合物的技术。预脱硫系统包括脱硫搅拌槽、压滤机、脱硫液净化槽、过滤器、结晶器、母液贮存罐等。

该技术可减少进炉的物料量，降低火法熔炼的作业温度，提高炉料的铅品位，减少烟气量、烟尘量、弃渣量、二氧化硫的排放量，降低能耗，有效提高铅的回收率；同时，该技术也是湿法冶炼的前提条件。

该技术适用于含硫铅膏的预处理。

3.1.2 火法冶炼

3.1.2.1 反射炉熔炼技术

该技术是以煤气或天然气为燃料，以碳酸钠、无烟煤及生石灰等为辅助原料，采用反射炉作为熔炼设备对含铅废料进行高温还原的熔炼技术。

该技术操作简单、投资少、适应性强。但环境污染重、能耗高，生产效率和热效率较低，且是间断作业，不易实现自动化控制。

该技术适用于废铅蓄电池等含铅废料的处理。

3.1.2.2 竖炉熔炼技术

该技术是以焦炭或高炉煤气为燃料，采用竖炉作为熔炼设备，在焦点区燃烧形成高温对含铅废料进行还原熔炼的技术。

该技术具有适应性强、生产能力大、能实现连续生产的特点。但粉尘量大，细粒物料需要烧结或制团。

该技术适用于废铅蓄电池等含铅废料的处理。

3.1.2.3　多室熔炼炉熔炼技术

该技术是以天然气或煤气等为燃料，采用每室都有燃烧装置的双室或多室熔炼炉作为熔炼设备，并用纯氧侧吹搅拌、富氧燃烧等对含铅废料进行还原熔炼的技术。该技术其中一个熔炼炉加热时，产生的高温烟气可进入其他熔炼炉对含铅废料进行预热，实现热能的多级互换利用。

该技术具有热利用率高，生产效率高、产能大、熔炼渣含铅量低、污染少等优点。

该技术适用于废铅蓄电池等含铅废料的处理。

3.1.2.4　短窑熔炼技术

该技术是以天然气等清洁能源为燃料，以碳酸钠等为辅助原料，采用短炉身、高耐火材料内衬的回转窑作为熔炼设备进行连续熔炼的技术。

该技术可实现连续熔炼，密闭性好，原料适应性强，利于传热、传质。但产渣量大，炉衬寿命短。

该技术适用于废铅蓄电池等含铅废料的处理。

3.1.2.5　富氧底吹熔炼技术

该技术是利用熔池熔炼原理，通过浸没底吹氧气的强烈搅动，使硫化物精矿、未脱硫铅膏与熔剂等原料在反应器（熔炼炉）的熔池中充分搅动，迅速熔化、氧化、交互反应和还原，生成粗铅的熔炼技术。

该技术能实现铅精矿与废铅膏的混合熔炼，产生的烟气可制酸，省去了铅膏预脱硫工序，易实现自动化控制，具有氧利用率高、脱硫率高等优点。

该技术适用于铅精矿与铅膏等二次物料的混合熔炼，不适用于单独处理废铅膏。

3.1.2.6　板栅低温熔炼技术

该技术是根据金属铅熔点低的特点，将破碎分选后产生的板栅，直接进入熔炼炉，在 $500 \sim 550℃$ 下进行熔炼的技术。

该技术冶炼温度低、生产效率高、易实现自动化控制，能耗低，操作简单，金属回收率高，同时可实现板栅中原有其他金属的利用。

该技术适用于废铅蓄电池破碎分选后板栅的处理。

3.1.3　湿法冶炼

3.1.3.1　电解沉积技术

该技术是指采用硅氟酸或硼氟酸浸出脱硫铅膏得到富铅电解液，富铅电解液经电解沉积产出析出铅的湿法冶炼技术。

该技术具有物料适应性强、过程清洁、产品质量高、铅回收率高，无铅尘、铅蒸气、铅渣产生等优点。但工艺流程复杂，能耗较高。

该技术适用于铅膏、含铅烟尘等含铅废料的处理。

3.1.3.2 固相电解还原技术

该技术是以氢氧化钠为电解液，不锈钢板作为阴、阳电极板，将铅膏中的固相铅化合物直接还原成金属铅的湿法冶炼技术。

该技术具有流程简单、占地少、投资省、铅回收率高、过程清洁等优点。但碱耗高。

该技术适用于铅膏、含铅烟尘等含铅废料的处理。

3.1.4 粗铅精炼

3.1.4.1 火法精炼技术

该技术是指在高温条件下，根据铅和杂质的不同特性，用各种方法去除粗铅中杂质的精炼技术。

该技术设备简单，占地面积小，生产周期短，生产成本较低。但精铅纯度与电解精炼相比较低，存在二次环境污染问题。

该技术适用于粗铅精炼。

3.1.4.2 电解精炼技术

该技术是利用纯铅制作的阴极板，按一定间距装入盛有电解液的电解槽，在电流的作用下，铅自阳极溶解进入电解液，并在阴极放电析出，析出铅经电铅锅碱性精炼，最终熔铸为电铅锭。电解精炼包括小极板技术和大极板技术。

小极板电解精炼技术能耗高，装备水平低，劳动强度大；大极板电解精炼技术能耗较低，自动化程度高，劳动强度小。

该技术适用于粗铅火法熔炼后的精炼提纯。

3.1.4.3 碱性精炼技术

该技术是利用亚铅酸钠与锑、砷、锡反应产生锑酸钠、砷酸钠、锡酸钠等浮渣的原理，除去析出铅中的锑、砷、锡等杂质的技术。

该技术投资小、流程短、污染轻，产品质量高，劳动强度小。

该技术适用于析出铅精炼提纯。

3.2 大气污染治理技术

3.2.1　烟气除尘

3.2.1.1　旋风除尘技术

该技术是利用离心力的作用，使烟尘从烟气中分离而加以捕集的技术。

该技术设备结构简单，造价低，操作管理方便，维修工作量小。动力消耗主要来自设备阻力消耗，除尘效率约 70%。对 $10\mu m$ 以上的粗粒烟尘有较高的除尘效率，可用于高温（450℃）、高含尘量（400～1000g/m³）的烟气。

该技术仅适用于熔炼工序的烟气粗除尘。

3.2.1.2　湿法除尘技术

该技术是利用液滴或液膜黏附烟尘净化烟气的技术，包括动力波除尘技术、水膜除尘技术、文丘里除尘技术、冲击式除尘技术等。

该技术操作简单、运行稳定、维修费用小，可适应烟气量变化较大的工况。但从湿式除尘器中排出的泥浆需进行处理，否则会造成二次污染。

该技术适用于处理高温、高湿的烟气以及黏性大的粉尘，不适用于憎水性和水硬性粉尘。

3.2.1.3　袋式除尘技术

该技术是利用纤维织物的过滤作用对含尘气体进行净化的技术。

该技术除尘效率大于 99.5%，适用范围广。但对烟气温度、湿度、腐蚀性等要求高，系统阻力大，运行维护费用高。

该技术适用于熔炼及精炼工序的烟气除尘，也适用于通风除尘系统及排烟系统废气净化。

3.2.1.4　电除尘技术

该技术是利用强电场使气体发生电离，进入电场空间的烟尘荷电，在电场力作用下向相反电极性的极板移动，并通过振打等方式将沉积在极板上的烟尘收集下来的技术。

该技术除尘效率在 99.0%～99.8%，阻力小、能耗低、处理烟气量大。但初期投资成本高、占地面积大，对制造、安装、运行等的要求比较高。

该技术适用于熔炼工序的烟气除尘。

3.2.1.5　电-袋复合除尘技术

该技术是通过前级电场的预除尘、荷电作用和后级滤袋区过滤除尘对含尘气体进行净化的技术。

该技术集合电除尘器和布袋除尘器各自的除尘优势，具有结构紧凑、清灰周期长，滤袋使用寿命长、运行长期可靠、稳定，维护费用低等节能和高可靠性特点，除尘效率可达99.9%。但一次性投资高。

该技术适用于熔炼工序的烟气除尘。

3.2.2 烟气脱硫

3.2.2.1 石灰/石灰石脱硫技术

该技术是以石灰或石灰石为吸收剂，采用直接喷射法、湿法、石灰-亚硫酸钙法或喷射干燥法去除烟气中的二氧化硫的技术。

该技术脱硫效率较高，石灰/石灰石来源广且成本低，还可部分去除烟气中的三氧化硫、重金属离子、氟离子、氯离子等。但吸收剂消耗大，副产物不易利用，存在潜在二次污染。

该技术适用于脱硫铅膏熔炼二氧化硫烟气的治理。

3.2.2.2 钠碱法脱硫技术

该技术是以氢氧化钠或碳酸钠为烟气脱硫剂，通过循环吸收烟气中的二氧化硫，产生高浓度亚硫酸钠溶液，经氧化或直接脱除重金属后回收硫酸钠或亚硫酸钠副产品的技术。

该技术脱硫效率大于99.5%，运行可靠，可实现副产品的回收利用。但投资较高。

该技术适用于脱硫铅膏熔炼二氧化硫烟气的治理。

3.2.2.3 柠檬酸钠法脱硫技术

该技术是以柠檬酸钠溶液为吸附剂，通过循环吸收烟气中的二氧化硫，产生亚硫酸络合物，再通过加热产生浓二氧化硫产品的技术。

该技术二氧化硫吸收率在99%以上，回收的二氧化硫产品纯度高。但吸收剂浓度、pH值、液气比、温度等参数对系统脱硫效率影响明显。

该技术适用于脱硫铅膏熔炼二氧化硫烟气的治理。

3.2.3 二噁英控制技术

3.2.3.1 烟气骤冷+布袋除尘+选择性催化还原（SCR）技术

前段烟气骤冷技术是使烟气在3～5s内从800℃降低到200℃以下，常用文丘里原理制造的骤冷塔。中段布袋除尘是利用纤维织物的过滤作用对含尘气体进行净化捕集烟尘颗粒。后段SCR技术是在相对较低的温度下，利用催化剂（如五氧化二钒）的催化活性，将二噁英等有机物催化降解的技术。

该技术组合处理效率高，同时可避免冷却过程中二噁英的再合成问题。

SCR 技术催化分解效率高，可彻底破坏二噁英的苯环；但催化剂的效果受烟气温度和催化剂寿命的制约。

该技术组合适用于大中型再生铅企业熔炼过程中的二噁英控制。

3.2.3.2 烟气骤冷＋活性炭注入＋布袋除尘

前段烟气骤冷技术是使烟气在 $3 \sim 5s$ 内从 $800℃$ 降低到 $200℃$ 以下，常用文丘里原理制造的骤冷塔。后段活性炭注入＋布袋除尘技术是在单布袋除尘器中喷入活性炭联合布袋除尘器处理二噁英。

该技术组合吸附效率高，但活性炭只是将二噁英从烟气中捕集分离，需要与后期的热脱附等处理工艺结合以进一步去除二噁英。

该技术组合适用于大中型再生铅企业熔炼过程中的二噁英控制。

3.2.3.3 布袋除尘＋活性炭吸附

该技术是利用纤维织物的过滤作用和活性炭内部孔隙结构发达、比表面积大、吸附能力强的特点对二噁英等有机物进行吸附的技术。常用设备有过滤除尘器，湿式/干式洗涤除尘器，陶瓷过滤除尘器等。

该技术组合成本较低，吸附效率高。但活性炭只是将二噁英从烟气中捕集分离，需要与后期的热脱附等处理工艺结合以进一步去除二噁英。

该技术组合适用于熔炼烟气中二噁英的控制。

3.2.3.4 活性炭注入＋布袋除尘＋活性炭吸附

前段活性炭注入＋布袋除尘技术是在单布袋除尘器中喷入活性炭，后段活性炭吸附技术是利用活性炭内部孔隙结构发达、比表面积大、吸附能力强的特点对二噁英等有机物进行吸附的技术。按填充方式可分为活性炭流化床吸附和活性炭固定床吸附。

该技术成本较低，既可吸附固态的二噁英，又可凝固吸收气态的二噁英。但活性炭只是将二噁英从烟气中捕集分离，需要与后期的热脱附等处理工艺结合以进一步去除二噁英。

该技术适用于大中型再生铅企业熔炼过程中的二噁英控制。

3.3 废酸综合利用技术

3.3.1 鼓式浓缩回收技术

该技术是用燃油将压缩空气加热到较高温度，通入稀硫酸鼓泡器中进行鼓泡，利用热空气带出稀硫酸中水分的技术。

该技术生产工艺简单，成品酸的浓度高，收率高。但占地面积大，污染严重，能耗较高。

该技术适用于废硫酸的浓缩。

3.3.2　真空浓缩回收技术

该技术是在减压条件下进行蒸发浓缩的酸回收技术。废硫酸在 380～420℃下喷雾蒸发，硫酸被分解为三氧化硫和水，可将预浓缩至 40%～50% 的废硫酸生成 96%～98% 的硫酸。

该技术酸回收效率高。但易产生酸雾。

该技术适用于硫酸盐含量较高的废硫酸的回收处理。

3.3.3　高温非还原分解技术

该技术是在高温下将废硫酸分解为三氧化硫和水，再以冷凝成酸法得到纯净硫酸的技术。

该技术成熟可靠，处理量大，可直接生产浓硫酸或发烟硫酸。但投资大、能耗高。

该技术适用于废铅蓄电池废酸的综合利用。

3.3.4　超滤技术

该技术是以超滤膜为过滤介质，以膜两侧的压力差为驱动力，在一定压力下，当水流过膜表面时，只允许水及比膜孔径小的小分子物质通过，以达到溶液的净化、分离与浓缩的分离技术。

该技术具有高效、能耗（功效）低、膜分离设备操作维护简单、运行稳定等特点。但运行成本较高，滤膜还需要再生处理。

该技术适用于含杂质较低的废硫酸的净化和浓缩。

3.3.5　废酸循环利用技术

该技术是以硫酸生产产生的污酸或废铅蓄电池收集的废酸为吸附剂，通入含有硫化氢的净化气体，通过双接触等制酸技术循环吸收烟气中的二氧化硫，再将生成的硫化物进行沉淀、过滤分离，使硫化物从稀硫酸溶液中净化去除，最后提纯生成工业硫酸的技术。

该技术具有生产成本低，流程短，循环利用率高，能耗低，环境污染小，自动化水平高的优点。

该技术适用于铅精矿与铅膏等二次物料混合熔炼中二氧化硫烟气的治理。

3.4　废水治理技术

3.4.1　石灰中和法

该技术是以生石灰或石灰石为中和剂，利用中和作用处理废水，使之净化的技术。

该技术工艺流程短，设备简单，原料来源广泛，处置费用低。但出水硬度高，难以回用，存在潜在的二次污染。

该技术适用于含重金属离子和砷、氟等酸性废水的预处理。

3.4.2　硫化-石灰中和法

该技术是以硫化钠、硫化氢、硫化亚铁为硫化剂，将酸性废水中的重金属离子生成难溶于水的金属硫化物沉淀后去除，再用石灰石和硫酸生成硫酸钙沉淀后去除的技术。

该技术可去除酸性废水中的镉、砷、锑、铜、锌、汞、银、镍等，渣量少、易脱水、沉渣金属品位高。

该技术适用于含较高浓度铅、砷、汞、铜离子酸性废水的预处理。

3.4.3　离子交换法

该技术是重金属离子与离子交换剂发生离子交换作用，分离出重金属离子的技术。常用的离子交换树脂有阳离子交换树脂、阴离子交换树脂、螯合树脂和腐植酸树脂等。

该技术处理容量大，出水水质好，可实现铅的回收，二次污染小。但树脂再生频繁，反应周期长，运行费用高。

该技术适用于含铅废水的深度处理。

3.4.4　螯合沉淀法

该技术是在常温下使用重金属捕集剂与废水中多种重金属离子反应生成不溶于水的螯合盐，而后再加入少量有机和/或无机絮凝剂以形成絮状沉淀，从而捕集去除重金属离子的技术。

该技术方法简单，去除效果好，絮凝效果佳，污泥量少且易脱水，pH值适用范围宽。

该技术适用于含铅废水的处理。

3.4.5　吸附法

该技术是利用吸附剂活性表面吸附废水中的铅离子的技术。制备吸附剂的材料大致可分为无机矿物材料和生物质材料两类。其中，无机矿物吸附材料有沸石、黏土（如膨润土和凹凸棒石）、海泡石、磷灰石、陶粒、粉煤灰等。

该技术原料来源广、制造容易、价格较低。但重金属吸附饱和后再生困难，难以回收重金属资源。

该技术适用于含铅废水的深度处理。

3.4.6　膜分离法

该技术是利用一种特殊的半透膜，在外界压力的作用下，不改变溶液中化学形态的基础上，将溶剂和溶质进行分离或浓缩的技术。

该技术分离效率高，出水水质好，易于实现自动化。但膜的清洗难度大，投资和运行成本较高。

该技术适用于冶炼废水的深度处理。

3.4.7　絮凝沉淀法

该技术是利用絮凝剂（如无机絮凝剂、有机高分子絮凝剂、微生物絮凝剂等）和有机阴离子配制成水溶液加入废水中，使废水中的悬浮微粒失去稳定性，形成絮凝体在重力作用下沉淀，经过滤净化废水的技术。

该技术药剂投加量少，处理量大，分离效率高。但絮凝剂易造成二次污染。

该技术适用于含铅生活废水和初期雨水的处理。

3.5　余热利用技术

该技术是通过对水冷壁和对流管束热交换回收烟气热量使烟气降温，提高后续除尘设施的除尘效率，同时将余热加以利用的能源回收利用技术。

该技术能有效降低烟气温度，回收烟气余热，利于烟气除尘，提高热利用效率，同时能有效控制炉窑烟尘率。

该技术适用于再生铅熔炼工序的余热利用。

3.6　固体废物综合利用及处理处置技术

3.6.1　一般固体废物综合利用及处理处置技术

有回收利用价值的一般固体废物，应首先考虑综合利用。

① 预处理过程中分选出的废塑料应经过彻底清洗，在满足《废塑料回收与再生利用污染控制技术规范》（HJ/T 364—2007）的要求后方可再生使用。

② 冶炼水淬渣（渣中含铅量小于2%），应按国家相关管理规定对其进行妥善贮存、综合利用。

③ 在确保安全的情况下，处理废酸产生的石膏渣可作为生产水泥的缓凝剂、建筑原材料等。

④ 废酸处理产生的硫化渣，可用于回收铅、砷。

3.6.2 危险废物综合利用及处理处置技术

对于危险废物，按有关管理要求进行安全利用或处置。有金属回收利用价值的危险废物，应首先考虑综合回收利用；冶炼浮渣、脱铜渣、布袋除尘器收集的烟尘属于危险废物，但有综合利用价值，可以返回熔炼过程重新熔炼，回收其中的铅；无金属回收利用价值的危险固体废物，应按国家相关管理规定进行无害化处理。

3.7 需关注的新技术

3.7.1 密闭脱硫脱氧技术

该技术是将废铅膏中的硫酸铅和二氧化铅在密闭反应器内快速分解脱硫、脱氧的技术。

该技术无需脱硫剂，产出硫酸可直接用于铅蓄电池生产，回收成本低。

该技术适用于废铅膏等含铅废料的预处理。

3.7.2 新型固相电解还原技术

该技术是以不锈钢作阴、阳极，其中阴极采用特殊空间结构，以弱碱性介质或酸性介质为电解液，通过周期性直流电实现高电流密度，将铅膏电还原得到活性铅粉，再经压实、熔炼生产精铅的技术。

该技术与传统固相电解还原技术相比，具有处理物料量大、投资小、可实现自动化控制、规模化生产的优点，但操作要求较高。

该技术适用于废铅膏、氧化铅矿等含铅废料的处理。

3.7.3 低温连续熔炼技术

该技术是以天然气为燃料，采用富氧助燃，将铅膏、含铅废料、还原剂、熔剂按一定比例混合，在富氧空气和天然气形成的高速气流作用下进行低温连续熔炼的技术。

该技术物料适应性强、生产过程连续，冶炼温度低、生产效率高、易实现自动化控制，能耗低，污染物排放低、渣量少、渣含铅率低。但投资较大，设备维护成本较高。

该技术适用于废铅蓄电池等含铅废料的处理。

3.7.4 氢气-氧化铅燃料电池湿法炼铅技术

该技术是以氢气为阳极活性物质，铅膏脱硫提纯后产生的氧化铅为阴极，在 30～100℃ 下的氢氧化钠水溶液为传输介质，构建氢气-氧化铅燃料电池，经催化还原后将氧化铅还原为单质铅的技术。

该技术无需消耗电能，反应温度低，过程简单清洁，铅回收率高。但前处理过程复杂，操作要求高，氢气贮存、运输困难。

该技术适用于废铅膏等含铅废料的处理。

3.7.5　活性铅粉生产技术

该技术是利用有机酸与金属离子铅的螯合作用，将金属离子均匀分布在高分子网络结构中，在低温下热分解形成超细金属氧化物粉末的技术。

该技术可避免高温熔炼排放的二氧化硫及挥发性铅尘等大气污染物，能耗低，附加值高。

该技术适用于废铅膏等含铅废料的处理。

3.7.6　全氧侧吹转炉熔炼技术

该技术是采用炉身短、高耐火材料内衬、炉体可360°旋转的回转窑作为熔炼设备，并用集束射流技术对含铅废料进行高温还原的熔炼技术。

该技术可使还原剂与物料充分混合，熔炼时间短，燃气热能利用率高，二氧化硫的排放量小。

该技术适用于废铅蓄电池等含铅废料的处理。

3.7.7　低温等离子体技术

该技术是通过高能量等离子体对污染物进行直接击穿和轰击，使其分子链断裂，从而达到高效净化废气的技术。

该技术处理效果好，运行费用低廉、二次污染小、运行稳定、操作简单。

该技术适用于含重金属、二噁英等废气的处理。

4　再生铅冶炼污染防治可行技术

4.1　再生铅冶炼污染防治可行技术概述

再生铅冶炼污染防治可行技术包括工艺过程污染预防可行技术和污染治理可行技术。按整体性原则，确定可行技术组合。

脱硫铅膏还原熔炼-精炼工艺污染防治可行技术组合见图8，再生铅与铅精矿混合熔炼污染防治可行技术组合见图9，再生铅湿法冶炼污染防治可行技术组合见图10。

4.2　工艺过程污染预防可行技术

脱硫铅膏还原熔炼-精炼工艺过程污染预防可行技术及主要技术指标如表5所示。

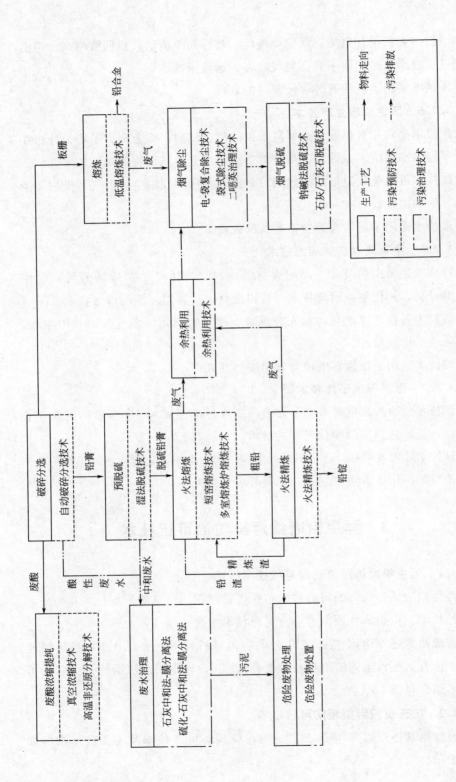

图 8　脱硫铅膏还原熔炼-精炼工艺污染防治可行技术

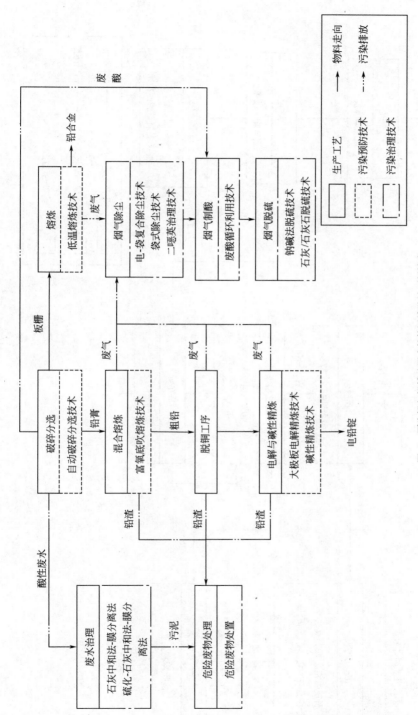

图 9 再生铅与铅精矿"混合熔炼"混合熔炼污染防治可行技术

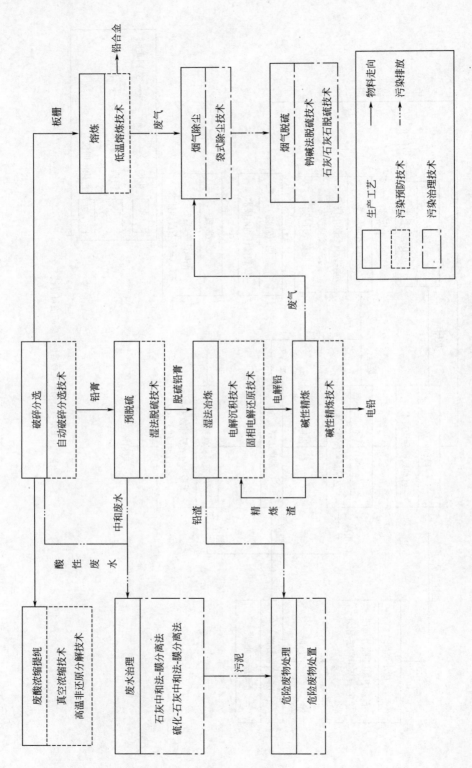

图 10 再生铅湿法冶炼污染防治可行技术

表 5 脱硫铅膏还原熔炼-精炼工艺过程污染预防可行技术

工序	技术名称	主要技术指标	适用范围
破碎分选工序	自动破碎分选技术	采用连续化和全部机械化的作业方式,铅回收率在95%以上	适用于废铅蓄电池的拆解工序
板栅熔炼工序	低温熔炼技术	熔炼温度400℃以下,一次出铅率大于80%,渣率小于15%	适用于板栅在400℃下连续熔炼
预脱硫工序	湿法脱硫技术	脱硫率大于95%,脱硫后物料含硫小于0.5%	适用于铅膏预脱硫处理
铅膏熔炼工序	短窑熔炼技术	金属回收率大于98%,炉渣与铅的产出之比小于或等于100kg/t,熔炼渣含铅小于2%,二氧化硫<45mg/m³,烟气铅<0.5mg/m³	适用于经预脱硫处理后的铅膏在1000~1200℃下熔炼
	多室熔炼炉熔炼技术	金属回收率大于98%,熔炼渣含Pb小于1.8%,二氧化硫≤50mg/m³,烟气铅≤0.2mg/m³,烟尘≤20mg/m³	适用于经预脱硫处理后的铅膏在1000~1200℃下熔炼
精炼工序	火法精炼技术	铅回收率>99%	适用于粗铅生产还原精铅的过程

再生铅与铅精矿混合熔炼工艺过程污染预防可行技术及主要技术指标如表6所示。

表 6 再生铅与铅精矿混合熔炼工艺过程污染预防可行技术

工序	技术名称	主要技术指标	适用范围
破碎分选工序	自动破碎分选技术	采用连续化和全部机械化的作业方式,铅回收率在95%以上	适用于废铅蓄电池的拆解
板栅熔炼工序	低温熔炼技术	熔炼温度400℃以下,一次出铅率大于80%,渣率小于15%	适用于板栅在400℃下连续熔炼
铅膏熔炼工序	富氧底吹熔炼技术	铅总回收率大于97%,硫回收率大于96%,二氧化硫<50mg/m³,操作区铅含量<0.05mg/m³	适用于废铅蓄电池拆解后铅膏与铅精矿混合熔炼
电解工序	大极板电解精炼技术	铅回收率>99%	适用于粗铅初步火法精炼后的进一步精炼提纯
精炼工序	火法精炼技术	铅回收率>95%	适用于电解铅进一步精炼提纯

再生铅湿法熔炼工艺过程污染预防可行技术及主要技术指标如表7所示。

表 7 再生铅湿法熔炼工艺过程污染预防可行技术

工序	技术名称	主要技术指标	适用范围
破碎分选工序	自动破碎分选技术	采用连续化和全部机械化的作业方式，铅回收率在 95% 以上	适用于废铅蓄电池的拆解
熔炼工序	低温熔炼技术	熔炼温度 400℃ 以下，一次出铅率大于 80%，渣率小于 15%	适用于板栅在 400℃ 下连续熔炼
湿法冶炼工序	电解沉积技术	电铅硅氟酸单耗小于 3.5kg/t，电单耗小于 850kW·h/t 铅，电流效率大于 96%	适用于预脱硫铅膏的湿法冶炼
	固相电解还原技术	氢氧化钠单耗小于 112kg/t 铅，电铅电耗小于 550kW·h/t，电流效率大于 95%	适用于预脱硫铅膏的湿法冶炼
精炼工序	碱性精炼技术	氢氧化钠单耗小于 3kg/t 铅	适用于生产电铅

4.3 大气污染治理可行技术

4.3.1 烟气除尘可行技术

4.3.1.1 袋式除尘技术

（1）可行工艺参数

袋式除尘器计算参数的选择，应符合表 8 的规定。

表 8 袋式除尘器技术参数

参数名称	参数指标
烟尘粒度	$\geqslant 0.1 \mu m$
烟气过滤速率	$0.2 \sim 1.0 m/min$
设备阻力	$1200 \sim 2000 Pa$
允许操作温度	$\leqslant 250℃$
允许烟气含尘量	$50g/m^3$

袋式除尘器滤料的选择应考虑烟气的性质及烟气温度的波动。各种滤料操作温度应符合表 9 的规定。

表 9 袋式除尘器滤料操作温度

滤料名称	允许最高操作温度/℃
诺梅克斯和美塔斯（MATAMEX）	220
玻璃纤维	250
聚四氟乙烯（PTFE）	250
聚苯硫醚（PPS）	190
聚酰亚胺（P84）	250
氟美斯（FMS）	260

（2）污染物消减及排放

袋式除尘器的除尘总效率大于99.5%。烟尘排放浓度可低于20mg/m³。

（3）二次污染及防范措施

袋式除尘器卸灰过程中可能造成二次扬尘。防治措施包括密闭运输，如采用埋刮板、斗式提升机、螺旋运输机等密闭运输设备，采用密闭罐车运输，采用气力输灰系统等。

（4）技术经济适用性

袋式除尘器初投资较低，为400～1500元/m²，成本差异取决于滤袋材质的不同。运行费主要来自更换滤袋的费用及风机电耗。适用于熔炼炉除尘。

4.3.1.2 电-袋复合除尘技术

（1）可行工艺参数

电-袋复合式除尘器的技术参数如表10所示。

表10 电-袋复合式除尘器技术参数

参数名称	参数指标
烟尘粒度	$\geqslant 0.1\mu m$
烟气过滤速率	0.2～1.0m/s
设备阻力	600～1500Pa
运行温度	$\leqslant 200℃$
允许烟气含尘量	50g/m³

（2）污染物消减及排放

电-袋复合式除尘器的总除尘效率在99.9%以上。

（3）二次污染及防治措施

电-袋复合除尘器卸灰过程中可能造成二次扬尘。防治措施包括密闭运输，如采用埋刮板、斗式提升机、螺旋运输机等密闭运输设备，采用密闭罐车运输和气力输灰系统等。

（4）技术经济适用性

电-袋复合式除尘器除尘效率具有高效性和稳定性；设备阻力比袋式除尘器低，每10000m³/h风量引风机功率可减少约1.74kW，运行成本较袋式除尘器低；物料适应性强，其效率不受烟灰特性影响；滤袋使用寿命高，清灰周期长，能耗小；一次投资和运行费用低于单独采用袋式除尘器的费用；对制造、安装、运行、维护都有较高的要求。

4.3.2 烟气脱硫可行技术

低浓度二氧化硫烟气处理除采用湿法硫酸工艺、非稳态转化工艺生产硫酸外，通常采用脱硫剂吸收二氧化硫，将烟气中的二氧化硫控制在排放指标范围内。再生铅冶炼烟气脱硫可行技术及主要技术指标见表11。

表 11　再生铅冶炼烟气脱硫可行技术及主要技术指标

可行技术	可行工艺参数	污染物削减及排放	二次污染及防治措施	技术适用性
钠碱法脱硫技术	吸收塔 pH 值＝8.5	二氧化硫排放浓度低于 200mg/m³，脱硫效率高于 99.5%	生成的亚硫酸钠作为产品出售；脱硫废水中和处理后回用	二氧化硫浓度小于 4% 以下的冶炼烟气脱硫，尤其适用于高温烟气二氧化硫治理
石灰/石灰石脱硫技术	选择活性好且碳酸钙含量大于 90% 的脱硫剂，石灰石粉细度－250 目占 90%	当烟气二氧化硫含量为 1000～3500 mg/m³ 时，二氧化硫排放浓度低于 200mg/m³，脱硫效率高于 95%	脱硫废水应采用石灰处理、混凝澄清和中和处理后回用；脱硫产生的石膏应综合利用；脱硫系统循环水泵、增压风机、氧化风机等设备应采用隔声处理	二氧化硫浓度小于 5000mg/m³ 的冶炼烟气脱硫，尤其适用于高温烟气二氧化硫治理

4.3.3 二噁英治理可行技术

再生铅冶炼二噁英治理可行技术及主要技术指标见表12。

表 12　再生铅冶炼二噁英治理可行技术及主要技术指标

可行技术	可行工艺参数	污染物削减及排放	二次污染及防治措施	技术适用性
烟气骤冷＋布袋除尘＋SCR	烟气温度迅速冷却到 260℃ 以下；SCR 装置采用 Ti、V 和 W 的氧化物等作为催化剂	二噁英可控制在 0.002～0.05ng TEQ/m³	废催化剂和收尘灰可回收利用或妥善处置	适用于大中型再生铅冶炼企业熔炼过程中的二噁英控制
烟气骤冷＋活性炭注入＋布袋除尘	烟气温度迅速冷却到 260℃ 以下	二噁英可控制在 0.1ng TEQ/m³	废活性炭和收尘灰妥善处置	适用于大中型再生铅冶炼企业熔炼过程中的二噁英控制
布袋除尘＋活性炭吸附	烟气进入活性炭吸收塔的温度在 120～180℃	二噁英可控制在 0.1ng TEQ/m³	收尘灰可回用于熔炼炉	适用于生产过程中的二噁英控制
活性炭注入＋布袋除尘＋活性炭吸附	烟气进入活性炭吸收塔的温度在 120～180℃	二噁英可控制在 0.1ng TEQ/m³	收尘灰可回用于熔炼炉	适用于大中型再生铅冶炼企业熔炼过程中的二噁英控制

4.4 废酸处理可行技术

再生铅冶炼废酸处理可行技术及主要技术指标见表13。

表 13   再生铅冶炼工艺废酸处理可行技术及主要技术指标

可行技术	可行工艺参数	污染物消减及排放	二次污染及防治措施	技术适用性
真空浓缩技术	在减压条件下进行蒸发浓缩	可将 20%的废硫酸浓缩至 35%～40%	硫酸中含有重金属离子等杂质	适用于处理量较小、浓度较高、杂质较少的废硫酸处理
高温非还原分解技术	废硫酸在 380～420℃下喷雾蒸发,硫酸被分解为三氧化硫和水	可将预浓缩至 40%～50%的废硫酸生成 96%～98%的硫酸	易产生酸雾,可采用密闭、吸收措施	适用于硫酸盐含量较高的废硫酸处理
废酸循环利用技术	以硫酸生产产生的污酸或废铅蓄电池回收的废酸为吸附剂	二氧化硫烟气浓度 8%～12%,二氧化硫转化率＞99%,成品酸:≥98%,物料中硫利用率大于 96%	生成的硫化物进行沉淀、过滤分离,使硫化物从稀硫酸溶液中净化去除,最后提纯生成工业硫酸	适用于铅膏与铅精矿的混合熔炼过程中二氧化硫烟气的治理

4.5   废水处理可行技术

再生铅冶炼工艺废水处理可行技术及主要技术指标见表14。

表 14   再生铅冶炼工艺废水处理可行技术及主要技术指标

可行技术	可行工艺参数	污染物消减及排放	二次污染及防治措施	技术适用性
石灰中和法-膜分离法	石灰中和工段中和槽 pH 控制范围 8～9,膜分离工段超滤过滤精度为 0.01μm,控制进水 pH 值约 6.5,温度 35～40℃,进水阻垢剂保持在 1.5mg/L,纳滤压力约为 6kgf/cm²	出水 pH 7～9、总铅浓度小于 0.5mg/L、总砷浓度小于 0.3mg/L、总镉浓度小于 0.05 mg/L	废水处理污泥返火法冶炼	适用于再生铅冶炼过程中产生的酸性废水和初期雨水的处理
硫化-石灰中和法-膜分离法	硫化反应槽 pH 控制范围小于 2,中和槽 pH 控制范围 2～3,膜分离工段超滤过滤精度为 0.01μm,控制进水 pH 值约 6.5,温度 35～40℃,进水阻垢剂保持在 1.5mg/L,纳滤压力约 6kgf/cm²	出水 pH 6～9、总铜浓度小于 0.5mg/L、总铅浓度小于 0.5mg/L、总砷浓度小于 0.3mg/L、总锌浓度小于 1.5mg/L、总镉浓度小于 0.05 mg/L、总汞浓度小于 0.03mg/L	硫化渣的主要成分为 CuS 和 As₂S₃,属危险废物,送有危险废物处置资质单位处理。石膏渣的主要成分为 CaSO₄,可作为生产水泥的添加剂。硫化反应槽和硫化浓密机溢出的 H₂S 气体需采用 NaOH 溶液喷淋吸收,生产的 Na₂S 溶液可用作硫化法处理废水的药剂	适用于废铅蓄电池废酸及再生铅冶炼过程中产生的酸性废水的处理

注:1kgf=9.80665N,下同。

4.6 固体废物综合利用及处理处置可行技术

再生铅冶炼固体废物综合利用及处理处置可行技术见表 15。

表 15 再生铅冶炼固体废物综合利用及处理处置可行技术

固体废物种类	来源	处置方式
隔板	破碎分选工序	定期交由具有危险废物处置资质单位集中处置
硬橡胶和塑料	破碎分选工序	生产 PVC 板材或塑料制品
滤渣和净化渣	预脱硫工序	按危险废物处置
冶炼浮渣	熔炼炉	返回熔炼炉熔炼
水淬渣（渣中含铅量小于 2%）	熔炼炉	进行妥善贮存、处置和利用
脱铜渣	脱铜工序	返回熔炼炉熔炼
烟尘	熔炼炉、精炼炉	返回熔炼炉熔炼
含重金属污泥和废触媒	制酸工序	定期交由具有危险废物处置资质单位集中处置
浸出渣	湿法冶炼	返回熔炼炉熔炼
精炼渣	精炼工序	返回熔炼炉熔炼
脱硫石膏	尾气脱硫	综合回收利用
污水处理站污泥	污水处理站	综合回收或定期交由具有危险废物处置资质单位集中处置

4.7 技术应用中的注意事项

① 建立健全各项物料进出口记录、生产记录、设备运行记录及环境安全记录等和各种管理制度。

② 加强运行管理，建立岗位操作规程，制定应急预案，定期对员工进行技术培训和应急演练。

③ 加强生产设备的使用、维护，以保证设备正常运行。

④ 按要求设置污染源标志，重视污染物检测和计量管理工作，定期进行全厂物料平衡测试。

⑤ 建立应急响应机制，对重大污染事件的发生具有相应的预案和补救措施，并配置报警系统和应急处理装置，做出及时、有效的反应。

⑥ 除尘设备的进出口须设置温度、压力检测装置及含尘量检测孔。对于送制酸的烟气，可在风机出口处设置流量和二氧化硫检测装置。

⑦ 采用袋式除尘器或电除尘器时，应有防止烟气结露的可靠措施，如采取外保温措施，必要时可采取蒸汽保温或电加热保温。

⑧ 对烟囱入口烟气的温度、压力、流量、含尘量、二氧化硫浓度进行定期、不定期监测或在线连续监测。

⑨ 除尘系统应在负压下操作，以避免有害气体的溢出，排灰设备应密闭良好，以防止二次污染。

⑩ 应对除尘设备的运行工况进行连续在线监测。

⑪ 烟气脱硫系统的进出口应安装烟气连续监测系统。

⑫ 废气净化设备的进出口需设置采样孔，对处理的废气进行定期的监测。

⑬ 加强节水管理，并加强各类废水的处理和回用，根据用水水质要求进行分质分类管理，尽量减少排放。

⑭ 废水管线和处理设施应定期维护并进行防渗处理，防止有害污染物污染地下水。

⑮ 污酸、污水处理站应定期做如下常规检测：进出水流量、水质；污酸贮槽、调节池、回水池、中和槽、氧化槽 pH，污酸贮槽、各水池液位、固液分流后底流污泥含水率，硫化反应槽氧化还原电位、药剂投加量等。

⑯ 对固体废物处置场渗滤液及其处理后的排放水、地下水、大气进行常规监测。

⑰ 固体废物处置场使用单位应建立日常检查维护制度。

⑱ 各类固体废物需分开堆存，暂存场都必须完成地面硬化以及具有防渗效果的排水沟及收集池，防止固体废物污染土壤，要加盖雨篷和围墙（高度不小于物料堆积高度的 1/4），防止雨水冲刷，确保污染物不扩散。

⑲ 场内暂存危险废物应按照《危险废物贮存污染控制标准》（GB 18597—2001）的要求进行建设，并在渣场外设置标识。暂存渣场的渣要及时清运，运渣车要加强管理，避免沿路洒漏。

⑳ 降低噪声源：在满足工艺设计的前提下，尽可能选用低噪声设备。

㉑ 在传播途径上控制噪声：在设计中着重从消声、隔声、隔振、减振及吸声方面进行考虑，结合合理布置厂内设施、采取绿化等措施降低噪声。

㉒ 设置隔声操作间、控制室等。在工段中设置必要的隔声操作间、控制室等，使室内噪声符合有关卫生标准。

参考文献

［1］ Monem El Zeftawy M A，Catherine N Mulligan. Use of rhamnolipid to remove heavy metals from wastewater by micellarenhanced ultrafiltration［J］. Separation and Purification Technology，2011，77：120-127.

［2］ Triantafyllidou S，Edwards M. Lead（Pb）in tap water and in blood：implications for lead exposure in the united states［J］. Critical Reviews in Environmental Science and Technology，2012，13：1297-1352.

［3］ Coya B，Maranon E，Sastre H. Ecotoxicity assessment of slag generated in the process of recycling lead from wastebatteries［J］. Resources Conservation and Recycling，2000，29（4）：291-300.

［4］ Sonmez M S，Kumar R V. Leaching of waste battery pastecomponents. Part 2：Leaching and desulphurization of PbSO4 by citric acid and solium citrate solution［J］. Hydrometallur-gy，2009，95（1/2）：82-86.

［5］ Sonmez M S，Kumar R V. Leaching of wastebattery paste components. Part1：Lead citratesynthesis from PbO and PbO$_2$［J］. Hydrometallurgy，2009，95：53-60.

［6］ Bi X，Feng X，Yang Y，et al. Environmental contamination of heavy metals from zinc smelting areas in Hezhang County［J］. western Guizhou，China. Environment International，2006，32：883-890.

［7］ Xu S，Tao S. Coregionalization analysis of heavy metals in the surface soil of Inner Mongolia［J］. The Science of the Total Environment，2004，302：73-87.

［8］ Katharina K. International Management of Hazardous Wastes：the Basel Convention and Related Legal rules［M］. Clarendon Press，1999.

［9］ Management of vehicle lead acid batteries in Ontario［S］.

［10］ EU directive end-of-life vehicles-review［S］.

［11］ EU directive on batteries and accumulators［S］.

［12］ Brazilian policy on battery disposal and its practical effects on battery recycling［S］.

［13］ EU occupational exposure limits for lead［S］.

［14］ The market for lead fundamentals driving change［S］.

［15］ Battery council international proposed model battery recycling legislation［S］.

［16］《美墨合作协定》［S］. 第 2 条.

［17］ 巴马科公约［S］. 序言第 6、7、8 段，第 2 条第 2、3、4 款.

［18］《铅锌冶金学》编委会. 铅锌冶金学［M］. 北京：科学出版社，2003.

［19］ 张乐如. 铅锌冶炼新技术［M］. 长沙：湖南科学技术出版社，2006.

［20］ 彭容秋. 再生有色金属冶金［M］. 沈阳：东北大学出版社，1994：69-86.

［21］ 陈国发，等. 铅冶金学［M］. 沈阳：东北大学出版社，2000：201-223.

［22］ 邱定蕃，等. 有色金属资源循环利用［M］. 北京：冶金工业出版社. 2006：133-175.

［23］ 云正宽，等. 冶金工程设计［M］. 北京：冶金工业出版社，2006：476-497.

［24］ 王黎，等. 资源可持续性利用技术［M］. 沈阳：东北大学出版社，1999：281-291.

［25］ 鲁如坤. 土壤农业化学分析方法［M］. 北京：中国农业科技出版社，2000.

［26］ 彭容秋. 铅冶金［M］. 长沙：中南大学出版社，2004：1-32.

［27］ 唐平，曹先艳，赵由才. 冶金过程废气污染控制与资源化［M］. 北京：冶金工业出版社，2008：1-197.

［28］ 国家环保总局. 土壤环境质量监测规范（HJ/T 166）. 北京：中国环境科学出版社，2004.

［29］ 陈新民. 火法冶金过程物理化学［M］. 北京：冶金工业出版社，1984.

［30］ 毛月波，祝明星，刘益芳，等. 富氧在有色冶金中的应用［M］. 北京：冶金工业出版社，1988：276.

[31] 张玮萍，许超，夏北，等．尾矿区污染土壤中重金属的形态分布及其生物有效性 [J]．湖南农业科学，2010，(1)：54-56，59．

[32] 张小国，卢笛，董园园．关于对铅污染防治方面政策和标准的相关建议探讨 [C] // 2010 年铅污染防治技术及政策研讨会论文集．2010：296-300．

[33] 张小锋，卓建坤，宋蔷，等．燃烧过程中铅颗粒粒径分布的实验研究 [J]．清华大学学报：自然科学版，2007，47 (8)：1347-1351．

[34] 朱石嶙，冯茜丹，党志．大气颗粒物中重金属的污染特性及生物有效性研究进展 [J]．地球与环境，2008，36 (1)：26-32．

[35] 于瑞莲，胡恭任，袁星，等．大气降尘中重金属污染源解析研究进展 [J]．地球与环境，2009，37 (1)：73-79．

[36] 张乃明，邢承玉，贾润山，等．太原污灌区土壤重金属污染研究 [J]．农业环境保护，1996，15 (1)：21-23．

[37] 陈国发，王德金．铅冶金学 [M]．北京：冶金工业出版社，2000：185．

[38] 铅锌冶金学编委会．铅锌冶金学 [M]．北京：冶金工业出版社，2003．

[39] 陈国发，王德金．铅冶金学 [M]．北京：冶金工业出版社，2004．

[40] 彭容秋，有色冶金提取手册 [M]．锌锅铅秘分卷，北京：冶金工业出版社，1992：249．

[41] 任春辉，卢新卫，王利军，等．宝鸡长青镇铅锌厂周围灰尘中铅的污染水平与健康风险[J]．干旱区研究，2012，29 (1)：155-160．

[42] 陈奔，邱海源，郭彦妮，等．尤溪铅锌矿集区重金属污染健康风险评价研究 [J]．厦门大学学报：自然科学版，2012，51 (2)：245-251．

[43] 唱鹤鸣，任德章．废铅酸电池铅膏处理新工艺 [J]．南通大学学报：自然科学版，2011，10 (2)：37-40．

[44] 张劲松．废铅蓄电池回收处置与再生铅的生产 [J]．安徽化工，2009，35 (4)：63-63．

[45] 诸建平．废铅蓄电池生产再生铅的工艺工程设计 [J]．杭州化工，2011，41 (3)：31-35．

[46] 石文琴，梁宝霞，高林丹，等．含铅废水处理研究进展 [J]．安徽化工，2012，38 (2)：11-18．

[47] 李肇佳，万洪强，等．含铅锌铁锰矿综合利用新工艺研究 [J]．矿冶工程，2011，31 (3)：85-88．

[48] 何静，罗超，鲁君乐，等．含铅锌渣中铅的富集 [J]．有色金属：冶炼部分，2012，1：1-40．

[49] 刘延慧．活性炭吸附处理含铅废水的研究 [J]．重庆科技学院学报：自然科学版，2011，13 (2)：84-86．

[50] 冯涌，卢龙，方超，等．聚磷活性污泥处理含铅废水的效能 [J]．环境工程，2012，30 (2)：20-22．

[51] 谢洪珍．某金矿含砷铅碱性工业废水的处理试验研究 [J]．湿法冶金，2011，30 (4)：336-339．

[52] 于同双．铅蓄电池的回收与环保进程 [J]．资源再生，2009，1：38-39．

[53] 董二凤，姚建．铅蓄电池项目环境影响评价关键问题探讨 [J]．化学工程与装备，2011，30：167-170．

[54] 张少峰，胡熙恩．三维电极电解法处理含铅废水 [J]．工业水处理，2012，32 (4)：42-45．

[55] 李坤，李战．实验室含铅、镉废水的处理方法探究 [J]．北方环境，2011，23 (1-2)：115-116．

[56] 李圣辉，陈铁军，张一敏．微波碳热还原含锌铅电炉粉尘 [J]．金属矿山，2012，431：156-160．

[57] 张学伟，安大力，张正洁，等．我国废铅蓄电池铅回收节能减排技术分析 [J]．环境保护科学，2011，3：44-47．

[58] 沈越，陈扬，孙阳昭，等．我国废铅蓄电池污染防治技术及政策探讨 [J]．中国环保产业，2011，3：49-52．

[59] 诸建平．用废铅蓄电池生产再生铅的工艺工程设计 [J]．蓄电池，2012，5 (48)：210-214．

[60] 中国汽车技术研究中心. 车用蓄电池回收体系研究 [J]. 车用蓄电池回收体系研究研讨会. 2007, 12.

[61] 孙佩极, 等. 几种处理废蓄电池新技术 [J]. 有色金属冶炼, 1987, 3: 35-36.

[62] 宋剑飞, 等. 废铅蓄电池的处理及资源化——黄丹红丹生产工艺 [J]. 环境工程, 2003, 10: 48-50.

[63] 兰兴华, 等. 发展中的中国再生铅工业 [J]. 中国资源综合利用, 2000, 4: 3-7.

[64] 张正洁, 等. 废铅蓄电池铅回收清洁生产工艺 [J]. 环境保护科学. 2004, 1: 27-29.

[65] 张正洁. 加强再生铅管理推广无污染技术 [J]. 有色金属再生与利用, 2006.3, 10-12.

[66] 黄维, 连兵, 常沁春, 等. 某铅冶炼厂周围环境铅污染调查 [J]. 环境与健康杂志, 2007, 24: 234-237.

[67] 吴双桃, 吴晓芙, 胡日利, 等. 铅锌冶炼厂土壤污染及重金属富集植物的研究 [J]. 生态环境, 2004, 13: 156-157.

[68] 尹仁湛, 罗亚平, 李金城, 等. 泗顶铅锌矿周边土壤重金属污染潜在生态风险评价及优势植物对重金属累积特征 [J]. 农业环境科学学报, 2008, 27: 2158-2165.

[69] 孟宪林, 郭威. 改进层次分析法在土壤重金属污染评价中的应用 [J]. 环境保护科学, 2001, 27 (103): 34-36.

[70] 蔡美芳, 党志, 丈震, 等. 矿区周围土壤中重金属危害性评估研究 [J]. 生态环境, 2004, 13 (1): 6-8.

[71] 许中坚, 吴灿辉, 刘芬, 等. 典型铅锌冶炼厂周边土壤重金属复核污染特征研究 [J]. 湖南科技大学学报: 自然科学版, 2007, 22 (1): 111-114.

[72] 王陆军, 朱恩平. 秦岭铅锌矿冶炼厂区周边土壤重金属分布特征研究 [J]. 宝鸡文理学院学报: 自然科学版, 2008, 28 (2): 150-152.

[73] 蒋继穆. 我国铅锌冶炼现状与持续发展 [J]. 中国有色金属学报, 2004, 14: 52-62.

[74] 杜平. 铅锌冶炼厂周边土壤中重金属污染的空间分布及其形态研究 [D]. 北京: 中国环境科学研究院, 2007.

[75] 李夏湘. 2003 年中国国际铅锌年会铅锌冶炼讨论综述 [J]. 工程设计与研究, 2004, 6: 14-17.

[76] 郭明. 氧气底吹炼铅先进工艺的节能减排效果与分析 [J]. 有色冶金节能, 2008, 5: 15-19.61.

[77] 施加春, 刘杏梅, 于春兰, 等. 浙北环太湖平原耕地土壤重金属的空间变异特征及其风险评价研究 [J]. 土壤学报, 2007, 5: 824-830.

[78] 赵如金, 高晶, 王晓静, 等. 北固山湿地土壤氮磷及重金属空间分布 [J]. 环境科学与技术, 2008, 2: 10-12.

[79] 赵彦锋, 史学正, 于东升, 等. 工业型城乡交错区农业土壤 Cu、Zn、Pb 和 Cd 的空间分布及影响因素研究 [J]. 土壤学报, 2007, 2: 227-233.

[80] 王波, 毛任钊, 曹健, 等. 海河低平原区农田重金属含量的空间变异性——以河北省肥乡县为例 [J]. 生态学报, 2006, 12: 4082-4090.

[81] 林廷芳, 等. 水口山炼铅法 (SKS 炼铅法) 的新进展 [C] // 全国重冶新技术新工艺成果交流大会论文集. 北京: 1998: 144-149.

[82] 王吉坤, 等, ISA-YMG 粗铅冶炼新工艺 [J]. 中国工程科学, 2004, 6 (4): 61-66.

[83] 宋光辉, 张乐如. 氧气侧吹直接炼铅新工艺的开发与应用 [J]. 有色金属: 冶炼部分, 2005: 32-35.

[84] 王辉. 基夫赛特直接炼铅工艺水平的最新进展 [J]. 有色冶炼, 1996, 3: 31-34.

[85] 蒋继穆. 我国铅冶炼现状及改造思路 [J]. 有色冶炼, 2000, 5: 1-3.

[86] 何蔼萍, 魏褆, 黄波, 等. 面向 21 世纪我国铅冶炼技术的改造和发展思考 [J]. 有色金属: 冶炼部分, 2000, 6: 2.

[87] 白银有色金属公司. 赴德国斯托尔贝格 QsL 炼铅考察报告 [R]. 2000, 10.

[88] 何玉林. 浅谈氧气底吹直接炼铅喷枪的设计与实践 [J]. 有色冶炼, 1992, 5: 54.

[89]　北京有色冶金设计研究总院.西北铅锌冶炼厂初步设计书 [M]:第二卷.1985.

[90]　黄兴东,译.韩国锌公司温 IJJQSL 炼铅厂 [J].有色冶炼,1995,2:8-15.

[91]　游力辉.贝尔采留斯冶金公司斯托尔伯格铅厂 QSL 车间的现代铅冶炼 [J].有色冶炼,2003,6:1-6.

[92]　蒋继穆.我国铅锌冶炼现状与持续发展 [J].中国有色金属学报,2004,14:52-56.

[93]　何国才.白银 QSL 炼铅工艺实践的回顾与展望 [J].中国有色冶金,2004,4.

[94]　北京有色冶金设计研究总院,长沙有色冶金设计研究院,南昌有色冶金设计研究院,等.重有色金属冶炼设计手册:铅锌秘卷 [M].北京:冶金工业出版社,1996.

[95]　刘辉,银星宇,覃文庆,等.铅膏碳酸盐化转化过程的研究 [J].湿法冶金,24(3):146-149.

[96]　孙佩极,赵素藩,谭开旭,等.废铅蓄电池和废铅膏浸泡脱硫低温还原回收 [J].有色金属:冶炼部分,1987(2):32-34.

[97]　傅欣,贡佩芸,傅毅诚.废铅蓄电池的综合回收利用研究 [J].再生资源研究,2007(4):25-27.

[98]　陆克源.再生铅的新技术发展 [J].资源再生,2007,11:22-25.

[99]　马永刚.中国废铅蓄电池回收和再生铅生产 [J].电源技术,2000,24(3):165-184.

[100]　龙少海.中国再生资源回收及再生铅行业发展概况 [J].新材料产业,2007,2:37-41.

[101]　侯惠芬.从废铅蓄电池中回收有价金属 [J].上海有色金属,2001,22(4):181-186.

[102]　张希忠.中国再生铅工业发展现状及展望 [J].资源再生,2008,11:19-21.

[103]　周国宝.关于铅锌工业发展的思考 [J].有色金属工业,2003,9:11-13.

[104]　史爱萍.四大问题阻碍再生铅发展 [J].资源再生,2008,8:18.

[105]　桂双林.废铅蓄电池中铅泥浸出特性及氯盐法浸出条件研究 [D].南昌:南昌大学硕士学位论文,2008.

[106]　李金惠,聂永丰,白庆中,等.中国废铅蓄电池回收利用现状及管理对策 [J].环境保护,2000,4:40-42.

[107]　陈曦.国外再生铅新技术研究 [J].资源再生,2009,1:32-34.

[108]　周正华.从废旧蓄电池中无污染火法冶炼再生铅及合金 [J].上海有色金属,2002,23(4):157-163.

[109]　王升东,王道藩,唐忠诚,等.废铅蓄电池回收铅与开发黄丹、红丹以及净化铅蒸汽新工艺研究厂 [J].再生资源研究,2004,2:24-28.

[110]　胡红云,朱新锋,杨家宽.湿法回收废旧铅蓄电池中铅的研究进展 [J].化工进展,2009,28(9):1662-1666.

[111]　曹斌,何松洁,夏建新.重金属污染现状分析及对策研究 [J].中央民族大学学报:自然科学版,2009,18(1):29-33.

[112]　常学秀,施晓东.土壤重金属污染与食品安全 [J].云南环境科学,2001,20(增刊):21-24,77.

[113]　常学秀,文传浩,王焕校.重金属污染与人体健康 [J].云南环境科学.2000,19(1):59-61.

[114]　车飞.辽宁省沈抚污灌区多介质重金属污染的人体健康风险评价 [D].北京:中国环境科学研究院,2009.

[115]　陈牧霞,地里拜尔.苏力坦,等.新疆污灌区重金属含量及形态研究 [J].干旱区资源与环境,2007,21(1):150-154.

[116]　陈秀玲,张文开,李明辉,等.中国土壤重金属污染研究简述 [J].云南地理环境研究,2009,21(6):8-13,39.

[117]　付晓萍.重金属污染物对人体健康的影响 [J].辽宁城乡环境科技,2004,24(6):8-9.

[118]　郭笃发.环境中铅和镉的来源及其对人和动物的危害 [J].环境科学进展,1994.

[119]　贾广宁.重金属污染的危害与防治 [J].有色冶炼,2004,20(1):39-42.

[120]　李惠刚.重金属对人体的危害 [J].电镀与环保.1982,(4):9-13.

[121] 林星杰，汪靖，杨晓松．铅冶炼行业污染物排放模型研究［C］//2010 年铅污染防治技术及政策研讨会论文集．北京，2010：204-211.

[122] 刘磊，肖艳波．土壤重金属污染治理与修复方法研究进展［J］．长春工程学院学报：自然科学版，2009，10（1）：73-78.

[123] 刘永伟，毛小苓，孙莉英，等．深圳市工业污染源重金属排放特征分析［J］．北京大学学报：自然科学版，2010，46（2）：279-285.

[124] 沈鹏．重金属对人体健康的影响［J］．解放军健康，2004，（1）：40.

[125] 王海峰，赵保卫，徐瑾，等．重金属污染土壤修复技术及其研究进展［J］．环境科学与管理，2009，34（11）：15-20.

[126] 谢小进，康建成，李卫江，等．上海宝山区农用土壤重金属分布与来源分析［J］．环境科学，2010，31（3）：768-774.

[127] 杨崇洁．几种金属元素进入土壤后的迁移转化规律及吸附机理的研究［J］．环境科学．1989，10（3）：2-8.